中国海相碳酸盐岩大中型油气田分布规律及勘探实践丛书

金之钧　马永生　主编

# 海相碳酸盐岩大中型油气田分布规律及勘探评价

金之钧 等　著

科学出版社

北　京

# 内 容 简 介

中国海相地层是油气资源战略接替的重要领域。本书立足全球视野，针对中国海相叠合盆地规模小、时代老、埋藏深、多旋回、多体系等专属特征，紧密围绕中国海相碳酸盐岩油气的勘探实践需求和进展，系统研究总结了成烃、成储、成藏与保存机理，创新发展了中国特色的海相油气地质理论，探索开发集成了海相大中型油气田勘探评价及配套工程技术系列，可有效指导中国海相层系油气的勘探战略选区，提供油气增储上产的重要理论依据和关键技术支撑。本书阐述了我国海相含油气层系多元生烃机理，阐明了碳酸盐岩优质储层形成机制，探索了盖层封闭机理，构建了盖层动态有效性评价体系，建立了海相典型油气藏的成藏模式，揭示了多期构造活动背景下海相碳酸盐岩油气聚散过程与分布规律及控制因素，阐释了"源-盖控烃""斜坡-枢纽富集"的机理，提出了勘探选区选带评价方法，落实了资源潜力，形成了系列配套技术和体系。这些成果丰富了中国特色的海相碳酸盐岩油气勘探理论，为进一步研究海相碳酸盐岩油气分布规律提供了宝贵的案例。

本书可供石油地质相关方向的科研人员与企业技术人员参考使用。

**审图号：GS（2022）1547 号**

**图书在版编目（CIP）数据**

海相碳酸盐岩大中型油气田分布规律及勘探评价/金之钧等著. —北京：科学出版社，2021.11

（中国海相碳酸盐岩大中型油气田分布规律及勘探实践丛书/金之钧，马永生主编）

ISBN 978-7-03-067724-2

Ⅰ.①海… Ⅱ.①金… Ⅲ.①海相–碳酸岩油气田–油气勘探–研究 Ⅳ.①P618.130.2

中国版本图书馆 CIP 数据核字（2020）第 262403 号

责任编辑：孟美岑/责任校对：张小霞
责任印制：吴兆东/封面设计：陈　敬

科学出版社 出版
北京东黄城根北街 16 号
邮政编码：100717
http://www.sciencep.com

北京中科印刷有限公司 印刷
科学出版社发行　各地新华书店经销

\*

2021 年 11 月第 一 版　开本：787×1092　1/16
2022 年 3 月第二次印刷　印张：12 1/2
字数：293 000

**定价：169.00 元**
（如有印装质量问题，我社负责调换）

# 丛书编委会

**编委会主任**：金之钧　马永生

**编委会副主任**：冯建辉　郭旭升　何治亮　刘文汇
　　　　　　　　王　毅　魏修成　曾义金　孙冬胜

**编委会委员**（按姓氏笔画排序）：
　　　　　　　　马永生　王　毅　云　露　冯建辉
　　　　　　　　刘文汇　刘修善　孙冬胜　何治亮
　　　　　　　　沃玉进　季玉新　金之钧　金晓辉
　　　　　　　　郭旭升　郭彤楼　曾义金　蔡立国
　　　　　　　　蔡勋育　魏修成

**执行工作组组长**：孙冬胜

**执行工作组主要人员**（按姓氏笔画排序）：
　　　　　　　　王　毅　付孝悦　孙冬胜　李双建
　　　　　　　　沃玉进　陆晓燕　陈军海　林娟华
　　　　　　　　季玉新　金晓辉　蔡立国

# 丛 书 序

保障国家油气供应安全是我国石油工作者的重大使命。在东部老区陆相盆地油气储量难以大幅度增加和稳产难度越来越大时，油气勘探重点逐步从中国东部中、新生代陆相盆地向中西部古生代海相盆地转移。与国外典型海相盆地相比，国内海相盆地地层时代老、埋藏深，经历过更加复杂的构造演化史。高演化古老烃源岩的有效性、深层储层的有效性、多期成藏的有效性与强构造改造区油气保存条件的有效性等油气地质理论问题，以及复杂地表、复杂构造区的地震勘探技术、深层高温高压钻完井等配套工程技术难题，严重制约了海相油气勘探的部署决策、油气田的发现效率和勘探进程。

针对我国石油工业发展的重大科技问题，国家科技部 2008 年组织启动国家科技重大专项"大型油气田及煤层气开发"，并在其中设立了"海相碳酸盐岩大中型油气田分布规律及勘探评价"项目。"十二五"期间又持续立项，前后历时 8 年。项目紧紧围绕"多期构造活动背景下海相碳酸盐岩层系油气富集规律"这一核心科学问题，以"落实资源潜力，探索海相油气富集与分布规律，实现大中型油气田勘探新突破"为主线，聚焦中西部三大海相盆地，凝聚 26 家单位 500 余名科研人员，形成了"产学研"一体化攻关团队，以成藏要素的动态演化为研究重点，开展了大量石油地质基础研究和关键技术与装备的研发，进一步发展和完善了海相碳酸盐岩油气地质理论、勘探思路及配套工程工艺技术，通过有效推广应用，获得了多项重大发现，落实了规模储量。研究成果标志性强，产出丰富，得到了业界专家高度评价，在行业内产生了很大影响。

由金之钧、马永生两位院士主编的《中国海相碳酸盐岩大中型油气田分布规律及勘探实践丛书》是在项目成果报告基础上，进一步凝练而成。

在海相碳酸盐岩层系成盆成烃方面，突出了多期盆地构造演化旋回对成藏要素的控制作用及关键构造事件对成藏的影响，揭示了高演化古老烃源岩类型及生排烃特征与机理，建立了多元生烃史恢复及有效性评价方法；在储层成因机理与评价方法方面，重点分析了多样性储层发育与分布规律，揭示了埋藏过程流体参与下的深层储层形成与保持机理，建立了储层地质新模式与评价新方法；在油气保存条件方面，提出了盖层有效性动态定量评价思路和指标体系，揭示了古老泥岩盖层的封盖机理；在油气成藏方面，阐明了海相层系多元多期成藏、油气转化和改造调整的特征，完善了油气成藏定年示踪及混源定量评价技术，明确了海相层系油气资源及盆地内各区带资源分布。创新提出了海相层系"源-盖控烃""斜坡-枢纽控聚""近源-优储控富"的油气分布与富集规律，并依此确立了选区、选带、选目标的勘探评价思路。

在地震勘探技术方面，面对复杂地表、复杂构造和复杂储层，形成了灰岩裸露区的地震采集技术，研发了山前带低信噪比的三维叠前深度偏移成像技术及起伏地表叠前成像技术；在钻井工程方面，针对深层超深层高温高压及酸性腐蚀气体等难点，形成了海相油气井优快钻井技术、超深水平井钻井技术、井筒强化技术及多压力体系固井技术等，逐步形成了海相大中型油气田，特别是海相深层油气勘探配套的工程技术系列。

这些成果代表了海相碳酸盐岩层系油气理论研究的最新进展和技术发展方向，有力支撑了海相层系油气勘探工作。实现了塔里木盆地阿-满过渡带的重大勘探突破、四川盆地元坝气田的整体探明及川西海相层系的重大导向性突破、鄂尔多斯盆地大牛地气田的有序接替，新增探明油气地质储量 8.64 亿吨油当量，优选了 6 个增储领域，其中 4 个具有亿吨级规模。同时，形成了一支稳定的、具有国际影响力的海相碳酸盐岩研究和勘探团队。

我国海相碳酸盐岩层系油气资源潜力巨大，勘探程度较低，是今后油气勘探十分重要的战略接替领域。我本人从 20 世纪 80 年代末开始参加塔里木会战，后来任中国石油副总裁和总地质师，负责科研与勘探工作，一直在海相碳酸盐岩领域从事油气地质研究与勘探组织工作，对中国叠合盆地形成演化与油气分布的复杂性，体会很深。随着勘探深度的增加，勘探风险与成本也在不断增加。只有持续开展海相油气地质理论与技术、装备方面的科技攻关，才能不断实现我国海相油气领域的开疆拓土、增储上产、降本增效。我相信，该套丛书的出版，一定能为继续从事该领域理论研究与勘探实践的科研生产人员提供宝贵的参考资料，并发挥日益重要的作用。

谨此将该套丛书推荐给广大读者。

国家科技重大专项"大型油气田及煤层气开发"技术总师
中国科学院院士
2021 年 11 月 16 日

# 丛 书 前 言

中国海相碳酸盐岩层系具有时代老、埋藏深、构造改造强的特点，油气勘探面临一系列的重大理论技术难题。经过几代石油人的艰苦努力，先后取得了威远、靖边、塔河、普光等一系列的油气重大突破，初步建立了具有我国地质特色的海相油气地质理论和勘探方法技术。随着海相油气勘探向纵深展开，越来越多的理论技术难题逐步显现出来，影响了海相油气资源评价、目标优选、部署决策，制约了海相油气田的发现效率和勘探进程。借鉴我国陆相油气地质理论与国外海相油气地质理论和先进技术，创新形成适合中国海相碳酸盐岩层系特点的油气地质理论体系和勘探技术系列，实现海相油气重大发现和规模增储，是我国油气行业的奋斗目标。

2008年国家三部委启动了"大型油气田及煤层气开发"国家重大专项，设立了"海相碳酸盐岩大中型油气田分布规律及勘探评价"项目。"十二五"期间又持续立项，前后历时8年。项目紧紧围绕"多期构造活动背景下海相碳酸盐岩层系油气富集规律"这一核心科学问题，聚焦中西部三大海相盆地石油地质理论问题和关键技术难题，开展了多学科结合，产-学-研-用协同的科技攻关。

基于前期研究成果和新阶段勘探对象特点的分析，进一步明确了项目研究面临的关键问题与攻关重点。在地质评价方面，针对我国海相碳酸盐岩演化程度高、烃源岩时代老、生烃过程恢复难，缝洞型及礁滩相储层非均质性强、深埋藏后优质储层形成机理复杂，多期构造活动导致多期成藏与改造、调整、破坏等特点导致的勘探目标评价和预测难度增大，必须把有效烃源、有效储盖组合、有效封闭保存条件统一到有效的成藏组合中，全面、系统、动态地分析多期构造作用下油气多期成藏与后期调整改造机理，重塑动态成藏过程，从而更好地指导有利区带的优选。在地震勘探方面，面对"复杂地表、复杂构造、复杂储层"等苛刻条件，亟需解决提高灰岩裸露区地震资料品质、山前带复杂构造成像、提高特殊碳酸盐岩储层预测及流体识别精度等技术难题。在钻完井工程技术方面，亟需开发出深层多压力体系、裂缝孔洞发育、富含腐蚀性气体等特殊地质环境下的钻井、固井、储层保护等技术。项目具体的理论与技术难题可概括为六个方面：①海相烃源岩多元生烃机理和资源量评价技术；②深层-超深层、多类型海相碳酸盐岩优质储层发育与保存机制；③复杂构造背景下盖层有效性动态评价与保存条件预测方法；④海相大中型油气田富集机理、分布规律与勘探评价思路；⑤针对"复杂地表、复杂构造、复杂储层"条件的地球物理采集、处理以及储层与流体预测技术；⑥深层-超深层地质环境下，优快钻井、固井、完井和酸压技术。

围绕上述科学技术问题与攻关目标，项目形成了以下技术路线：以"源-盖控烃""斜坡-枢纽控聚""近源-优储控富"地质评价思路为指导，以"落实资源潜力、探索海相油气富集分布规律、实现大中型油气田勘探新突破"为主线，围绕多期构造活动背景下的海相碳酸盐岩油气聚散过程与分布规律这一核心科学问题，以深层-超深层碳酸盐岩储层预测与优快钻井技术为攻关重点，将地质、地球物理与工程技术紧密结合，形成海相大中型油气田勘探评价及配套工程技术系列，遴选出中国海相碳酸盐岩层系油气勘探目标，为实现海相油气战略突破提供有力的技术支撑。

针对攻关任务与考核目标，项目设立了 6 个课题：课题 1——海相碳酸盐岩油气资源潜力、富集规律与战略选区；课题 2——海相碳酸盐岩层系优质储层分布与保存条件评价；课题 3——南方海相碳酸盐岩大中型油气田分布规律及勘探评价；课题 4——塔里木-鄂尔多斯盆地海相碳酸盐岩层系大中型油气田形成规律与勘探评价；课题 5——海相碳酸盐岩层系综合地球物理勘探技术；课题 6——海相碳酸盐岩油气井井筒关键技术。

项目和各课题按"产-学-研-用一体化"分别组建了研究团队。负责单位为中国石化石油勘探开发研究院，联合承担单位包括：中国石化石油工程技术研究院、勘探分公司、西北油田分公司、华北油气分公司、江汉油田分公司、江苏油田分公司、物探技术研究院，中国科学院广州地球化学研究所、南京地质古生物研究所、武汉岩土力学研究所，北京大学，中国石油大学（北京），中国石油大学（华东），中国地质大学（北京），中国地质大学（武汉），西安石油大学，中国海洋大学，西南石油大学，西北大学，成都理工大学，南京大学，同济大学，浙江大学，中国地质科学院地质力学研究所等。

在全体科研人员的共同努力下，完成了大量实物工作量和基础研究工作，取得了如下进展：

（1）建立了海相碳酸盐岩层系油气生、储、盖成藏要素与动态成藏研究的新方法与地质评价新技术。①明确了海相烃源岩成烃生物类型及生烃潜力。通过超显微有机岩石学识别出四种成烃生物：浮游藻类、底栖藻类、真菌细菌类、线叶植物和高等植物类。海相烃源岩以Ⅱ型干酪根为主，不同成烃生物生油气产率表现为陆源高等植物（Ⅲ型）< 真菌细菌类<或≈底栖生物（Ⅱ型）< 浮游藻类（Ⅰ型）。硅质型、钙质型、黏土型三类烃源岩在早、中成熟阶段排烃效率存在显著差异。硅质型烃源岩排烃效率约为 21%～60%，随硅质有机质薄层增加而增大；钙质型烃源岩排烃效率约为 13%～36%，随碳酸盐含量增加而增大；黏土型烃源岩排烃效率约为 1%～4%。在成熟晚期，三类烃源岩排油效率均迅速增高到 60%以上。②揭示了深层优质储层形成机理与发育模式，建立了评价和预测新技术。通过模拟实验研究，发现了碳酸盐岩溶蚀率受温度（深度）控制的"溶蚀窗"现象，揭示出高温条件下白云石-$SiO_2$-$H_2O$ 的反应可能是一种新的白云岩储集空间形成机制。通过典型案例解剖，建立了深层岩溶、礁滩、白云岩优质储层形成与发育模式。完善了成岩流体地球化学示踪技术；建立了基于分形理论的储集空间定量表征技术；在地质建模的基础上，发展了碳酸盐岩储层描述、评价与预测新技术。③建立了海相层系油气保存条件多学科综合评价技术。研发了地层流体超压的地震预测新算法；探索了以横波估算、分角度叠加、叠前弹性反演为核心的泥岩盖层脆塑性评价方法；建立了改造阶段盖层封闭性动态演化评价方法，完善了"源-盖匹配"关系研究内容，形成了油气保存条件定量评价指标体系，综合评价了三大盆地海相层系油气保存条件。④建立了海相层系油气成藏定年-示踪及混源比定量评价技术。根据有机分子母质继承效应、稳定同位素分馏效应以及放射性子体同位素累积效应，构建了以稳定同位素组成为基础，以组分生物标志化合物轻烃、非烃气体和稀有气体同位素、微量元素为重要手段的烃源

转化、成烃、成藏过程示踪指标体系，明确了不同类型烃源的成烃过程及贡献，厘定了油气成烃、成藏时代。采用多元数理统计学方法，建立了定量计算混源比例新技术。利用完善后的定年地质模型测算元坝气田长兴组天然气成藏时代为 $12\sim8$ Ma。定量评价塔河油田混源比，确定了端元烃源岩的性质及油气充注时间。

（2）发展和完善了海相大中型油气田成藏地质理论，剖析了典型海相油气成藏主控因素与分布规律，建立了海相盆地勘探目标评价方法。①明确了四川盆地大中型油气田成藏主控因素与分布规律。通过晚二叠世缓坡—镶边台地动态沉积演化过程及区域沉积格架恢复，重建了"早滩晚礁、多期叠置、成排成带"的生物礁发育模式，建立了"三微输导、近源富集、持续保存"的超深层生物礁成藏模式。提出川西拗陷隆起及斜坡带雷口坡组天然气成藏为近源供烃、网状裂缝输导、白云岩化+溶蚀控储、陆相泥岩封盖、构造圈闭及地层+岩性圈闭控藏的地质模式。提出早寒武世拉张槽控制了优质烃源岩发育，建立了沿拉张槽两侧"近源-优储"的油气富集模式。②深化了塔里木盆地大中型油气田成藏规律认识，建立了不同区带油气成藏模式。通过典型油气藏解剖，建立了塔中北坡奥陶系碳酸盐岩"斜坡近源、断盖匹配、晚期成藏、优储控富"的天然气成藏模式。揭示了塔河外围与深层"多源供烃、多期调整、储层控富、断裂控藏"的碳酸盐岩缝洞型油气成藏机理。③建立了鄂尔多斯盆地奥陶系风化壳天然气成藏模式和储层预测方法。在分析鄂尔多斯盆地奥陶系风化壳天然气成藏主控因素的基础上，建立了"双源供烃、区域封盖、优储控富"的成藏模式。提出了基于沉积（微）相、古岩溶相和成岩相分析的"三相控储"优质储层预测方法和风化壳裂缝-岩溶型致密碳酸盐岩储层分布预测描述技术体系。④建立了海相盆地碳酸盐岩层系油气资源评价及勘探目标优选方法。开展了油气资源评价方法和参数体系的研究，建立了 4 个类比标准区，计算了塔里木、四川、鄂尔多斯盆地海相烃源岩油气资源量。阐明了海相碳酸盐岩层系斜坡、枢纽油气控聚机理，总结了海相碳酸盐岩层系油气富集规律。在"源-盖控烃"选区、"斜坡-枢纽控聚"选带和"近源-优储控富"选目标的勘探思路指导下，开展了海相碳酸盐岩层系油气勘探战略选区和目标优选。

（3）研发了一套适合于复杂构造区和深层-超深层地质条件的地震采集处理和钻完井工程技术。①针对我国碳酸盐岩领域面临的复杂地表、复杂构造和储层条件，建立了系统配套的地球物理技术。形成了南方礁滩相和西部缝洞型储层三维物理模型与物理模拟技术，建立了一套灰岩裸露区地震采集技术。研发了适应山前带低信噪比资料特征的 Beam-ray 三维叠前深度偏移成像技术，建立了一套起伏地表各向异性速度建模与逆时深度偏移技术流程，形成了先进的叠前成像技术。②发展了海相碳酸盐岩层系优快钻、完井技术。研制了随钻地层压力测量工程样机、带中继器的电磁波随钻测量系统、高效破岩工具及高抗挤空心玻璃微珠、低摩阻钻井液体系、耐高温地面交联酸体系等。揭示了碳酸盐岩地层大中型漏失、高温条件下的酸性气体腐蚀、碳酸盐岩储层导电等机理。建立了碳酸盐岩地层孔隙压力预测、混合气体腐蚀动力学、超深水平井分段压裂、完井管柱安全性评价、含油气饱和度计算等模型。提出了地层压力预测及测量解释、漏层诊断、井壁稳定控制、碳酸盐岩深穿透工艺、水平井分段压裂压降分析、流体性质识别等方法，形成了长传输电磁波随钻测量系统、超深海相油气井优快钻井、超深水平井钻井、海相油气井井筒强化、深井超深井多压力体系固井、缝洞型储层测井解释与深穿透酸压等技术。

（4）研究成果及时应用于三大海相盆地油气勘探工作之中，成效显著。①阐释了"源-盖控烃""斜坡-枢纽控聚""近源-优储控富"的机理，提出了勘探选区选带选目标评价方法，有效指导海相层系油气勘探。在"源-盖控烃"选区、"斜坡-枢纽控聚"选带、"近源-优储控富"选目标勘探思路的指导下，开展了海相碳酸盐岩层系油气勘探战略选区评价，推动了4个滚动评价区带的扩边与增储上产，明确了16个预探和战略准备区，优选了9个区带，提出了20口风险探井（含科探井）井位建议（塔里木盆地10口，南方10口），其中8口井获得工业油气流。②储层地震预测技术应用于元坝超深层礁滩储层，厚度预测符合率90.7%，礁滩复合体钻遇率100%，生屑滩储层钻遇率90.9%，礁滩储层综合钻遇率95.4%。在塔里木玉北地区裂缝识别符合率大于80%，碳酸盐岩储层预测成功率较"十一五"提高5%以上。③关键井筒工程技术在元坝、塔河及外围地区推广应用307口井，碳酸盐岩深穿透酸压设计符合率93%，施工成功率100%，施工有效率>91.3%。Ⅱ类储层测井解释符合率≥86%，基本形成Ⅲ类储层测井识别方法。固井质量合格率100%。大中型堵漏技术现场应用一次堵漏成功率93%，堵漏作业时间、平均钻井周期与"十一五"末相比分别减少50%和22.69%以上。④"十二五"期间，在四川盆地发现与落实了4个具有战略意义的大中型气田勘探目标，新增天然气探明储量$4148.93×10^8 m^3$。塔河油田实现向外围拓展，塔北地区海相碳酸盐岩层系合计完成新增探明油气地质储量$44868.43×10^4 t$油当量。鄂尔多斯盆地实现了大牛地气田奥陶系新突破，培育出马五1+2气藏探明储量目标区（估算探明储量$103×10^8 m^3$），控制马五5气藏有利勘探面积$834 km^2$，圈闭资源量$271×10^8 m^3$。

（5）项目获得了丰富多彩的有形化成果，得到了业界高度认可与好评，打造了一支稳定的、具有国际影响力的海相碳酸盐岩研究团队。①项目相关成果获得国家科技进步一等奖1项、二等奖1项，省部级科技进步一等奖5项、二等奖7项、三等奖2项，技术发明特等奖1项、一等奖1项。申报专利108件，授权39件。申报中国石化专有技术8件。发布行业标准5项，企业标准13项，登记软件著作权34项。发表论文396篇，其中SCI-EI 177篇。②新当选中国工程院院士1人、中国科学院院士1人。获李四光地质科学奖1人，孙越崎能源大奖1人，全国优秀科技工作者1人，青年地质科技奖金锤奖1人、银锤奖1人，孙越崎青年科技奖1人，中国光华工程奖1人。引进千人计划1人。培养百千万人才1人，行业专家19人，博士后22人，博士58人，硕士123人。③项目验收专家组认为，该项目完成了合同书规定的研究任务，实现了"十二五"攻关目标，是一份优秀的科研成果，一致同意通过验收。

《中国海相碳酸盐岩大中型油气田分布规律及勘探实践丛书》是在项目总报告和各课题报告基础上进一步凝练而成，包括以下7个分册：

《海相碳酸盐岩大中型油气田分布规律及勘探评价》，作者：金之钧等。

《海相碳酸盐岩层系成烃成藏机理与示踪》，作者：刘文汇、蔡立国、孙冬胜等。

《中国海相层系碳酸盐岩储层与油气保存系统评价》，作者：何治亮、沃玉进等。

《南方海相层系油气形成规律及勘探评价》，作者：马永生、郭旭升、郭彤楼、胡东风、付孝悦等。

《塔里木盆地下古生界大中型油气田形成规律与勘探评价》，作者：王毅、云露、杨伟利、周波等。

《碳酸盐岩层系地球物理勘探技术》，作者：魏修成、季玉新、刘炯等。

《海相碳酸盐岩超深层钻完井技术》，作者：曾义金、刘修善等。

我国海相碳酸盐岩层系资源潜力大，目前探明程度仍然很低，是公认的油气勘探开发战略接替阵地。随着勘探深度不断增加，勘探难度越来越大，对地质理论认识与关键技术创新的需求也越来越迫切。这套丛书的出版旨在总结过去，启迪未来。希望能为未来从事该领域油气地质研究与勘探技术研发的广大科研人员的持续创新奠定基础，同时，也为我国海相领域后起之秀的健康成长助以绵薄之力。

"大型油气田及煤层气开发"重大专项总地质师贾承造院士是我国盆地构造与油气地质领域的著名学者，更是我国海相油气勘探的重要实践者与组织者，他全程关心和指导了项目的研究过程，百忙之中又为本丛书作序，在此，深表感谢！重大专项办公室邹才能院士、宋岩教授、赵孟军教授、赵力民高工等专家，以及项目立项、中期评估与验收专家组的各位专家，在项目运行过程中，给予了无私的指导、帮助与支持。中国石化科技部张永刚副主任、王国力处长、关晓东处长、张俊副处长及相关油田的多位领导在项目立项与实施过程中给予了大力支持。中国石油、中国石化、中国科学院及各大院校为本项研究提供了大量宝贵的资料。全体参研人员为项目的研究工作付出了热情与汗水，是项目成果不可或缺的贡献者。在此，谨向相关单位与专家们表示崇高的敬意与诚挚的感谢！

由于作者水平有限，书中错误在所难免，敬请广大读者赐教，不吝指正！

金之钧　马永生

2021 年 11 月 16 日

# 本 书 前 言

中国海相碳酸盐岩层系蕴含着巨大的油气资源潜力，是油气资源战略接替的重要领域。海相盆地具有时代老、埋藏深、构造改造复杂的特点，其多期构造活动叠加导致了多元、多期生烃过程，多期成藏与改造，深层-超深层储层的多样性及成储与保持机理等基础理论研究相对薄弱，以及缺乏针对叠合盆地海相层系的资源评价技术、储层评价与地球物理综合预测技术、区带评价与战略选区技术、高效钻探与井筒工艺技术等，这些理论与技术问题严重制约了中国海相碳酸盐岩层系油气勘探进程和勘探方向决策。因此，为了推进中国海相碳酸盐岩层油气地质理论与评价方法体系建立和开拓新的勘探领域，"十一五"以来，国家三部委针对海相碳酸盐岩领域油气勘探开发研究设立了国家科技重大专项攻关任务。我们以国家油气重大专项攻关任务为依托，聚焦中国海相层系深层油气勘探，针对海相烃源岩多元生烃机理和资源量评价，深层-超深层多类型海相碳酸盐岩层系优质储层发育与保存机制，复杂构造背景下盖层有效性动态评价与复杂构造区保存条件预测方法，海相大中型油气富集机理及分布规律与勘探评价思路，"复杂地表、复杂构造、复杂储层"条件下地球物理采集、处理以及储层预测技术，深层-超深层地质环境下优快钻井、固井、完井和压裂技术等方面面临的问题，通过"十二五"的持续攻关研究，提出了海相碳酸盐岩油气"源-盖控烃、斜坡-枢纽控聚、近源-优储控富"的新认识，并以"落实资源潜力、探索海相油气富集分布规律、实现大中型油气田勘探新突破"为主线，围绕多期构造活动背景下的海相碳酸盐岩油气聚散过程与分布规律及控制因素研究，逐步形成海相大中型油气田勘探评价及配套工程技术系列，指导了中国海相碳酸盐岩层系油气的勘探战略选区，为油气的增储上产提供了理论与技术支撑。

《海相碳酸盐岩大中型油气田分布规律及勘探评价》一书正是这一时期海相油气勘探实践与理论认识的一个缩影。本册主要根据项目立项设计书中提出的关键科学问题，结合项目中期和项目结题时的成果总结和应用效果，在 6 个课题研究成果报告的基础上进一步提升、凝练：①揭示了优质海相烃源生烃机理，建立了不同地质背景下优质烃源的生烃过程，建立了资源评价的 4 个类比标准区，计算了塔里木、四川、鄂尔多斯盆地海相烃源岩油气资源量；②阐明了碳酸盐岩优质储层形成与保持机制，建立了不同成因类型储层的成储模式，探索了盖层封闭机理，构建了盖层动态有效性评价参数指标体系；③开展塔里木盆地、四川盆地和鄂尔多斯盆地典型油气藏解剖和油气分布规律研究，恢复了塔河古岩溶油气藏、普光礁滩气藏的成藏过程，建立了海相典型油气藏的成藏模式，优选了有利区带和目标，实现了塔河油田扩边，开拓塔中北坡深层领域勘探，整体探明四川盆地元坝气田，川西雷口坡组取得重大突破等；④形成了碳酸盐岩缝洞型和礁滩型等储层综合预测技术、海相碳酸盐岩优快钻井配套技术、海相碳酸盐岩储层和流体测井识别评价技术；⑤形成了适合深层-超深层地质条件下的海相碳酸盐岩高温储层酸压优化设计技术、耐高温酸压胶凝酸液体系和优快钻完井井筒技术等，在世界钻井技术指标上有新的突破，为新区、新领域突破和高效勘探提供了重要技术支撑；⑥形成了"源-盖控烃、斜坡-枢纽控聚、近源-优储控富"的成藏理论和勘探思路。总结了海相碳酸盐岩层系油气富集规律，在"源-盖控烃"选区、"斜坡-枢纽控聚"选带和"近源-优储控富"选目标的勘探思路指导下，开展了海相碳酸盐岩层系油气勘探战略选区评价和目标优选。提出塔里木满西、川西雷口坡组两大勘探新领域，落实了6个有利区带和58个有利勘探目标，支撑了国家专项目标的实现。

这些理论技术不仅丰富和发展了中国海相碳酸盐岩的油气地质勘探理论，而且为进一步研究深层和超深层海相碳酸盐岩油气分布规律提供了宝贵的案例和可借鉴的技术方法。

本册专著是在6个课题报告成果的基础上，进一步凝练上升完成的，是所有参研人员集体智慧的结晶。前言由金之钧编写；第一章由白国平、云金表、金之钧等编写；第二章由蔡立国、王毅、孙冬胜、李双建、郑孟林、云金表、杨伟利等编写；第三章由何治亮、刘文汇、金之钧、沃玉进、袁玉松、金晓辉、张荣强等编写；第四章由曾义金、魏修成、刘修善、季玉新、陈军海、刘炯等编写；第五章由金之钧、郭旭升、王毅、金晓辉、孙冬胜、郭彤楼、云露、白森舒等编写；金之钧对全书进行了审核统稿。

贾承造院士、翟光明院士、戴金星院士、中国石化科技发展部张永刚副主任和油气事业部蔡勋育副主任等专家在项目立项及攻关过程中给予大力支持和指导，赵文智院士、康玉柱院士、王铁冠院士、李根生院士、高瑞琪教授级高工、傅诚德教授级高工在项目成果总结及书稿编写过程中提出了宝贵的意见和建议，在此一并表示诚挚感谢！

本书是一部理论、技术、实践兼顾，实用性较强的专著，适合广大石油地质勘探人员、石油地质综合研究人员及地质和石油专业的学生阅读和参考。限于研究对象的复杂性和勘探工作的阶段性等因素，以及作者水平有限，书中定有不妥之处，敬请广大读者批评指正。

# 目　录

# 第一章 全球海相碳酸盐岩油气田概况

商业油气田发现于 389 个含油气盆地，其中 205 个盆地内的海相碳酸盐岩中发现了油气田（藏），储集于海相碳酸盐岩层系的探明和控制可采储量分别为 $9513.7 \times 10^8$ bbl[①]石油、$123.51 \times 10^{12}$ m³ 天然气和 $967.2 \times 10^8$ bbl 凝析油，分别占全球常规石油、天然气和凝析油总储量的 37.0%、40.6% 和 54.1%。按油当量计，海相碳酸盐岩的油气储量为 $17\,750.4 \times 10^8$ bbl 油当量，占全球常规油气油当量的 39.1%。2011 年以来，全球石油的年产量保持在 40 亿 t 以上，其中约一半石油产自海相碳酸盐岩。

全球海相碳酸盐岩层系内发现大油气田（可采储量超过 $500 \times 10^6$ bbl 或 $0.68 \times 10^8$ t 油当量的油气田）463 个，探明和控制可采储量分别为 $7551.9 \times 10^8$ bbl 石油、$99.3 \times 10^{12}$ m³ 天然气和 $796.8 \times 10^8$ bbl 凝析油。按盆地类型统计，被动陆缘盆地是大油气田最富集的盆地类型，276 个海相碳酸盐岩大油气田分布于该类盆地，其储量占大油气田总储量的 74.3%；其次是前陆盆地，这类盆地内发现了 144 个大油气田，储量占总量的 19.1%；裂谷盆地、克拉通盆地、走滑盆地和弧后盆地内发现的海相碳酸盐岩大油气田分别为 35 个、5 个、2 个和 1 个，油气储量分别占大油气田总储量的 5.9%、0.4%、0.1% 和 0.2%；弧前盆地内尚未发现海相碳酸盐岩大油气田。

## 第一节 全球海相碳酸盐岩油气分布

### 一、区 域 分 布

截至 2013 年 6 月，在全球 205 个盆地内的海相碳酸盐岩中发现了 1500 余个油气田，探明和控制可采储量分别为 $9513.7 \times 10^8$ bbl 石油、$123.51 \times 10^{12}$ m³ 天然气和 $967.2 \times 10^8$ bbl 凝析油，合计为 $17\,750.4 \times 10^8$ bbl 油当量（表 1-1）。

中东地区是海相碳酸盐岩油气最为富集的地区，已发现 2144 个油气田，探明和控制石油、天然气和凝析油可采储量分别为 $7376.6 \times 10^8$ bbl、$822\,496.7 \times 10^8$ m³ 和 $741.8 \times 10^8$ bbl，折合成油当量为 $12\,959.5 \times 10^8$ bbl，占全球海相碳酸盐岩油气总储量的 73.0%。原苏联地区是海相碳酸盐岩油气第二富集的地区，已发现 4716 个油气田，探明和控制石油、天然气和凝析油可采储量分别为 $695.7 \times 10^8$ bbl、$195\,106.8 \times 10^8$ m³ 和 $102.6 \times 10^8$ bbl，折合成油当量为 $1946.7 \times 10^8$ bbl，占全球海相碳酸盐岩油气总储量的 11.0%。排第三位的是北美地区，已发现大中型（未获得小型油气田的具体个数数据）碳酸盐岩油气田 873 个，探明和控制油气储量 $1219.0 \times 10^8$ bbl 油当量，占全球总量的 6.9%。亚太地区、非洲、欧洲和中南美地区的海相碳酸盐岩层系内发现的油气储量依次递减，分别为 $759.7 \times 10^8$ bbl、

---

① 1 bbl=$1.589\,87 \times 10^2$ dm³

$421.6×10^8$ bbl、$270.4×10^8$ bbl 和 $173.5×10^8$ bbl 油当量,占总量的 4.3%、2.4%、1.5% 和 1.0%。

油气区域分布的不均一性在盆地分布上亦明显地表现出来。按盆地统计,已发现的油气高度富集于中东的阿拉伯盆地和扎格罗斯盆地,其油气可采储量分别占海相碳酸盐岩层系油气总可采储量的 57.1% 和 14.9%,排序第三至第十的滨里海盆地、阿姆河盆地、墨西哥湾盆地、二叠盆地、伏尔加-乌拉尔盆地、锡尔特盆地、阿纳达科盆地和提曼-伯朝拉盆地的海相碳酸盐岩层系的油气可采储量合计仅占总可采储量的 17.5%。在全球十大海相碳酸盐岩油气富集的盆地中,中亚的阿姆河盆地和美国的阿纳达科盆地以天然气为主,其余的以石油(含凝析油)为主(图 1-1)。

表 1-1　全球海相碳酸盐岩油气田油气储量大区分布表

| 大区 | 油气田个数 | 石油 /$10^8$ bbl | 天然气 /$10^8$ m$^3$ | 凝析油 /$10^8$ bbl | 油当量 /$10^8$ bbl | 所占比例/% |
|---|---|---|---|---|---|---|
| 北美 | 873 | 693.6 | 77 651.2 | 68.4 | 1219.0 | 6.9 |
| 非洲 | 920 | 307.9 | 17 593.1 | 10.2 | 421.6 | 2.4 |
| 欧洲 | 2017 | 136.4 | 21 263.1 | 8.9 | 270.4 | 1.5 |
| 原苏联地区 | 4716 | 695.7 | 195 106.8 | 102.6 | 1946.7 | 11.0 |
| 亚太 | 1731 | 180.8 | 93 296.3 | 29.7 | 759.7 | 4.3 |
| 中东 | 2144 | 7376.6 | 822 496.7 | 741.8 | 12 959.5 | 73.0 |
| 中南美 | 740 | 122.7 | 7681.0 | 5.6 | 173.5 | 1.0 |
| 合计 | 13 141 | 9513.7 | 1 235 088.2 | 967.2 | 17 750.4 | 100.0 |

注:北美地区未包括小型油气田的个数;1 bbl 石油=169.90 m$^3$ 天然气;原始数据源自 Gautier 等(1995)、USGS(2000)、IHS Energy Group(2013)。

# 二、层 系 分 布

海相碳酸盐岩油气藏的层系分布相当广泛,从前寒武系至新近系均有分布(表 1-2)。全球海相碳酸盐岩油气主要富集于六套层系,依次是上侏罗统、下白垩统、上二叠统、上白垩统、下三叠统和中新统,其油气储量之和约占全球的 74.9%(表 1-2)。石油储量主要分布在上侏罗统、下白垩统和上白垩统层系内,天然气储量主要分布在上二叠统和下三叠统,凝析油储量层系分布特征与天然气类似。全球油气储量在层系上的分布,具有上油下气的特征,即上侏罗统以上的层系以石油储量为主,中侏罗统以下的层系以天然气储量为主(图 1-2)。

全球中生界海相碳酸盐岩油气储量占比最多,达 59.2%,其次为占比 24.5% 的上古生界和占比 14.5% 的新生界,下古生界和前寒武系储集的油气储量很少,共占 1.8%。考虑到中国海相碳酸盐岩层系油气发现多集中于古生界,本节重点探讨海相碳酸盐岩层系油气储量在古生界六个层系的分布特征。

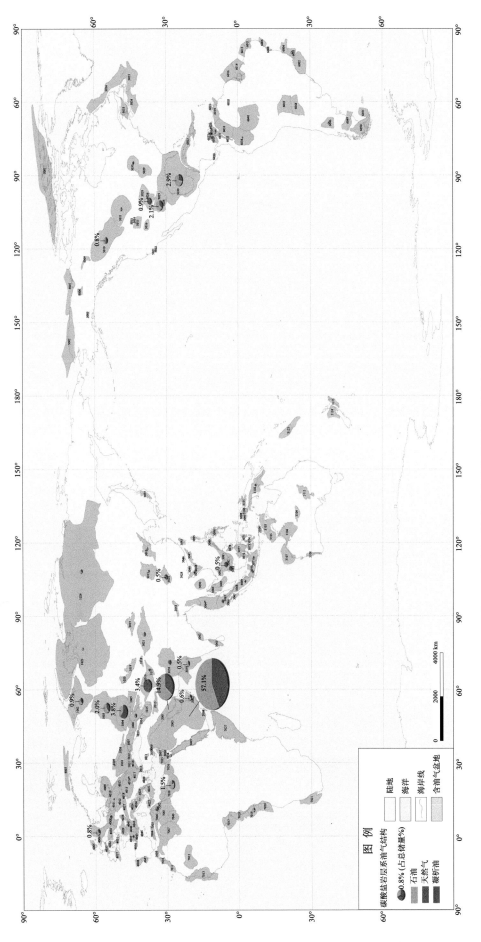

图 1-1　全球主要海相碳酸盐岩盆地油气探明利轻制可采储量分布图

表 1-2  全球海相碳酸盐岩已发现油气储量层系分布表

| 储层 | 石油 /$10^6$ bbl | 天然气 | | 凝析油 /$10^6$ bbl | 油气储量 /$10^6$ boe | 所占比例/% |
| --- | --- | --- | --- | --- | --- | --- |
| | | /$10^8$ m³ | /$10^6$ boe[①] | | | |
| 更新统 | 8.7 | 74.4 | 43.8 | 0.0 | 52.5 | 0.0 |
| 上新统 | 68.0 | 701.3 | 412.8 | 7.3 | 488.0 | 0.0 |
| 中新统 | 66 816.9 | 84 932.6 | 49 989.9 | 3575.8 | 120 382.6 | 6.8 |
| 渐新统 | 52 362.0 | 28 039.9 | 16 503.8 | 1342.1 | 70 207.9 | 4.0 |
| 始新统 | 24 829.1 | 25 038.9 | 14 737.5 | 858.7 | 40 425.3 | 2.3 |
| 古新统 | 19 965.0 | 10 126.2 | 5960.1 | 402.7 | 26 327.8 | 1.5 |
| 上白垩统 | 150 181.8 | 47 592.7 | 28 012.3 | 1599.3 | 179 793.4 | 10.1 |
| 下白垩统 | 203 031.5 | 96 991.2 | 57 087.4 | 7840.3 | 267 959.3 | 15.1 |
| 上侏罗统 | 292 472.1 | 120 760.2 | 71 077.4 | 5847.2 | 369 396.8 | 20.8 |
| 中侏罗统 | 13 978.0 | 56 946.1 | 33 517.5 | 2491.2 | 49 986.7 | 2.8 |
| 下侏罗统 | 15 584.1 | 11 689.6 | 6880.3 | 2918.5 | 25 382.9 | 1.4 |
| 上三叠统 | 1777.8 | 3887.1 | 2287.9 | 378.3 | 4444.0 | 0.3 |
| 中三叠统 | 916.8 | 6023.4 | 3545.3 | 383.2 | 4845.3 | 0.3 |
| 下三叠统 | 621.9 | 219 616.2 | 129 262.4 | 18 941.6 | 148 826.0 | 8.4 |
| 上二叠统 | 1521.5 | 348 518.1 | 205 131.9 | 35 962.9 | 242 616.3 | 13.7 |
| 中二叠统 | 13 317.1 | 8856.2 | 5212.6 | 2271.6 | 20 801.3 | 1.2 |
| 下二叠统 | 8861.1 | 52 817.6 | 31 087.6 | 2469.4 | 42 418.1 | 2.4 |
| 上石炭统 | 23 443.7 | 43 639.7 | 25 685.6 | 4742.9 | 53 872.2 | 3.0 |
| 下石炭统 | 31 508.7 | 27 661.2 | 16 280.9 | 2561.7 | 50 351.3 | 2.8 |
| 上泥盆统 | 11 520.3 | 6416.5 | 3776.6 | 356.4 | 15 653.3 | 0.9 |
| 中泥盆统 | 2574.1 | 3425.2 | 2016.0 | 395.6 | 4985.7 | 0.3 |
| 下泥盆统 | 2250.6 | 3958.8 | 2330.1 | 185.1 | 4765.8 | 0.3 |
| 志留系 | 2281.1 | 6923.6 | 4075.1 | 273.8 | 6630.0 | 0.4 |
| 奥陶系 | 5616.7 | 14 979.7 | 8816.8 | 651.9 | 15 085.3 | 0.8 |
| 寒武系 | 1454.7 | 1599.2 | 941.3 | 31.3 | 2427.3 | 0.1 |
| 前寒武系 | 4406.8 | 3872.5 | 2279.3 | 229.1 | 6915.2 | 0.4 |
| 合计 | 951 369.8 | 1 235 088.2 | 726 952.3 | 96 718.0 | 1 775 040.2 | 100.0 |

注：原始数据源自 Gautier 等（1995）、USGS（2000）、IHS Energy Group（2015）。

　　寒武系海相碳酸盐岩层系内已发现 90 个油气藏，探明和控制石油、天然气和凝析油可采储量分别为 14.55×$10^8$ bbl、1599.2×$10^8$ m³ 和 0.31×$10^8$ bbl，折合成油当量为 24.27×$10^8$ bbl，仅占全球海相碳酸盐岩油气可采储量的 0.1%。区域上，寒武系油气藏的分布与前寒武系油气藏类似，东西伯利亚盆地、阿曼盆地和渤海湾盆地是全球寒武系碳酸盐岩油气最富集的盆地，它们的油气储量分别占全球寒武系碳酸盐岩油气储量的 71.3%、16.5%和 10.5%。此外，塔里木盆地也是重要的寒武系碳酸盐岩含油气盆地。

---

① 1 boe=6.204×$10^9$ J

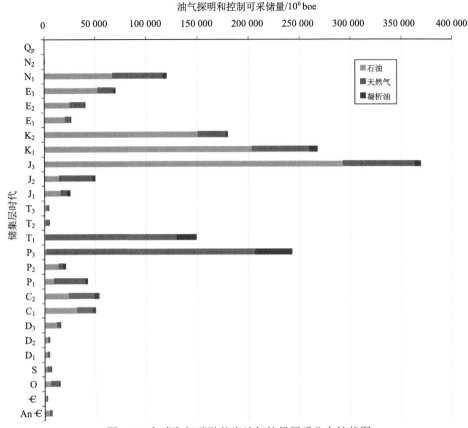

图 1-2　全球海相碳酸盐岩油气储量层系分布柱状图

奥陶系海相碳酸盐岩层系内已发现 473 个油气藏，探明和控制石油、天然气和凝析油可采储量分别为 $56.17 \times 10^8$ bbl、$14\,979.7 \times 10^8$ m$^3$ 和 $6.52 \times 10^8$ bbl，折合成油当量为 $150.85 \times 10^8$ bbl，占全球海相碳酸盐岩油气可采储量的 0.8%。这些油气储量主要分布在中国和美国。我国的塔里木盆地、渤海湾盆地和鄂尔多斯盆地内发现的油气储量合计占全球奥陶系油气储量的 52.6%，其中塔里木盆地和渤海湾盆地以石油为主，鄂尔多斯盆地则主要为天然气。四川盆地在奥陶系亦有气藏发现。奥陶系油气在美国的多个盆地都有分布，但集中分布于二叠盆地，该盆地的奥陶系碳酸盐岩油气储量占全球的 41.6%，是全球奥陶系碳酸盐岩油气最富集的盆地。

志留系海相碳酸盐岩层系内已发现 538 个油气藏，探明和控制石油、天然气和凝析油可采储量分别为 $22.81 \times 10^8$ bbl、$6923.6 \times 10^8$ m$^3$ 和 $2.74 \times 10^8$ bbl，折合成油当量为 $66.30 \times 10^8$ bbl，仅占全球海相碳酸盐岩油气可采储量的 0.4%。美国是志留系海相碳酸盐岩油气最富集的地区，二叠盆地和密歇根盆地的油气储量分别占全球志留系海相碳酸盐岩油气储量的 47.3% 和 37.4%，而且两个盆地都是以天然气为主。提曼-伯朝拉盆地位居全球第三，占 13.3%，其储量以石油为主。此外，一系列志留系油气藏亦发现于北美的威利斯顿盆地和伊利诺伊盆地。

泥盆系碳酸盐岩层系内已发现 1205 个油气藏，探明和控制石油、天然气和凝析油可采储量分别为 163.45×10$^8$ bbl、13 800.6×10$^8$ m$^3$ 和 9.37×10$^8$ bbl，折合成油当量为 254.05×10$^8$ bbl，占全球海相碳酸盐岩油气可采储量的 1.4%。泥盆系油气藏油气储量的 61.6% 富集于上泥盆统，其余的 38.4% 则储集于中、下泥盆统。中、下泥盆统海相碳酸盐岩油气藏主要分布于二叠盆地和阿尔伯达盆地。滨里海盆地、二叠盆地、提曼-伯朝拉盆地和伏尔加-乌拉尔盆地则是上泥盆统油气藏最富集的盆地，它们的油气储量分别占上泥盆统油气储量的 34.7%、23.1%、17.4% 和 13.4%。在上泥盆统油气富集的盆地中，二叠盆地的油和气近乎平分秋色，原苏联地区盆地的储量则以石油为主。

石炭系海相碳酸盐岩层系内发现了多达 3043 个油气藏，是古生界中发现油气藏个数最多的层系，探明和控制石油、天然气和凝析油可采储量分别为 549.52×10$^8$ bbl、71 300.9×10$^8$ m$^3$ 和 73.05×10$^8$ bbl，折合成油当量为 1042.24×10$^8$ bbl，占全球海相碳酸盐岩油气可采储量的 5.87%。石炭系油气藏的分布与泥盆系类似，北美和原苏联地区依然是油气储量分布最多的地区，但油气藏的分布范围更广。滨里海盆地下石炭统和上石炭统油气储量分别占全球下石炭统和上石炭统油气储量的 58.4% 和 52.8%，伏尔加-乌拉尔盆地也是重要的含石炭系油气藏的盆地。

二叠系是全球最重要的天然气储集层系，该层系内已发现 1229 个油气藏，探明和控制石油、天然气和凝析油可采储量分别为 247.00×10$^8$ bbl、41.02×10$^{12}$ m$^3$ 和 407.04×10$^8$ bbl，折合成油当量为 3058.36×10$^8$ bbl，占全球海相碳酸盐岩油气可采储量的 17.2%。上二叠统是二叠系海相碳酸盐岩油气最富集的层系，其油气储量占二叠系油气储量的 79.3%。区域上，上二叠统油气藏分布高度不均一，中东的阿拉伯盆地和扎格罗斯盆地分别富集了上二叠统油气可采储量的 88.6% 和 8.3%。此外，二叠系油气储量较多的盆地还有阿纳达科盆地、四川盆地、伏尔加-乌拉尔盆地、二叠盆地和提曼-伯朝拉盆地，后两个盆地以石油为主，其余的盆地则以天然气为主。

# 第二节　国内外海相碳酸盐岩层系成藏要素类比

## 一、烃　源　岩

中国海相碳酸盐岩层系的油气主要源自古生界烃源岩，因此本节重点探讨古生界烃源岩的特征。从全球范围来看，古生界烃源岩主要发育于波罗的古陆的边缘、中国和北美。处于波罗的古陆北缘的伏尔加-乌拉尔盆地和提曼-伯朝拉盆地是古生界烃源岩最发育的盆地，而南美洲的沉积盆地古生界烃源岩则基本不发育。

### （一）分　布　特　征

海相碳酸盐岩层系内已发现的油气源自寒武系—二叠系的六套层系，寒武系烃源岩主要发育于阿曼盆地、塔里木盆地、四川盆地和东西伯利亚盆地，其中塔里木盆地寒武系烃源岩贡献的油气储量最多，源于寒武系的油气主要储集于奥陶系的古岩溶和白云岩储集层。区域上，奥陶系烃源岩的展布范围亦比较局限，主要发育于中国和美国。志留系烃源岩发育于 30°～60°S 的高纬度区，主要为海相碳酸盐岩和海陆过渡相泥页岩，以Ⅰ型和Ⅱ型干酪根为主。志留系烃源岩高度发育的中东和北非地区志留纪时处于南半球较高的纬度，因而不发育碳酸盐岩。此外，由于覆于志留系烃源岩之上的地层缺少有效储层，志留系烃源岩生成的油气可向上运移至泥盆系或更年轻的储层中聚集成藏，因此，源自志留系烃源岩的油气多以古生新储为主。

泥盆系烃源岩主要发育于提曼-伯朝拉盆地、伏尔加-乌拉尔盆地、滨里海盆地、第聂伯-顿涅茨盆地、普里皮亚季盆地和西加盆地。源自泥盆系烃源岩的油气主要富集于伏尔加-乌拉尔盆地、提曼-伯朝拉盆地和西加盆地，源储结构表现为自生自储和古生新储两种配置。石炭系烃源岩主要分布于劳伦大陆的边缘以及北美大陆内，即现今的伏尔加-乌拉尔盆地、滨里海盆地，欧洲的北喀尔巴阡盆地、德国-波兰盆地、西北德国盆地、英国-荷兰盆地，北美的威利斯顿盆地、密歇根盆地、伊利诺伊盆地、二叠盆地、阿纳达科盆地、沃思堡盆地、萨莱纳盆地等。二叠系烃源岩主要分布于伏尔加-乌拉尔盆地、四川盆地、二叠盆地、萨莱纳盆地、芬诺斯堪的亚-丹麦-波兰边缘盆地和德国-波兰盆地等。由于这些地区的二叠系发育碳酸盐岩，二叠系烃源岩生成的油气主要以自生自储的模式聚集成藏。

古生界海相碳酸盐岩层系内已探明和控制油气可采储量 4596.07×10$^8$ bbl 油当量，已发现的油气主要源自志留系、石炭系、泥盆系和二叠系烃源岩，它们对油气探明和控制可采储量的贡献率依次为 58.4%、20.5%、10.8% 和 6.2%（图 1-3），即分别贡献了 2684.10×10$^8$ bbl、942.19×10$^8$ bbl、491.78×10$^8$ bbl 和 284.96×10$^8$ bbl 油当量的油气储量。

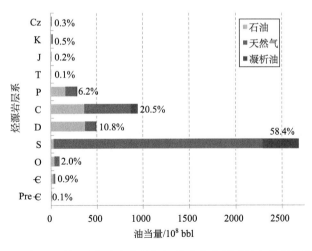

图 1-3　不同层系烃源岩对古生界海相碳酸盐岩层系油气储量的贡献率

古生界海相碳酸盐岩层系内已探明和控制油气可采储量的 98.9%（4545.51×10$^8$ bbl 油当量）源自古生界烃源岩（图 1-3）。按岩性，古生界烃源岩可细分为泥页岩、沥青质泥页岩、钙质泥页岩、（纯）碳酸盐岩、沥青质碳酸盐岩、泥质碳酸盐岩和其他，共七种主要类型。其中泥页岩是最重要的类型，这类烃源岩贡献的油气可采储量占古生界烃源岩贡献的总储量 69.2%，其次是沥青质泥页岩（16.9%）和沥青质碳酸盐岩（6.8%）（图 1-4）。

按岩性大类划分，烃源岩岩性可分为泥页岩、碳酸盐岩和其他三类。各烃源岩层系中不同岩性烃源岩贡献的油气储量相对比例不同：志留系和泥盆系烃源岩以泥页岩为主，它们的油气储量分别有99.3%和90.0%源自泥页岩（图1-5）；石炭系烃源岩以泥页岩（贡献率69.9%）和碳酸盐岩（贡献率26.1%）为主；在寒武系和奥陶系的烃源岩中，碳酸盐岩的贡献率有所增大，分别达到了62.8%和56.4%（图1-5）。

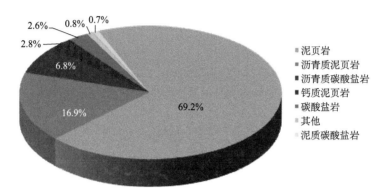

图 1-4　古生界不同岩性烃源岩对海相碳酸盐岩层系油气储量的贡献率

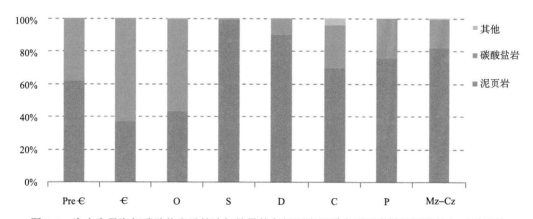

图 1-5　为古生界海相碳酸盐岩贡献油气储量的各烃源岩层系内不同岩性烃源岩的相对重要性

从全球范围来看，生于古生界烃源岩储于古生界海相碳酸盐岩层系的油气储量无论在区域分布还是层系分布上，都呈现出非常不均衡的特征。

寒武系烃源岩贡献的油气储量主要分布于塔里木盆地、东西伯利亚盆地和阿曼盆地，它们的油气储量分别占寒武系烃源岩贡献的油气总储量的64.2%、32.5%和3.1%，其次是波罗的海盆地、澳大利亚阿马迪厄斯盆地和加拿大马德莱娜盆地。塔里木盆地寒武系烃源岩生成的油气大部分向上运移，主要储集于寒武-奥陶系储集层（占98.0%），而东西伯利亚盆地的寒武系烃源岩生成的油气全部储集于寒武系，在阿曼盆地则储集于寒武系（85.5%）和奥陶系（14.5%）。

奥陶系烃源岩生成的油气主要分布于塔里木盆地、鄂尔多斯盆地、二叠盆地和密歇根盆地，它们的油气储量分别占奥陶系烃源岩贡献的油气总储量的37.9%、23.3%、19.8%和8.0%，其次是提曼-伯朝拉盆地。塔里木盆地、鄂尔多斯盆地和二叠盆地奥陶系烃源岩生成的油气主要储集于奥陶系储集层，占比分别高达 98.1%、100.0%和 100.0%。密歇根盆地奥陶系烃源岩生成的油气全部储集于寒武系。提曼-伯朝拉盆地奥陶系烃源岩生成的油气则多向上运移，成藏于泥盆系（68.4%）和志留系（26.9%）。

志留系烃源岩生成的油气主要分布于阿拉伯盆地、扎格罗斯盆地、四川盆地、密歇根盆地和提曼-伯朝拉盆地，它们的油气储量分别占志留系烃源岩贡献的油气总储量的 90.3%、7.9%、0.6%、0.6%和 0.5%。这套烃源岩以生气为主，在阿拉伯盆地和扎格罗斯盆地，二叠系（主要是上二叠统）储集了志留系烃源岩贡献的油气储量的 90%以上。

泥盆系烃源岩生成的油气主要分布于伏尔加-乌拉尔盆地、提曼-伯朝拉盆地、滨里海盆地和西加盆地，它们的油气储量分别占泥盆系烃源岩贡献的油气总储量的 39.7%、30.8%、14.9%和 7.1%。在伏尔加-乌拉尔盆地，泥盆系烃源岩所生成的油气储集于泥盆系（8.7%）、石炭系（83.4%）和二叠系（7.9%）。在提曼-伯朝拉盆地，油气储集于二叠系（37.1%）、石炭系（33.4%）、泥盆系（26.3%）和其下伏的志留系（3.2%）。

石炭系烃源岩生成的油气主要分布于滨里海盆地、伏尔加-乌拉尔盆地和阿纳达科盆地，它们的油气储量分别占石炭系烃源岩贡献的油气总储量的 70.9%、19.4%和 2.4%。在滨里海盆地，源自石炭系烃源岩的油气藏主要储于石炭系（占 78.4%），其次是泥盆系（20.4%）和二叠系（1.1%）。在伏尔加-乌拉尔盆地，源自石炭系烃源岩的油气藏主要富集于二叠系（占 73.9%），其次是石炭系（占 26.0%）和泥盆系（0.1%）。

二叠系烃源岩生成的油气主要分布于二叠盆地、滨里海盆地和四川盆地，它们的油气储量分别占二叠系烃源岩贡献的油气总储量的 53.4%、9.4%和 8.5%。在二叠盆地，源自二叠系烃源岩的油气主要储于二叠系（86.1%），其次是石炭系（13.9%）。在其他盆地，油气则几乎全部储集于二叠系储集层。

## （二）地化指标类比

塔里木盆地、四川盆地及可与之类比的典型国外盆地的烃源岩特征列于表 1-3。塔里木盆地、四川盆地、威利斯顿盆地、提曼-伯朝拉盆地和坎宁盆地均发育古生界烃源岩，但具体层系有所不同。塔里木盆地和四川盆地均发育下寒武统烃源岩，中寒武统烃源岩则仅局限于塔里木盆地。下奥陶统烃源岩发育于坎宁盆地，中-上奥陶统烃源岩和石炭系烃源岩发育于塔里木盆地和威利斯顿盆地。志留系烃源岩在四川盆地和提曼-伯朝拉盆地有发育。泥盆系烃源岩在国外的三个盆地均有发育。二叠系烃源岩只发育于提曼-伯朝拉盆地、塔里木盆地和四川盆地。因此就烃源岩发育的层系而言，塔里木盆地与威利斯顿盆地、四川盆地与提曼-伯朝拉盆地具有较好的可类比性（图 1-6）。

志留系为一套泥页岩为主的烃源岩，寒武系—奥陶系既发育泥页岩亦发育泥质石灰岩、泥质白云岩烃源岩，二叠系、三叠系和侏罗系还发育煤系地层，塔里木盆地奥陶系烃源岩的岩相与威利斯顿盆地有着较高的可类比性（图 1-7）。

无论是最大值还是平均值，塔里木盆地和四川盆地的有机质丰度均明显低于国外盆地（表 1-3）。例如：塔里木盆地奥陶系烃源岩的总有机碳（TOC）平均值仅为 1.56%，而威利斯顿盆地奥陶系烃源岩的 TOC 平均值为 8%，最高可达 14%（图 1-8、图 1-9）。

表1-3 中外典型盆地主力烃源岩特征对比表

| 盆地 | 时代 | 地层 | 岩性 | 沉积相 | TOC/% | Rº/% | 干酪根 | 排烃时间 |
|---|---|---|---|---|---|---|---|---|
| 塔里木 | T-J | 三叠—侏罗系 | 泥岩和煤 | 湖沼相 | 0.5~1.5, 平均1.12 | 0.33~0.88 | II/III | 白垩纪—新近纪 |
| | C-P | 石炭—二叠系 | 泥岩和含泥碳酸盐岩 | 滨海沼泽相 | 1.29~1.97 | 0.8~1.1 | II/III | 二叠纪—志留纪, 白垩纪—新近纪 |
| | O₂₊₃ | 中—上奥陶统 | 泥灰岩和灰泥岩 | 海相 | 1.56 | 0.81~1.3 | II/III | 奥陶纪—志留纪, 石炭纪—三叠纪, 白垩纪—新近纪 |
| | C₁₊₂ | 中—下寒武统 | 泥岩、含泥碳酸盐岩 | 海相 | 0.81~5.17 | 1.29~2.95 | I/II | 奥陶纪—志留纪, 石炭纪—三叠纪, 白垩纪—新近纪 |
| 四川 | J₁ | 自流井组 | 暗色泥岩 | 湖相 | 0.4~1.2 | 0.7~1.7 | I/II | 中侏罗世—晚白垩世, 晚白垩世至今 |
| | T₃ | 须家河组 | 灰黑色泥岩夹煤 | 滨湖、沼泽 | 一般 1.0~4.0 | 1.0~1.7 | III | 晚侏罗世—新近纪（气为主，含凝析油） |
| | P₂ | 龙潭组 | 碳酸盐岩、煤、暗色泥岩 | 浅海陆棚 | 0.3~12.0, 平均2.0 | 0.9~3.4 | I/II/III | 晚三叠世—早白垩世、中白垩世—新近纪 |
| | P₁ | 茅口组、栖霞组 | 碳酸盐岩 | 碳酸盐缓坡 | 0.3~0.9, 平均0.4 | >2.0 | I/II | 晚三叠世—晚侏罗世、早白垩世—晚白垩世 |
| | S₁ | 龙马溪组 | 富含笔石的灰黑色泥页岩 | 浅海-深海陆棚 | 0.4~3.1, 平均0.8 | 2.0~4.0 | I | 三叠纪—中侏罗世、晚侏罗世、晚白垩世—晚白垩世 |
| | ε₁ | 筇竹寺组 | 黑色碳质页岩 | 浅海陆棚 | 0.3~4.2, 平均0.6 | >2.5 | I | 晚志留世—三叠纪、晚三叠世、早白垩世—新近纪 |
| 威利斯顿 | C₂ | Tyler组 | 页岩 | | 平均1.68 | | II | 晚白垩世至今 |
| | C₁ | Lodgepole组 | 页岩 | | 平均4 | | II | 晚白垩世至今 |
| | D₃-C₁ | Bakken组 | 页岩 | | 6~20, 平均10 | | II | 晚白垩世至今 |
| | D₃ | Duperow组 | 石灰岩 | | 平均0.7 | | I | 白垩纪—古近纪 |
| | D₂ | Winnipegosis组 | 泥质石灰岩 | | 4.8~20, 平均9 | | II | 白垩纪 |
| | O₂₊₃ | Red River组 | 泥质石灰岩 | | 1~14, 平均8 | | I | 三叠纪, 晚白垩世 |
| 提曼-伯朝拉 | P₁ | 沃尔库塔组 | 页岩、泥岩、煤 | | 0.5~25, 平均5~7 | 0.68~0.98 | III | 晚侏罗世—始新世 |
| | D₃ | 多曼尼克组 | 页岩、石灰岩 | | 0.1~23.6 | 0.76~1 | II | 二叠纪—白垩纪 |
| | D₂ | 阿弗宁组 | 泥岩 | 陆架边缘礁滩 | 0.5~0.7 | 0.76~1 | II/III | 石炭纪—早二叠世 |
| | O-S | 伊日马-奥姆拉群 | 泥岩、碳酸盐岩 | | 0.1~13.1 | 0.76~1 | II | 早泥盆世—侏罗纪 |
| 坎宁 | C₁ | Laurel组 | 页岩 | 海相 | 0~3, 平均0.8 | | | 石炭纪—二叠纪 |
| | D₂₊₃ | Gogo组 | 页岩 | 海相 | 平均1.5 | | | 石炭纪—二叠纪—新近纪 |
| | O₁ | 上Goldwyer组 | 页岩 | 海相 | 1~6.4, 平均1.85 | | II | 志留纪—新近纪 |

| 盆地 | 前寒武纪 | 寒武纪 早 | 中 | 晚 | 奥陶纪 早 | 中 | 晚 | 志留纪 早 | 中 | 晚 | 泥盆纪 早 | 中 | 晚 | 石炭纪 早 | 晚 | 二叠纪 早 | 晚 | 三叠纪 早 | 中 | 晚 | 侏罗纪 早 | 中 | 晚 |
|---|---|---|---|---|---|---|---|---|---|---|---|---|---|---|---|---|---|---|---|---|---|---|---|
| 塔里木盆地 |  | ■ | ■ |  |  |  |  |  |  |  |  |  |  | ■ | ■ | ■ |  |  |  |  | ■ | ■ |  |
| 四川盆地 |  | ■ |  |  |  |  |  |  | ■ |  |  |  |  |  |  |  | ■ |  |  |  | ■ | ■ |  |
| 威利斯顿盆地 |  |  |  |  |  |  |  |  |  |  | ■ | ■ | ■ | ■ | ■ |  |  |  |  |  |  |  |  |
| 提曼-伯朝拉盆地 |  |  |  |  |  | ■ | ■ | ■ | ■ | ■ | ■ |  |  |  |  | ■ |  |  |  |  |  |  |  |
| 坎宁盆地 |  |  |  |  |  |  | ■ |  |  |  | ■ | ■ |  |  |  |  |  |  |  |  |  |  |  |

图1-6　中外典型盆地主力烃源岩发育时代对比图

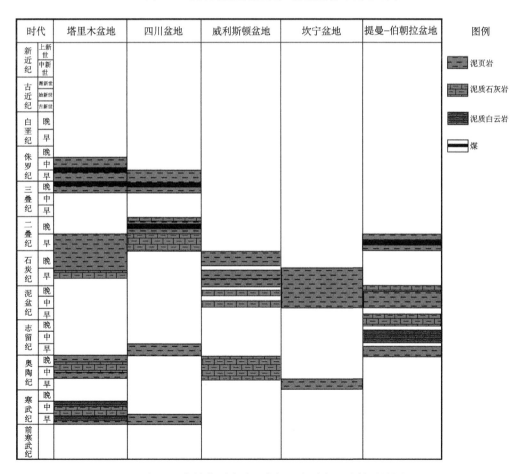

图1-7　中外典型盆地主力烃源岩时代和岩性对比图

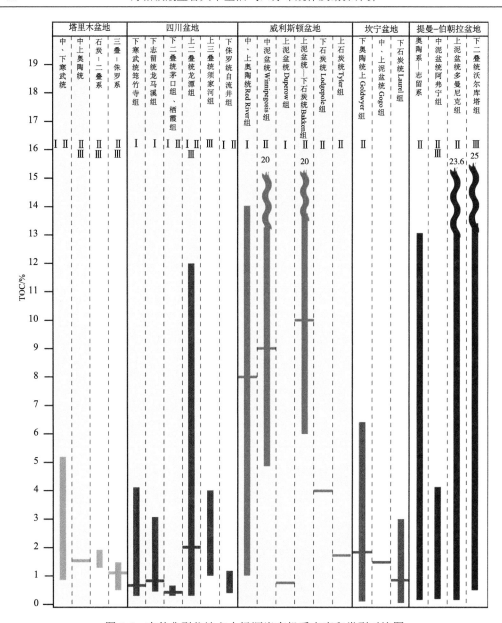

图 1-8　中外典型盆地主力烃源岩有机质丰度和类型对比图

需要指出的是塔里木盆地烃源岩分布的范围大，而且厚度具有一定的规模，因此烃源岩的规模大，生烃量亦可观，这为塔里木盆地内的油气成藏奠定了良好的物质基础。塔里木盆地的古生代烃源岩以Ⅱ型干酪根为主，但也发育Ⅰ型和Ⅲ型干酪根。国外的威利斯顿盆地、提曼-伯朝拉盆地则主要发育Ⅰ型和Ⅱ型干酪根。就演化程度而言，塔里木盆地下古生界烃源岩的演化程度明显高于国外的盆地，而四川盆地烃源岩的演化程度则更高。

　　早古生代烃源岩常表现出多期成藏特征，中-新生代烃源岩则一般仅有一次成藏期（图 1-10）。塔里木盆地的寒武系和奥陶系烃源岩具有三次主要生排烃期，石炭系烃源岩有两次主要生排烃期。

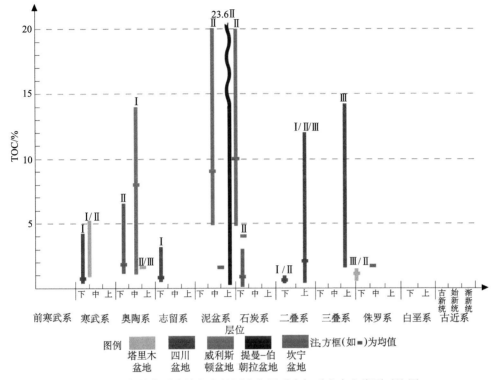

图 1-9　中外典型盆地主力烃源岩各层系有机质丰度和类型对比图

综上所述，不同地区古生界烃源岩发育的层系和岩性不尽相同，国外古生界海相碳酸盐岩油气藏的油气主要源自泥页岩烃源岩，烃源岩有机质丰度高，成熟度适中，而我国古生界海相碳酸盐岩油气藏的油气则主要源自泥页岩和碳酸盐岩烃源岩，烃源岩有机质丰度低，成熟度高（金之钧，2010）。

# 二、储　集　层

## （一）储集层岩性

海相碳酸盐岩储层类型的划分因研究视角的不同而有所差异（Roehl and Choquette，1985；范嘉松，2005；赵宗举等，2007；罗平等，2008；赵文智等，2012）。基于对全球碳酸盐岩储层的分析，范嘉松（2005）划分出了七种类型：不整合之下的储层、白云岩、鲕粒和团粒浅滩、生物礁、微孔隙、微裂缝、深埋溶解型。根据我国海相碳酸盐岩油气勘探结果，罗平等（2008）划分出了四种类型：台缘生物礁（滩）、岩溶风化壳、白云岩和台内颗粒滩。碳酸盐岩受后期成岩作用和构造作用的强烈影响，因此通常非均质性强、孔隙结构复杂，导致了不同的碳酸盐岩储层类型划分方案。本书结合以往的分类方案和可获取的古生界海相碳酸盐岩大中型油气田的资料，将碳酸盐岩储层划分为六种类型：滩坝颗粒碳酸盐岩型（简称滩坝型）、生物礁型、白云岩型、白垩岩型、喀斯特岩溶型（简称岩溶型）和裂缝型。

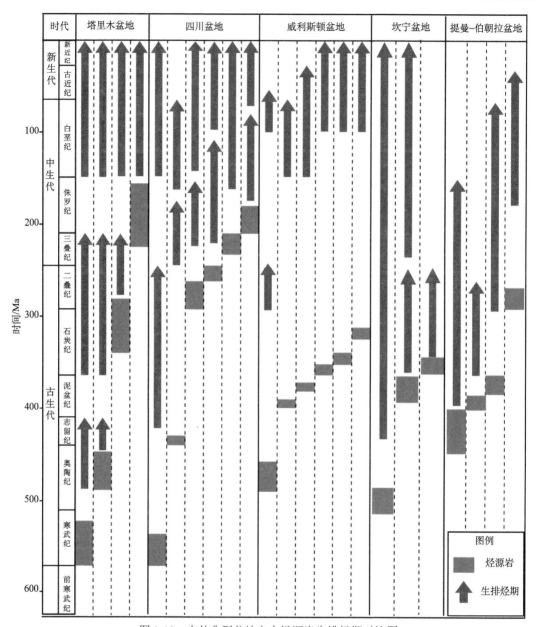

图 1-10 中外典型盆地主力烃源岩生排烃期对比图

## （二）储集层物性

基于 Statoil 公司的全球油气藏数据库，Ehrenberg 等（2009）总结了不同地质年代碳酸盐岩储集层随深度的变化曲线，总体变化趋势表现为随着埋深的增大，储集层的孔隙度降低。对于埋深类似的储集层而言，储集层的孔隙度随时代的变老而减小。

塔里木盆地和四川盆地古生界海相碳酸盐岩油气藏主要发现于寒武系—奥陶系、石炭系和二叠系（图 1-11），与国外典型海相碳酸盐岩盆地相比，具有四个明显特征：

①储层埋深较大，普遍处于深层（超过 4500 m）；②多数情况下，储集层的孔隙度和渗透率达不到全球的中值；③四川盆地以产气为主，物性偏差对产能没有太大的影响；④塔里木盆地古生界以产油为主，需要发育裂缝才可获取商业油气产量。

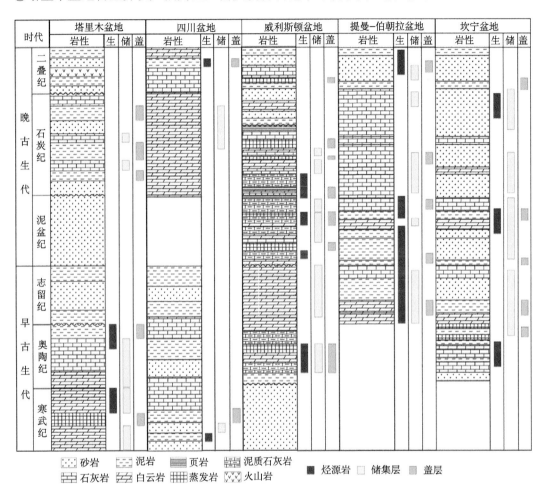

图 1-11 国内外典型古生界海相碳酸盐岩盆地地层综合柱状图

与国外盆地相比，塔里木盆地寒武系和奥陶系碳酸盐岩储集层的孔隙度要小得多（图 1-12）。不过需要指出的是，塔里木盆地下古生界海相碳酸盐岩以喀斯特岩溶型储集层为主，而国外盆地的储集层则以白云岩为主，储集空间类型存在差异。与孔隙度类似，塔里木盆地海相碳酸盐岩储集层的渗透率比同时代的国外盆地储集层的渗透率亦低，而且在某些层系低很多。例如，威利斯顿盆地储层物性要明显好于塔里木盆地，其寒武系—奥陶系储层的孔隙度一般都大于 10.0%，高于全球碳酸盐岩孔隙度中值，而塔里木盆地寒武系—奥陶系储层的孔隙度基本都低于孔隙度中值，一般小于 10.0%，但考虑到塔里木盆地的岩溶型碳酸盐岩储集层多发育裂缝，故尽管孔隙度不高，但渗透率仍可达 140 mD[①]（图 1-13）。

---

① 1 mD=0.986 923×$10^{-15}$ m$^2$

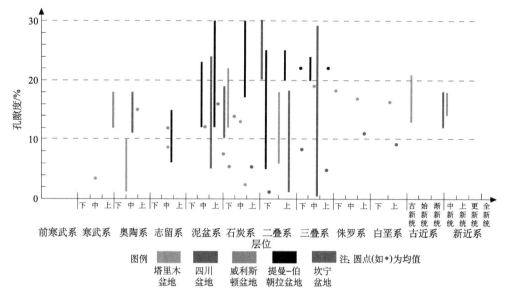

图 1-12　国内外典型古生界海相碳酸盐岩储集层孔隙度对比图

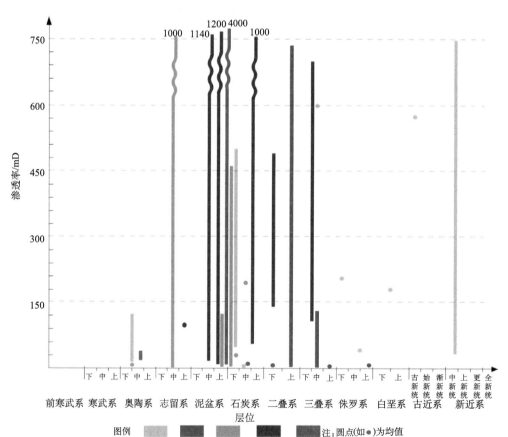

图 1-13　国内外典型古生界海相碳酸盐岩盆地储集层渗透率对比图

## （三）优质储集层发育主要控制因素

白云岩、生物礁（黏结岩）和颗粒石灰岩是最常见的碳酸盐岩岩性类型，后者的形成主要受控于沉积相，而前两者的控制因素则复杂得多，因此是本书讨论的重点。

### 1. 白云岩储集层

白云岩储集层孔隙类型发育受沉积环境、白云石化作用、溶蚀和裂缝作用控制，其中，白云石化作用和溶蚀作用为油气提供储集空间，裂缝起到沟通孔隙的作用。对全球古生界海相白云岩储集层进行的沉积环境和物性分析表明：白云岩主要发育于低能碳酸盐岩富泥质环境、前缘斜坡、深水和高能碳酸盐岩颗粒滩坝环境，孔隙类型以裂缝-孔隙型为主，其次为裂缝型，单一的孔隙型较少（马锋等，2011）。我国的白云岩储集层是在沉积与成岩综合影响下形成的优质储层，其形成受控于多种因素，可细分为蒸发台地白云岩、埋藏成岩白云岩和生物成因白云岩（罗平等，2008）。国外古生界白云岩多发育于低能碳酸盐岩萨布哈潮坪环境，这种环境有利于回流渗透白云石化作用和蒸发泵白云石化作用的发生，形成良好的储层（Steuber and Veizer，2002）。此外，覆于白云岩储层之上的蒸发岩盖层对油气运移聚集起到很好的封盖作用，成为有利的白云岩-蒸发岩储盖组合，这种组合在阿拉伯盆地、扎格罗斯盆地、二叠盆地和东西伯利亚盆地均有发育。

不同层系优质白云岩储层的区域分布不同，寒武系白云岩油气藏主要富集于东西伯利亚盆地，奥陶系白云岩油气藏富集于我国塔里木盆地和鄂尔多斯盆地以及美国的二叠盆地，志留系白云岩油气藏则多分布于密歇根盆地，滨里海盆地是泥盆系和石炭系白云岩油气藏最富集的盆地，二叠系白云岩油气藏则主要集中于阿拉伯盆地。国外白云岩储层油气田多属于白云岩和蒸发岩储盖组合，而我国的油气田多属于白云岩和泥岩的储盖组合。

### 2. 生物礁储集层

生物礁储集层的形成与分布主要受控于全球海平面升降、盆地构造格架、古纬度、古气候、海洋模式和古生物群落的发育演化（Kiessling et al.，2002；Lukasik et al.，2008）。诸多地质过程和因素控制着碳酸盐岩台地和生物礁的发育，全球尺度评价这些因素需同时考虑局部变化，这样才更有意义。全球板块构造运动和海平面升降造成的气候和海洋模式变化对其影响表现得最为直接，这些影响存在于生物礁的产生、发展和灭亡的整个演化阶段（表 1-4）。

**表 1-4　影响碳酸盐岩台地和生物礁发育的因素**（据 Lukasik et al.，2008）

| 发育阶段 | 海平面升降 | 构造运动 | 气候 | 海洋<br>（洋流、上升流） | 营养<br>物质 | 温度 |
| --- | --- | --- | --- | --- | --- | --- |
| 产生 | ● | ● | ○ | ○ | ○ | ○ |
| 发展 | ● | ● | ● | ● | ● | ● |
| 灭亡 | ● | ● | ● | ● | ● | ○ |

注：●为主要影响因素，○为次要影响因素。

碳酸盐岩系统受地球过程和碳酸盐岩过程的双重影响，其中，地球过程包括板块构造运动（如板块位置）、气候、海平面变化和海洋循环及海洋化学等因素，碳酸盐岩过程则包括台地类型（孤立型或复合型）、沉积坡度（斜坡或陆架边缘）、生物组成及演化、矿物组分、化学作用以及成岩作用等（Kiessling et al.，2002；Lukasik et al.，2008）。有些因素是独立的，但另一些因素可能彼此相互作用。需要强调的是：①单一模式不可能解释所有的碳酸盐岩系统或储层类型；②碳酸盐岩系统并不是独一无二的，需要精细模式预测其特征（表 1-5）。

表 1-5　不同尺度下碳酸盐岩台地和生物礁发育的影响因素（据 Lukasik et al.，2008）

| 尺度 | 海平面升降 | 构造运动 | 气候 | 海洋<br>（洋流、上升流） | 营养<br>物质 | 温度 |
| --- | --- | --- | --- | --- | --- | --- |
| 全球 | ● | ● | ○ | ○ | ○ | ○ |
| 区域 | ● | ● | ● | ● | ○ | ○ |
| 盆地 | ● | ● | ● | ● | ● | ● |
| 台地 | ● | ● | ● | ● | ● | ● |

注：●为主要影响因素，○为次要影响因素。

# 三、盖　　层

盖层是能够封盖储层内油气的保护层，其质量直接决定了油气的聚集效率和保存时间，其时空分布直接影响着油气的时空分布。油气勘探实践证明，盖层条件对油气聚集所起的作用比储层质量更重要，因为储层品质只决定油气储量的大小及产能，而盖层封闭能力则决定了一个盆地或圈闭内有无油气的聚集。因此，盖层是油气藏形成的重要因素之一，其规模（分布面积、厚度、连续程度等）和质量直接控制着油气藏的形成、保存和规模，对经历过多期隆升剥蚀及构造断裂活动改造的中国海相层系而言，盖层尤为重要，其有效性是决定性的成藏条件。根据全球古生界海相碳酸盐岩油气藏数据及相关资料，本书主要从盖层时代和盖层岩性两个方面探讨盖层对全球古生界海相碳酸盐岩油气分布的影响。

## （一）盖　层　时　代

全球古生界海相碳酸盐岩油气藏被不同时代的盖层所封盖，不同时代盖层封堵的油气储量示于图 1-14。与油气在储集层中的层系分布类似，上古生界和三叠系盖层是重要的盖层。按封盖的油气储量统计，主力盖层依次为二叠系、三叠系、石炭系和泥盆系，它们封堵的古生界海相碳酸盐岩油气储量的百分比依次为 51.5%、32.8%、9.0% 和 3.7%。二叠系和三叠系盖层的巨大封堵贡献主要得益于晚二叠世和早三叠世时期，全球多个含油气盆地发育了大规模的干旱–半干旱气候下沉积的蒸发岩盖层，这些蒸发岩盖层有效地阻挡了盐下烃源岩生成的油气向上逸散。

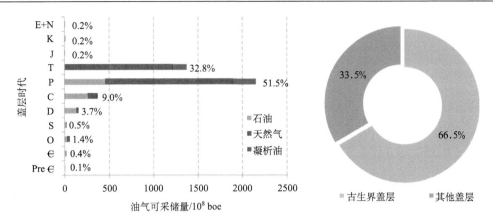

图 1-14　全球古生界海相碳酸盐岩不同层系盖层封闭的油气

如前所述，古生界海相碳酸盐岩油气藏主要分布于中东、原苏联地区、北美和中国。为了进一步探讨不同地区盖层层系分布的差异性，本书选取中东、原苏联地区、北美和中国作为研究对象，对比分析不同时代的盖层特征（图 1-15）。

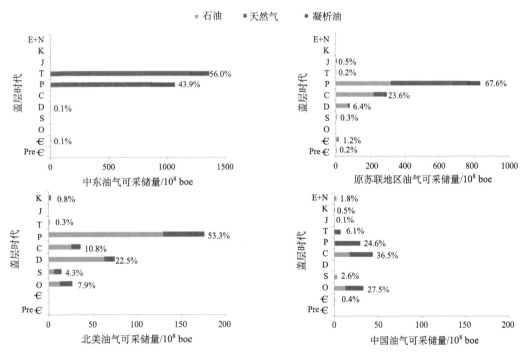

图 1-15　全球不同地区古生界海相碳酸盐岩盖层层系分布

中东地区古生界海相碳酸盐岩油气藏的主力盖层是上二叠统—下三叠统胡夫（Khuff）组和达施塔克（Dashtak）组内的蒸发岩，这套盖层紧邻上二叠统优质白云岩和石灰岩储集层，非常有效地阻挡了油气的逸散。原苏联地区最重要的盖层是滨里海盆地和伏尔加-乌拉尔盆地的下二叠统空谷阶蒸发岩区域盖层，富集于盐下石炭-二叠系优质白云岩、生物礁储层中的油气可以完好地保存下来。北美地区二叠系蒸发岩盖层发育于二叠盆地，有效地封堵了下伏二叠系白云岩储集层的油气。与国外相比，我国二叠纪未发育区域性的蒸发岩，因此缺乏二叠系蒸发岩盖层。不过，寒武系和三叠系蒸发岩分别构成了塔里木盆地和四川盆地的重要盖层（金之钧等，2010），此外奥陶系顶部和二叠系泥岩盖层对油气也起到了一定的封闭作用。

## （二）盖层岩性

根据岩性，盖层可分为三大类：蒸发岩、碎屑岩（泥页岩）和碳酸盐岩。蒸发岩包括石膏、硬石膏和盐岩。古生代大型海相含油气盆地油气的富集除了受源岩的控制外，区域广布的蒸发岩盖层的发育也起着至关重要的作用，"源-盖"共控油气成藏（金之钧，2010）。

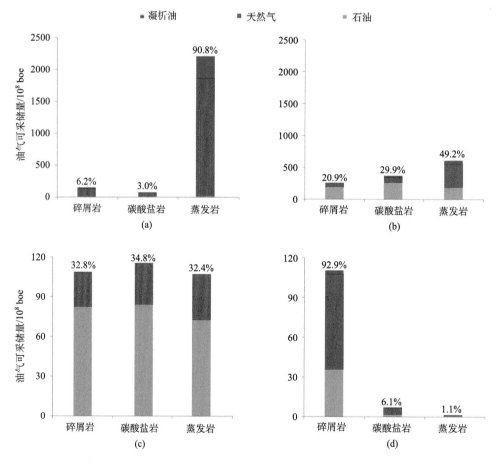

图 1-16　不同岩性盖层封堵的储于古生界海相碳酸盐岩的油气储量
（a）中东；（b）原苏联地区；（c）北美；（d）中国

碎屑岩盖层以泥岩和页岩为主，是油气田中最常见的一类盖层，分布最广、数量最多，由于其韧性小于蒸发岩，因此泥页岩的封盖性较蒸发岩差一些。碳酸盐岩盖层以泥灰岩、泥质石灰岩和致密石灰岩为主，因其脆性较大，所以封闭能力最弱。

就全球古生界海相碳酸盐岩油气藏而言，蒸发岩盖层所封堵的油气可采储量占总储量的71.0%；碎屑岩和碳酸盐岩盖层封盖的油气量大致相当，分别占15.3%和13.7%；蒸发岩盖层是古生界海相碳酸盐岩油气藏最重要的盖层。图1-16显示了全球四个古生界海相碳酸盐岩油气富集区内不同岩性盖层的相对重要性。

在中东地区，蒸发岩是古生界海相碳酸盐岩层系油气藏的绝对主力盖层，碎屑岩和碳酸盐岩仅封盖了不到10%的油气储量。在原苏联地区，蒸发岩仍是主力盖层，封盖的油气储量占到了约一半，碳酸盐岩和泥页岩则分别封堵了29.9%和20.9%的油气储量。与前两个地区不同，北美地区的这三类盖层封闭的油气量差异不大（图1-16）。

较之于前三者，我国古生界海相碳酸盐岩油气藏盖层以泥页岩为主，封闭了古生界海相碳酸盐岩层系内92.9%的油气储量，重要性与中东地区的蒸发岩盖层相当。我国古生界海相层系普遍比国外层系埋深大，盖层大多属于高演化泥页岩。一般认为随着埋深加大，压实作用增强，泥质岩中蒙脱石含量减小，可塑性减小而导致封闭性变差（周雁等，2012）。然而，相关实验表明，我国古生界深层高演化泥岩仍具有塑性特征，因此对油气具有一定的封盖能力。只要后期构造作用没有对深埋的高演化泥岩产生破坏，泥页岩同样可以具有很好的封闭性，四川盆地威远气田高演化泥岩就构成了有效的天然气藏盖层。

# 四、油气藏类型

## （一）油气藏分类

根据圈闭类型，碳酸盐岩油气藏分为：构造油气藏、地层（包括岩性）油气藏和构造-地层复合油气藏。不同地区占主导地位的油气藏类型不同（图1-17）。中东地区构造圈闭占绝对优势，背斜构造富集了油气储量的98.2%，地层圈闭和复合圈闭基本不发育。原苏联地区以构造-地层复合型圈闭为主，这类圈闭富集了92.7%的油气储量，复合圈闭主要与背斜构造及生物礁的大规模发育有关。北美地区地层圈闭与构造圈闭（背斜和断层圈闭为主）富集的油气储量大致相当，而构造-地层复合圈闭仅占5.4%。

与国外的三个大区相比，我国古生界海相碳酸盐岩层系内的油气储量在三种类型圈闭中的分布差异是最小的。构造-地层圈闭油气最富集，占中国古生界油气储量的48.1%；地层圈闭次之，占32.6%；纯构造圈闭的油气储量占19.2%。油气的这种分布表明了我国古生界海相层系内油气成藏的复杂性，构造、地层等多种因素控制着油气的成藏。就盆地而言，塔里木盆地的油气成藏受不整合-地层-古隆起三者的综合控制，是复合圈闭中油气最富集的盆地；四川盆地的油气成藏受构造和地层双重因素影响，圈闭类型以构造和复合型为主；与前两个盆地不同，鄂尔多斯盆地的油气成藏受构造活动影响较弱，圈闭类型以地层型为主，主要受早奥陶世不整合发育的影响。

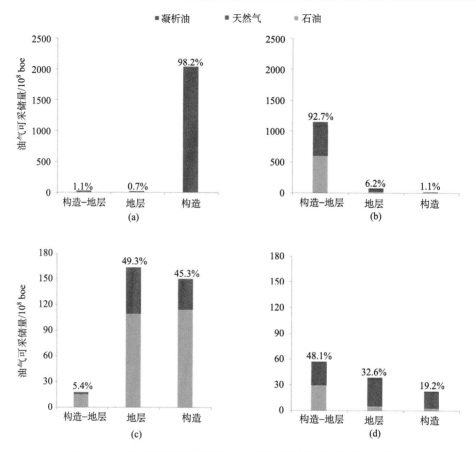

图 1-17　古生界海相碳酸盐岩油气储量与不同类型圈闭的分布特征

（a）中东；（b）原苏联地区；（c）北美；（d）中国

如前所述，依据储集油气的储集层类型，本书将碳酸盐岩油气藏分为六类，其中岩溶型油气藏、生物礁型油气藏和滩坝型油气藏对我国古生界海相碳酸盐岩层系的油气勘探具有特别重大的意义。因此，下文主要讨论这三类不同的油气藏。

## （二）岩溶型油气藏

### 1. 油气藏特征

岩溶型油气藏泛指储于岩溶型碳酸盐岩储集层的油气藏，油气成藏条件综合类比分析表明北美克拉通碳酸盐岩地台发育的寒武系—奥陶系与我国下古生界海相碳酸盐岩层系具有一定的相似性，其下奥陶统岩溶储集层与我国塔里木盆地和鄂尔多斯盆地的奥陶系岩溶储集层有一定的可比性。

图 1-18 显示了美国下奥陶统岩相，发育的岩相包括陆架、陆架边缘和深水或盆地相，蓝色和红色代表发育于不同盆地/地区的下奥陶统碳酸盐岩储集层，这些储集层的物性主要受控于早期白云岩化作用和喀斯特岩溶作用。喀斯特岩溶作用与 Sauk/Tippecannoe（下

奥陶统/上奥陶统）巨层序之间的区域不整合面的发育有关（图 1-19），地层出露和喀斯特岩溶作用导致了北美碳酸盐岩台地区内下奥陶统 Arbuckle 群、埃伦伯格群和 Knox 群储集层物性的广泛改善。

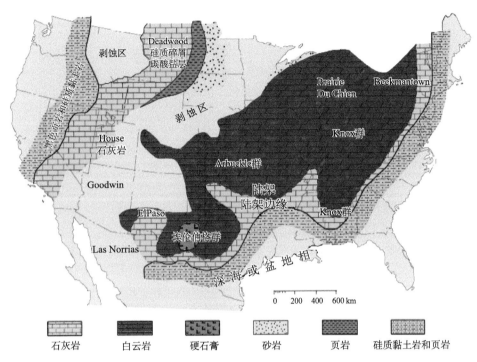

图 1-18　美国下奥陶统岩相图（据 Sternbach，2012）

图中英文均为地层名称

　　在北美克拉通碳酸盐岩地台，寒武系—下奥陶统油气藏分布于约 30 个油气产区的 3650 个油气田（包括碎屑岩油气田），截至 2007 年底，累计产油（包括凝析油，下同）41.3×10$^8$ bbl、天然气 5997.5×10$^8$ m$^3$，合计产油气 76.6×10$^8$ bbl 油当量（Sternbach，2012）。尽管奥陶系岩溶型油气田分布广泛，但主要集中于二叠盆地和中堪萨斯隆起。此外，这些已发现的油气田储量规模普遍较小，仅二叠盆地的 Gomez 气田和 Pucket 气田为储量超过 5×10$^8$ bbl 油当量的大气田。

**2. 美国埃伦伯格区带成藏特征**

　　美国二叠盆地的下奥陶统埃伦伯格区带（Ellenburger Play）与我国的奥陶系岩溶型勘探区带有一定的可比性，其成藏特征对我国奥陶系岩溶型油气藏的勘探有一定的启示作用。

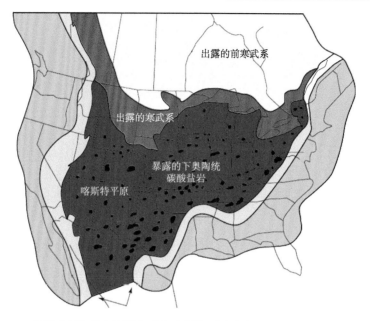

图 1-19　美国早奥陶世末地层出露和喀斯特平原分布图（据 Sternbach，2012）

喀斯特平原上的黑色部分为溶坑，黄色和棕色部分为沉积于深水环境的构造变形地区

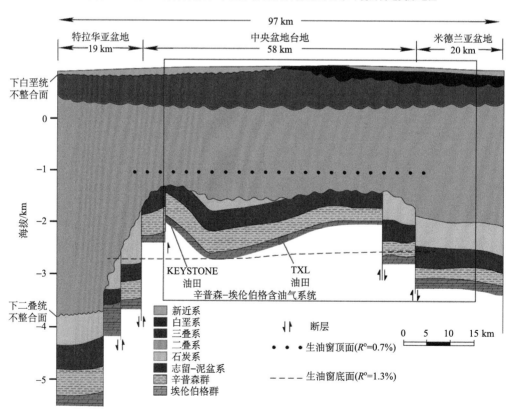

图 1-20　二叠盆地东西向地层剖面图（据 Katz et al.，1988）

埃伦伯格区带是二叠盆地的重要区带之一，其油气开发始于 1936 年，截至 2013 年底，已从 714 个油气藏中累计产油气超过 $50×10^8$ bbl 油当量，其中石油占 36%，天然气占 64%。该区带的油气源自上覆于埃伦伯格（Ellenburger）群之上的中奥陶统辛普森（Simpson）群的海进陆架相页岩（图 1-20），TOC 值为 1.00%～2.28%，均值为 1.74%（Philippi，1981），干酪根类型为 II 型。在盆地中央台地区，烃源岩仍处于生油窗内；在特拉华亚盆地，烃源岩则处于生气窗内（图 1-20）。因此，埃伦伯格区带的油藏主要分布于中央盆地台地区，气藏则主要分布于特拉华亚盆地（图 1-21），烃源岩成熟度控制着油气的区域展布。

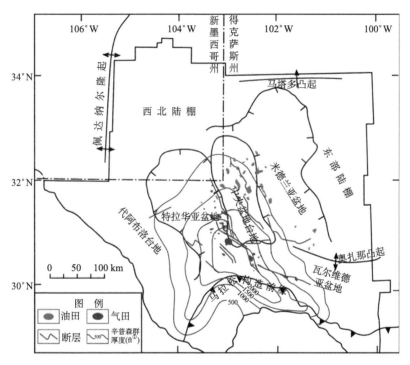

图 1-21 二叠盆地中奥陶统辛普森群地层等厚图和油气田分布图

在二叠盆地，埃伦伯格群广泛分布，最厚达 533 m。埃伦伯格群储集层为岩溶型白云岩，孔渗结构复杂，以次生孔隙为主，孔隙度从小于 1%至高达 15%。喀斯特化可至不整合面之下 305 m，即不整合面之下约 300 m 处仍有油气藏发现。在中央盆地台地区，油藏平均埋深 3350 m；在特拉华亚盆地和瓦尔维德亚盆地，气藏平均埋深 5180 m。

**3. 岩溶型油气藏类比**

在 C&C Reservoir 数据库 202 个碳酸盐岩油气藏中，45 个油气藏归属于岩溶型油气藏。奥陶系岩溶型油气藏 10 个，分布于美国的二叠盆地、阿纳达科盆地、阿克玛盆地以及我国的塔里木盆地、鄂尔多斯盆地和渤海湾盆地，其中塔河油田的石油储量最大，靖

---

① 1 ft=0.3048 m

边气田的天然气储量最大。塔河油田和靖边气田的油气来源仍有争议,可能源自比储集层老的烃源岩,也可能源自比储集层年轻的烃源岩,或者两者兼而有之;其余油气藏的油气均来自比储集层年轻的烃源岩(图1-22)。

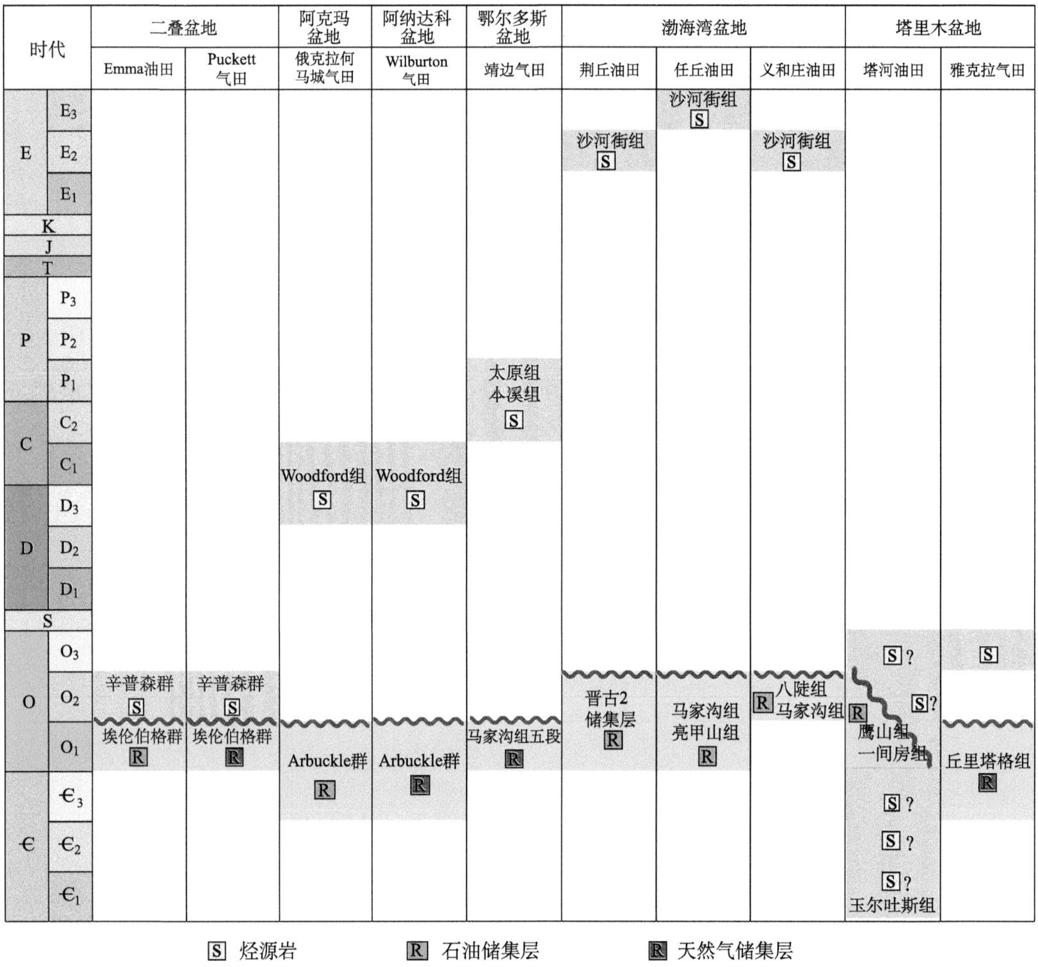

| 时代 | | 二叠盆地 | | 阿克玛盆地 | 阿纳达科盆地 | 鄂尔多斯盆地 | 渤海湾盆地 | | | 塔里木盆地 | |
|---|---|---|---|---|---|---|---|---|---|---|---|
| | | Emma油田 | Puckett气田 | 俄克拉何马城气田 | Wilburton气田 | 靖边气田 | 荆丘油田 | 任丘油田 | 义和庄油田 | 塔河油田 | 雅克拉气田 |
| E | E₃ | | | | | | | 沙河街组 S | | | |
| | E₂ | | | | | | 沙河街组 S | | 沙河街组 S | | |
| | E₁ | | | | | | | | | | |
| K | | | | | | | | | | | |
| J | | | | | | | | | | | |
| T | | | | | | | | | | | |
| P | P₃ | | | | | | | | | | |
| | P₂ | | | | | | | | | | |
| | P₁ | | | | | 太原组 本溪组 S | | | | | |
| C | C₂ | | | | | | | | | | |
| | C₁ | | | Woodford组 S | Woodford组 S | | | | | | |
| D | D₃ | | | | | | | | | | |
| | D₂ | | | | | | | | | | |
| | D₁ | | | | | | | | | | |
| S | | | | | | | | | | | |
| O | O₃ | | | | | | | | | S? | S |
| | O₂ | 辛普森群 S | 辛普森群 S | | | | 晋古2储集层 R | 马家沟组 亮甲山组 R | 八陡组 马家沟组 R | R | S? |
| | O₁ | 埃伦伯格群 R | 埃伦伯格群 R | Arbuckle群 R | Arbuckle群 R | 马家沟组五段 R | | | | 鹰山组 一间房组 | 丘里塔格组 R |
| € | €₃ | | | | | | | | | | |
| | €₂ | | | | | | | | | S? | |
| | €₁ | | | | | | | | | S? 玉尔吐斯组 | |

S 烃源岩　　　R 石油储集层　　　R 天然气储集层

图 1-22　主要奥陶系岩溶型油气藏源储结构示意图

塔河油田是一个典型的岩溶型大油田,钻井和地震资料揭示,其岩溶地貌单元完整,具有岩溶高地、斜坡和洼地三个主要岩溶地貌单元。储层主要发育在岩溶斜坡上,高地储层发育较差,洼地无储层。岩溶储层为奥陶系石灰岩,储层孔隙系统为大洞穴、大缝主导的受区域断裂控制的洞穴体系。

二叠盆地的 Puckett 气田位于瓦尔维德亚盆地,是埃伦伯格成藏区带的第二大气田,仅次于 Gomez 气田(1963 年发现)。该气田发现于 1952 年,1954 年投产,至 2011 年底,累计产气 3.77 Tcf[①]。该气田为一断背斜,长 17.7 km,宽 8 km,垂向闭合度超过 2500 ft,

_____

① 1 Tcf=1×10¹² ft³=2.831 68×10¹⁰ m³

气柱高度 1600 ft。埃伦伯格群是 Puckett 气田的主力产层，与其下伏的上寒武统布里斯组白云质砂岩整合接触，与其上覆的中奥陶统辛普森群不整合接触（图 1-23）。埃伦伯格群分为上、中、下三个地层单元，其中下埃伦伯格为一套碎屑岩向碳酸盐岩过渡的层系，中-上埃伦伯格是一套以碳酸盐岩为主的层系。由于后期海平面下降，上埃伦伯格暴露于地表，遭受剥蚀和喀斯特作用，促进了岩溶型白云岩储层的发育。储集层孔隙度平均 3.5%，最大 12.0%，渗透率 0～169 mD，多为 10～50 mD，含水饱和度 35.0%。

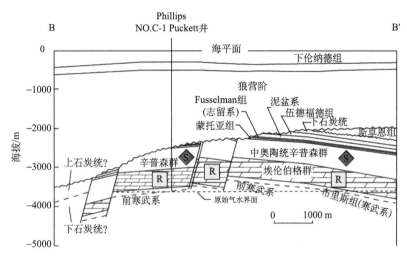

图 1-23　二叠盆地 Puckett 气田地层剖面图

考虑到岩溶型油气藏的重要性，本书统计分析了可获取资料的 18 个国外岩溶性油气田的油气运移距离。与统计出的大油气田类似，岩溶型油气田亦以短距离运移为主，在 18 个油气藏中，10 个油气田的油气运移距离小于 5 km，仅 3 个油气田的油气运移距离为 50～100 km（图 1-24）。按油气田的储量规模统计，统计样本中油气总储量的 85.2%的运移距离小于 5 km，仅 4.6%的油气储量的运移距离为 50～100 km（图 1-25）。

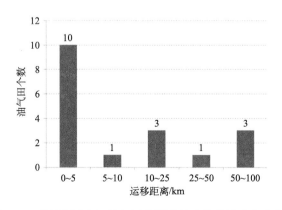

图 1-24　岩溶型油气田油气运移距离按个数统计分布直方图

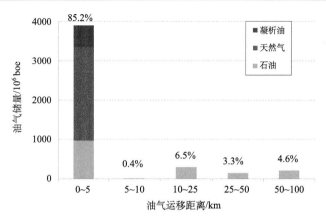

图 1-25　岩溶型油气田油气运移距离按储量规模统计分布直方图

## （三）生物礁型油气藏

生物礁指的是由珊瑚、藻类、苔藓虫、有孔虫等生物骨骼和软体动物堆积或者固着构成骨架的碳酸盐岩建造。全球古生界生物礁油气藏的油气储量与油气藏个数呈现出类似的层系分布，油气最富集的层系是石炭系、二叠系和泥盆系，它们的油气可采储量分别占全球古生界海相碳酸盐岩生物礁储层油气总储量的 53.3%、34.8% 和 11.4%（图 1-26）。

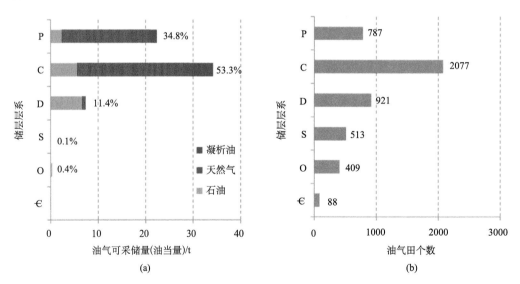

图 1-26　全球古生界生物礁油气藏油气可采储量和油气田（藏）个数层系分布图

（a）生物礁储层油气可采储量层系分布；（b）生物礁储层油气田个数层系分布

生物礁型油气藏油气储量的层系分布与生物礁大量发育的层系并没有直接的对应关系，Kiessling 等（1999）指出显生宙期间，全球共有七个共发育旋回。其中，中泥盆统、上三叠统、上侏罗统和中新统是全球生物礁最发育的层系。尽管泥盆纪是古生代生物礁最发育的时期，但泥盆系生物礁油气藏的油气储量和个数都比石炭系少得多。生物礁油气藏分布的层系比较集中，主要富集于石炭系、侏罗系和白垩系，石炭系生物礁油气藏的个数最多，远远多于后两个层系（Kiessling et al.，1999）（图1-27）。

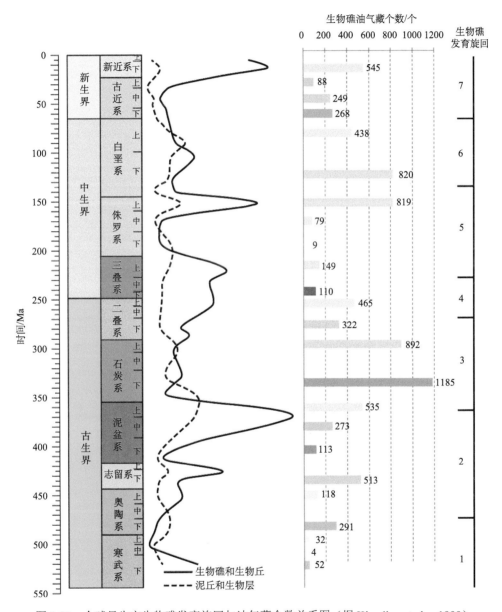

图1-27　全球显生宙生物礁发育旋回与油气藏个数关系图（据 Kiessling et al.，1999）

　　古生代生物礁主要发育于南半球的低纬度地区，但受板块位置和洋流影响，高纬度地区亦可以发育生物礁。寒武纪时期，因海平面持续上升，气候处于冰室向温室的过渡期，且全球板块处于南半球较高纬度区，生物礁不发育，主要是零星分布的微生物丘。奥陶纪海平面持续下降，生物礁不发育，主要的造礁生物为层孔虫和苔藓虫。志留纪全球处于温室气候，冰川融化，海平面处于上升期，生物繁盛，不仅为烃源岩提供了物质基础，台地边缘的生物礁丘也比较发育，主要集中于北美、西伯利亚和波罗的古陆边缘。

泥盆纪生物礁在晚泥盆世最发育，受古气候影响，早泥盆世全球较冷的气候不利于生物的发育，至中-晚泥盆世广泛海侵加之温室气候盛行，台地边缘珊瑚-藻类生物礁在北美、西伯利亚周缘及我国的四川盆地比较发育，泥盆系生物礁油气藏储量最富集的盆地为西加盆地。石炭纪受晚泥盆世生物大灭绝影响，藻类、珊瑚不发育，而微生物礁盛行，主要集中于劳伦大陆东缘和西缘，西伯利亚盆地和我国华南南部有少量分布。按油气储量统计，滨里海盆地是石炭系生物礁油气藏最富集的盆地，伏尔加-乌拉尔盆地次之。二叠纪为盘古大陆最终形成期，受气候和海平面快速升降的影响，生物礁主要发育于早二叠世，区域展布与石炭纪类似，主要分布于伏尔加-乌拉尔盆地和滨里海盆地，生物礁以藻类-珊瑚、藻丘为主。此外，阿拉伯盆地和我国四川盆地也分布有少量的二叠系生物礁。

## （四）滩坝型油气藏

### 1. 油气藏特征

滩坝型油气藏的储集层主要是粒间孔隙非常发育的颗粒灰岩及泥晶颗粒灰岩。溶模孔及溶孔对于储层质量也有重要贡献，但粒间孔发育是此类储层最为明显的特征。碳酸盐岩滩坝可发育于多种沉积环境，但浅海高能环境生屑滩、鲕滩和/或球粒滩是此类油气藏最为主要的储层。其他类型油气藏也会包含碳酸盐岩滩坝，但它们的储集性主要与生物建隆或各种成岩作用有关。滩坝型油气藏与沉积体系的关系紧密，主要与两类沉积体系有关：镶边碳酸盐陆棚体系及碳酸盐缓坡体系。

在 C&C Reservoir 数据库中，44 个油气藏归属于滩坝型油气藏。这类油气藏储集层的孔隙度呈现出随埋深而减小的特征，该特征有别于岩溶型油气藏，岩溶型油气藏储集层的孔隙度随埋深的变化不明显（图 1-28）。之所以有这样的差别，可能与孔隙类型有关，滩坝型储集层以原生孔隙为主，而岩溶型储集层以次生孔隙为主。

在我国，塔里木盆地的奥陶系鹰山组和四川盆地的三叠系飞仙关组发育滩坝型储集层。普光气田的飞仙关组气藏是滩坝型油气藏的典型代表。

### 2. 典型滩坝型油气藏——Means 油田

二叠盆地的 Means 油田位于中央盆地台地区，探明和控制石油可采储量 $3.04 \times 10^8$ bbl。Means 油田于 1934 年发现，之后立即投产，至 2011 年底，已累计产油 $2.87 \times 10^8$ bbl。该油田油气聚集于差异压实形成的非对称背斜圈闭中（图 1-29），颗粒滩向潮上带的相变导致了背斜一翼处的隔挡，该构造发育于碳酸盐岩台地至斜坡的边界处（图 1-30），主力储集层为中二叠统 San Andres 组顶部的 60～90 m 厚的白云岩。尽管白云岩化非常广泛，但储集岩的质量明显受沉积相的控制，最好的储集层发育于潮上白云岩化球粒颗粒石灰岩和白云岩化生物碎屑颗粒泥晶石灰岩。储层总厚度可达 69.1 m，纯厚度 45 m；孔隙度平均 9.0%，最大 25.0%；渗透率平均 20 mD，最大可达 2000 mD。

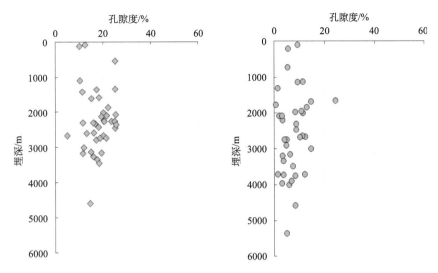

图 1-28　滩坝型油气藏（左）和岩溶型油气藏（右）孔隙度随埋深变化图

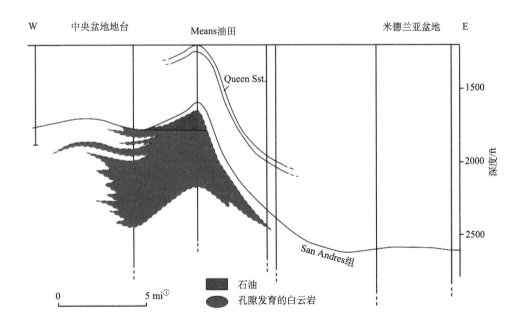

图 1-29　二叠盆地 Means 油田油气藏剖面图（据 Young，1965）

① 1 mi=1.609 344 km

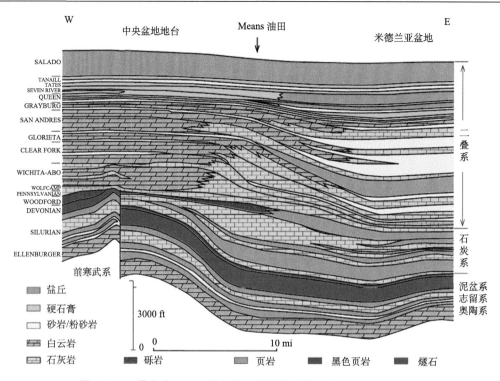

图 1-30　二叠盆地 Means 油田地层岩性剖面图（据 Saller，2004）

# 参 考 文 献

范嘉松. 2005. 世界碳酸盐岩油气田的储层特征及其成藏的主要控制因素. 地学前缘, 12(3): 23-30

金之钧. 2010. 我国海相碳酸盐岩层系石油地质基本特征及含油气远景. 前沿科学, 4: 11-23

金之钧, 周雁, 云金表, 等. 2010. 我国海相地层膏盐岩盖层分布与近期油气勘探方向. 石油与天然气地质, 31(6): 715-724

罗平, 张静, 刘伟, 等. 2008. 中国海相碳酸盐岩油气储层基本特征. 地学前缘,15(1): 36-50

马锋, 杨柳明, 顾家裕, 等. 2011. 世界白云岩油气田勘探综述. 沉积学报, 29(5): 1010-1021

赵文智, 沈安江, 胡素云, 等. 2012. 中国碳酸盐岩储集层大型化发育的地质条件与分布特征. 石油勘探与开发, 39(1): 1-12

赵宗举, 范国章, 吴兴宁, 等. 2007. 中国海相碳酸盐岩的储层类型、勘探领域及勘探战略. 海相油气地质, 12(1): 1-11

周雁, 金之钧, 朱东亚, 等. 2012. 油气盖层研究现状与认识进展. 石油实验地质, 34(3): 238-243

Ehrenberg S N, Nadeau P H, Steen Ø. 2009. Petroleum reservoir porosity versus depth: influence of geological age. AAPG Bulletin, 93(10): 1281-1296

Gautier D L, Dolton G L, Takahashi K I, Varnes K L. 1995. 1995 National Assessment of United States Oil and Gas Resources—Results, Methodology, and Supporting Data. U. S. Geological Survey Digital Data Series DDS-30

IHS Energy Group. 2015. International petroleum exploration and production database. Database available from IHS Energy Group. 15 Inverness Way East, Englewood, Colorado, U. S. A.

Katz B J, Dawson W C, Robison V D, et al. 1988. Simpson-Ellenburger petroleum system of the Central Basin Platform, West Texas, U. S. A. AAPG Memoir, 60: 453-461

Kiessling W, Flügel E, Golonka J. 1999. Paleoreef maps: evaluation of a comprehensive database on Phanerozoic reefs. AAPG Bulletin, 83(10): 1552-1587

Kiessling W, Flügel E, Golonka J. 2002. Phanerozoic Reef Patterns. SEPM Special Publication 72. Tulsa: SEPM

Lukasik J, Simo J A, Schlager W. 2008. Controls on Carbonate Platform and Reef Development. SEPM Special Publication 89. Tulsa: SEPM

Philippi G T. 1981. Correlation of crude oils with their source formation, using high resolution GLC $C_6$-$C_7$ component analyses. Geochimica Cosmochirnica Acta, 45: 1495-1513

Roehl P O, Choquette P W. 1985. Carbonate Petroleum Reservoirs. New York: Springer Verlag. 1-1215

Saller A H. 2004. Palaeozoic dolomite reservoirs in the Permian Basin, SW USA: stratigraphic distribution, porosity, permeability and production. In: Braithwaite C J R, Rizzi G, Darke G (eds. ) The Geometry and Petrogenesis of Dolomite Hydrocarbon Reservoirs. Geological Society, London, Special Publication, No. 235: 309-323

Sternbach C A. 2012. Petroleum resources of the great American carbonate bank. In: Derby J R, Fritz R D, Longacre S A, Morgan W A, Sternbach C A (eds. ) The Great American Carbonate Bank: the Geology and Economic Resources of the Cambrian–Ordovician Sauk Megasequence of Laurentia. AAPG Memoir, 98: 125-160

Steuber T, Veizer J. 2002. Phanerozoic record of plate tectonic control of seawater chemistry and carbonate sedimentation. Geology, 30(12): 1123-1126

USGS (U. S. Geological Survey World Energy Assessment Team). 2000. U. S. Geological Survey World Petroleum Assessment: Description and Results. U. S. Geological Survey Digital Data Series

Young A. 1965. The Penwell-to-Means upper San Andres reef of West Texas. In: Young A, Galley J E (eds. ) Fluids in Subsurface Environments. AAPG Memoir, 4: 280-293

# 第二章　海相碳酸盐岩层系构造演化与油气成藏

## 第一节　板块构造环境与烃源岩发育

海相碳酸盐岩层系的基本石油地质条件的发育受控于其原始沉积的构造环境，本书从全球板块演化的视角，以中国海相盆地所处的古板块的发展演化为主线，把地质构造、古地磁、古生物、古生态、古环境等方面的研究资料有机结合起来，确定和重建古生代和中生代华北、扬子、塔里木等板块在不同地质时期的范围、内部和边缘的构造属性，以及它们在地球上的地理位置、与其他古陆之间的相互关系，从而编制了中国主要构造单元在古生代主要地质构造阶段的构造古地理图。在此基础上，重点分析了中国三大海相盆地碳酸盐岩层系烃源岩发育的构造环境。

中国海相盆地碳酸盐岩层系发育多套烃源岩，其中四川盆地发育震旦系陡山沱组、下寒武统筇竹寺组、上奥陶统五峰组-下志留统龙马溪组、中-上二叠统龙潭组和大隆组等五套烃源岩，塔里木盆地发育下寒武统玉尔吐斯组、中奥陶统萨尔干组（黑土凹组）、上奥陶统良里塔格组（印干组）三套烃源岩，鄂尔多斯盆地主要发育上奥陶统平凉组海相烃源岩，局部存在寒武系烃源岩（图 2-1）。区域性烃源岩的形成具有类似的古气候、古环境和古构造背景，本章主要探讨下寒武统、上奥陶统—下志留统和上二叠统三套烃源岩的形成背景与分布规律。

## 一、罗迪尼亚大陆裂解与烃源岩

### （一）板块位置与构造环境

全球板块再造研究表明，中元古代晚期存在一个以劳伦古陆为中心，周缘与澳大利亚-东南极、亚马孙-波罗的古陆和南极洲古陆等拼合的超级大陆，称为罗迪尼亚（Rodinia）大陆（Hoffman，1991）。该大陆在新元古代早期发生裂解，裂解作用的发生是穿时的，劳伦大陆西部的裂解发生在 780 Ma 前后，而其东部延至 600 Ma，罗迪尼亚超大陆最终裂解时间推测为 620～560 Ma。罗迪尼亚超大陆的裂解使全球大陆边缘的面积大大增加，由于大陆边缘是有机碳的主要沉积区，故大陆边缘面积的增加导致有机碳埋藏量增加，大气圈中二氧化碳浓度降低，从而弱化了温室效应，最终导致全球冰期的来临，地球变成"雪球"。同时大陆裂解过程中的强烈火山活动，使地球内部的二氧化碳不断逃逸并聚集于大气圈，增加了大气中二氧化碳的浓度，地球重新升温，冰期结束，生命大爆发。在整个大陆裂解过程中，随着气候环境、海平面、海水盐度、氧化-还原程度的不断变化，大量的有机质、铁、锰等快速沉积，形成具有全球同步发育特征的富有机质层和多金属矿层（Tucker，1992；Bartlery et al.，1998；陈代钊等，2011）。

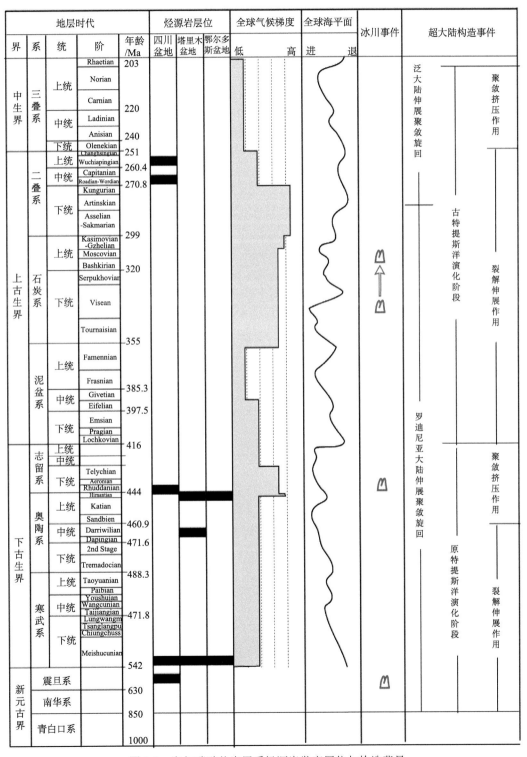

图 2-1 海相碳酸盐岩层系烃源岩发育层位与构造背景

　　有关中国大陆几个微板块（华北、扬子、塔里木和华夏地块）在罗迪尼亚超大陆中的位置一直以来存在争议，目前比较一致的观点是中国各微地块都存在晋宁期（1000～900 Ma）碰撞拼合带，现今各微地块的相对位置大致代表了晋宁期拼合的相对位置，中国主要的克拉通在新元古代大致位于澳大利亚、西伯利亚和劳伦古陆克拉通之间，是一些规模较小的克拉通碎块（王剑等，2001；Li et al.，2002）。

　　本章通过对中国三大克拉通古板块位置的进一步恢复，结合沉积相、沉积环境的恢复，探讨罗迪尼亚大陆裂解后，早寒武世区域性烃源岩形成的构造背景与展布规律。

　　寒武纪我国各主要地块基本上继承了震旦纪晚期的构造和古地理格局。这时期的稳定地区主要为北部大陆区的华北区和塔里木区，以及南部的扬子区。华北区在寒武纪初虽和震旦纪末期一样高出海面，主要分布在目前的鄂尔多斯地区一带，但很快发生海侵，从沧浪铺期开始，海水从南、东向陆地侵漫，形成具浅水特征的碳酸盐及砂泥质沉积。扬子区的寒武系和震旦系大部分为整合接触，分布范围大体一致，在早寒武世浅海中主要沉积了黄绿色、黑色页岩及灰岩，海水由西北向东南加深。中、晚寒武世则出现局部咸化海域，形成大量含镁碳酸盐沉积，在碳酸盐台地边缘，海水在局部地段变浅，形成一些断续的水下礁滩。由于康滇古陆不断上升，给扬子浅海西部沉积区供应了大量陆源碎屑。松潘区与扬子区之间发生的差异升降，导致断陷海槽的出现。塔里木区和扬子区西部情况类似，属滨浅海和浅海区。此外，西藏广大地区尚无确切可靠的寒武系发现，从整个地质历史分析，推测为一稳定的陆壳海域。

　　早寒武世是震旦纪之后中国古地理发展史上的一个重要阶段，当时气候温暖，浅海范围不断扩大，加之其他自然地理因素的变化，为生物大发展提供了良好的条件（图2-2）。在稳定型沉积区中，华北区逐渐遭受海侵，古陆范围不断缩小，形成以泥质和碳酸盐为主的陆表海沉积。而扬子区和塔里木区则是一个滨浅海、浅海地带，主要为泥质、含镁碳酸盐和碳酸盐沉积。过渡型沉积区包括三种类型：①非补偿边缘海，具碳泥质、硅质沉积，如江南区、南秦岭区以及外龙门山区；②活动陆棚浅海，具厚度巨大的泥砂质堆积，如滇西、川西区；③地势复杂具砂泥质及含古杯类的碳酸盐沉积，如兴蒙区南段。活动型沉积区有两种情况：①以东南区为代表的泥砂质类复理石沉积；②一些厚度巨大的变质岩系分布区，原岩包括砂泥质及碳酸盐沉积，如兴蒙区北段及西昆仑区。古地理位置上，华北板块、扬子-华夏板块、塔里木地块、阿拉善地块、中祁连地块、全吉地块、拉萨地块以及北羌塘地块等主要位于东冈瓦纳大陆的周围，位于当时的北半球中纬度地区，其中华北与阿拉善彼此分隔，无贺兰裂谷或拗拉槽发育。阿拉善地块、中祁连地块以及全吉地块亲扬子，它们都可能是从澳大利亚分裂出去的小块体。华北位于澳大利亚东北侧，与澳大利亚之间为北祁连洋盆，该洋盆可能属于陆间小洋盆。扬子-华夏位于澳大利亚西北侧，塔里木与扬子很接近，位于其西侧，拉萨地块位于澳大利亚西北部，还未从澳大利亚板块上分裂出来，此时东冈瓦纳大陆西侧为原特提斯大洋，东侧为原太平洋，两大洋向东冈瓦纳大陆下俯冲。在华北东缘以及扬子-华夏南缘分别发育古俯冲带，但相应的沟-弧-盆系统并未在华北和扬子-华夏板块上发育。

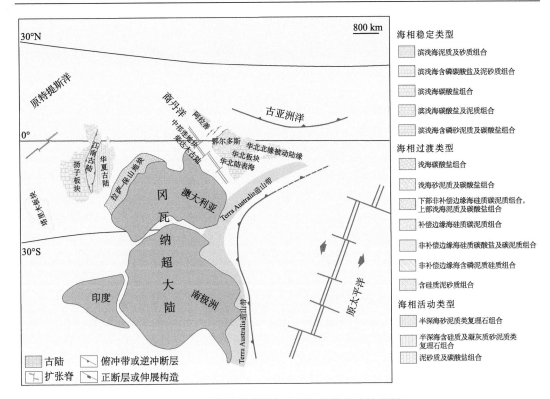

图 2-2　早寒武世中国各主要地块构造古地理图

## （二）下寒武统沉积环境与烃源岩分布

上扬子地区下寒武统广泛发育，主要包括水井沱组、牛蹄塘组、九门冲组、石岩头组等以黑色页岩为主或包含黑色页岩的地层，整体代表一种台地缺氧还原的沉积环境。四川东南部乐山地区沉积九老洞组粉砂质泥岩，水体可能较浅；四川绵阳-长宁发育北西向深水陆棚沉积，沉积了厚层的筇竹寺组黑色页岩。下扬子区江苏南部宁镇地区、安徽南部和浙赣交界地区分别沉积了幕府山组、黄柏岭组和荷塘组黑色页岩，可能代表较深水、宁静、还原环境。下扬子最东部上海及周边地区沉积了超山组白云质页岩至泥质灰岩等地层，水体可能稍浅。

扬子区的下寒武统烃源岩主要富集于陆块东南缘、北缘及四川绵阳-长宁拉张槽内，陆块西缘隆起区页岩不发育，总体相变为粉-细砂岩夹泥页岩。平面上以陆块东南部浙西、皖南、赣北、鄂南、湘鄂西、黔东南、滇黔北、川南渝东地区以及陆块北缘苏北、鄂北、川北、渝北地区页岩相对较厚，以江南隆起北缘及秦岭-大别-苏鲁造山带南缘邻近区域富有机质页岩累计厚度最大，达 40～100 m 或更厚；陆块中部四川绵阳-长宁拉张槽和湘鄂西地区相对较厚，最厚可达 200～400 m；其他地区相对较薄。页岩有机碳含量特征总体类似，TOC 值普遍大于 2%，局部地区和层段 TOC 值可达 10% 以上。

华北大部分地区缺失本期地层，仅在边缘地区存在小区域沉积地层出露。寒武纪华北地台南缘存在被动大陆边缘斜坡，发育海相较深水泥质烃源岩。在合肥盆地西部四十里长山地区吴集断裂上升盘发现了下寒武统马店组泥质烃源岩，多数样品 TOC 值在 1.5%以上。

塔里木盆地寒武系底部烃源岩形成于寒武纪初期的快速海侵环境，硅、磷质和黑色页岩发育与海侵期伴随的火山和上涌洋流活动有关，源岩在盆地西北缘和西南缘形成于潟湖-沼泽相（或闭塞的陆棚-斜坡）环境，向台地内部延伸有限。纽芬兰世在塔里木中南部发育早期的南部隆起，较现今中央隆起区稍微偏南；在北部发育局限的塔北古隆起。玉尔吐斯组烃源岩在南部古隆起以北的拗陷区广泛分布，在其南部也较为发育。由于玉尔吐斯组是一套特殊的沉积地层，其源岩在西部台地区主要分布于北部被动陆缘的陆棚区较深水环境，且主要分布于早寒武世初期快速海侵期，向南的台地区及地层上部层位不发育该套烃源岩。

不同区域玉尔吐斯组烃源岩 TOC 变化较大。在阿克苏肖尔布拉克剖面，玉尔吐斯组厚 9.2 m，TOC 值分布于 0.04%～2.59%，其中 4 件样品 TOC 值分布于 1.87%～2.59%，平均为 2.22%。柯坪露头区玉尔吐斯组见 32.7 m 厚的磷质、硅质岩和黑色页岩，张水昌等（2012）的研究表明其 TOC 值高达 7%～14%；于炳松等（2004）测得玉尔吐斯组底部约 8.8 m 厚的海相富有机质烃源岩 TOC 值为 3.93%～9.8%，平均为 6.91%；笔者分析了柯坪露头样品玉尔吐斯组下部的 4 件黑色碳质页岩样品，TOC 值分布于 13.89%～22.39%，平均高达 17.99%。塔里木盆地北部星火 1 井下采集的灰黄色泥岩 TOC 值仅1.97%；上部黑色碳质页岩普遍含粉砂，TOC 值分布于 1.87%～3.12%，平均为 2.42%。

# 二、晚奥陶世—早志留世全球缺氧事件与烃源岩

## （一）板块位置与气候、构造背景

志留纪是全球构造活动较为强烈、气候变化较为明显、生物演化较为显著的地质历史时期之一，全球 9%的可采油气储量来自志留系的烃源岩（Klemme and Ulmishek，1991），主要为海相碳酸盐岩和海陆过渡相泥页岩，干酪根类型以 I 型和 II 型为主，分布在北非和阿拉伯板块、劳俄大陆的克拉通盆地和被动陆缘盆地，在西伯利亚板块、澳大利亚和华南也有分布。

在志留纪，全球板块构造格局相对简单，主要板块集中于赤道附近及南半球地区。全球板块主体可分为四个部分：冈瓦纳大陆、劳俄大陆、西伯利亚板块及中国陆块群。其中劳俄大陆的形成以及冈瓦纳大陆北缘的裂解事件是志留纪板块构造最重要的事件，中国陆块群在志留纪处于相对离散的位置。

志留纪是全球气候变化较为明显的一个时期。早志留世早期，全球海平面整体处于较低的水平，这与晚奥陶世—早志留世早期冈瓦纳大陆的冰期有关。早志留世晚期—中志留世，劳俄大陆、西伯利亚板块、中国陆块群及东冈瓦纳大陆的主体部分均漂移到赤道附近低纬度地区，气候炎热干燥，全球气候整体回暖，冰川消融，全球海平面开始上升并发育广泛海侵事件。前人基于 $\delta^{13}C$、$\delta^{18}O$ 和 $^{87}Sr/^{86}Sr$ 研究（Artyushkov and

Chekhovich，2001；Lazauskiene et al.，2003；Johnson，2006；Antoshkina，2007；Haq and Schutter，2008；Brett et al.，2009）认为，海平面上升在早志留世特列奇期晚期（Ross and Ross，1996；Loydell，1998）或中志留世侯墨期早期达到高峰（Haq and Schutter，2008），据估算当时海平面比现今海平面高约 200 m（Munnecke et al.，2010）。到晚志留世，全球海平面开始回落。

志留系烃源岩的发育受控于多种因素的有利组合，在全球多个典型区域形成了富含有机质和高度缺氧的环境。志留纪整体气候比较温暖，海平面相对较高（Munnecke et al.，2010），广阔的陆表海以及温暖湿润的环境有利于海相生物的大量繁殖，同时上升流作用带来丰富的营养物质，导致在有上升流的区域有机质大量富集（Golonka，2011）。与此同时，冰盖快速消融导致的与海平面快速上升有关的低碎屑注入、冰融淡水流和该时期相当低的大气氧压共同促成了强缺氧环境的形成。上述多种因素的综合作用，导致志留系烃源岩相对富集。

志留纪是我国早古生代构造事件（加里东运动）的结束阶段。该事件对中国北方志留系的沉积环境与岩相的影响作用显著。华北绝大部分地区隆升为陆地，缺少志留系，志留纪地层主要分布在塔里木、准噶尔和松辽地块周边。在塔里木地区主要发育滨岸相砂岩和潮坪相砂岩-泥岩组合，局部见暗色泥岩。在准噶尔地区志留纪地层自下而上依次发育斜坡相泥岩、台地相灰岩、滨岸相碎屑岩，中上部出现火山岩。中国南方志留系与奥陶系相比发生明显变化，碎屑岩沉积加强而碳酸盐岩的沉积范围急剧缩小。上扬子地区西北缘由浅海陆架转化为斜坡，中扬子地区早期继承了晚奥陶世的深水盆地沉积格局，之后受到雪峰山-江南构造带隆升的影响而处于浅海陆棚-滨海潮坪及三角洲环境，雪峰山地区早、中志留世属于残留浅海陆架沉积。江西南部和广东地区处于钦防海槽沉积区。

早、中志留世我国主要陆块位于冈瓦纳大陆的西北侧，与冈瓦纳大陆之间发育两条俯冲带。华北西南缘的祁连地区俯冲碰撞进入末期，中祁连和柴达木等地块增生至华北西南缘。与此同时华北北缘向南的俯冲仍在进行，这种相向俯冲导致华北大面积隆起剥蚀，没有同期的沉积。华南此时在东南侧发育俯冲-碰撞带，导致华夏古陆隆起并向北西侧挤压，进一步导致华夏与扬子之间的陆间残留洋的关闭，并发育相应的逆冲推覆构造，而拉萨和羌塘地块更靠近冈瓦纳大陆。塔里木地块此时已经远离扬子，逐渐接近华北板块。晚志留世我国主要陆块位于冈瓦纳大陆的西北侧不远。与早、中志留世相比古地理格局没有发生太大的变化，不同的是扬子与华北之间的古特提斯洋开始俯冲关闭，柴达木、中祁连和全吉地块完全增生到华北板块的西南缘，而华夏古陆东南侧的俯冲继续进行，华夏进一步挤压扬子，使得上扬子大部分地区隆起剥蚀（图2-3）。

## （二）上奥陶统—下志留统沉积环境与烃源岩分布

中、晚奥陶世，华南地区寒武纪以来台-坡-盆的古地理分布模式已经消失，取而代之的是扬子地台上的半封闭滞流水体环境，大面积沉积五峰组—龙马溪组黑色页岩，边缘分布其他相带，但是无典型深水盆地沉积。扬子地台西北缘的陕西南郑等地区沉积南郑组泥页岩夹灰岩，西南缘沉积大渡河组等灰岩夹砂页岩，均为局限分布的浅水台地相

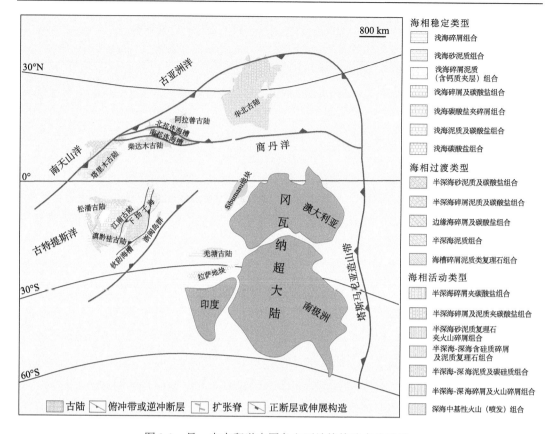

图 2-3 早、中志留世中国各主要地块构造古地理图

地层。下扬子地台东南部的皖南-浙西北地区沉积一套近岸浅水台地-斜坡相碎屑岩和碳酸盐岩组合，以及于潜组较深水碎屑岩，厚度均巨大，碎屑物质可能来自西部的江南古陆或赣中古陆。华南东南部大范围（江西中南部以东、以南）抬升暴露，缺失本期地层。

扬子区五峰组—龙马溪组页岩以砂质页岩为主，平面上以扬子陆块中部的川渝东南和北部、湘鄂西、鄂南赣北、皖南浙西以及苏北、鄂北地区最为发育，累计厚度 300～600 m，向扬子陆块南、北缘山前逐渐相变为三角洲相砂砾岩夹泥页岩，其中四川盆地以川东-川东南最为发育，黑色岩系一般累计厚度 100～500 m，局部可达 700 m 以上，优质烃源岩集中在下部，厚度在几十米到百米范围内，TOC 值一般为 0.5%～1%，局部可达 2% 以上。

鄂尔多斯上奥陶统仅残余在西南缘，整体缺少志留系沉积。中、晚奥陶世在鄂尔多斯古陆西南侧形成了活动陆缘斜坡-残留海盆环境。中奥陶统平凉组发育斜坡相泥页岩、泥灰岩和灰岩，厚度一般 80～100 m，环 14 井揭示暗色泥页岩厚度可达 300 m。其中泥页岩有机质丰度最高，38 个样品平均 TOC 值为 0.78%，最高达 2.17%；泥灰岩次之，露头样品平均 TOC 值为 0.31%，钻井样品平均 TOC 值为 0.35%；灰岩最低，平均 TOC 值仅为 0.11%。

塔里木盆地仅上奥陶统发育烃源岩，下志留统整体为以砂泥岩为主的滨海沉积，不发育优质烃源岩。晚奥陶世，塔里木地区总体进入活动大陆边缘背景的盆地演化阶段。上奥陶统良里塔格组烃源岩主要为泥灰岩，分布在巴楚隆起东部、卡塔克隆起和沙雅隆起的草湖凹陷西-阿克库勒-哈拉哈塘地区。上奥陶统印干组烃源岩发育于柯坪-阿瓦提凹陷，为半闭塞欠补偿陆源海湾相的泥岩夹页岩，TOC 值为 0.5%～2.1%，烃源岩厚度为 20～100 m。

# 三、泛大陆形成与烃源岩

## （一）板块位置与气候、构造背景

　　二叠纪是泛大陆（Pangea）拼合的鼎盛时期，其中二叠纪晚期发生了显生宙最大的一次生物灭绝事件（Spekoski，1981；Benton，1995；Jin et al.，2000）。晚二叠世，扬子地块西部发生了大规模的峨嵋山玄武岩岩浆喷发（东吴运动），同期在塔里木盆地和西伯利亚地块也发生了强烈玄武岩岩浆喷发，这些玄武岩被认为是超级地幔柱活动的产物，这些地幔柱活动反映了泛大陆汇聚过程的终结。伴随着玄武岩岩浆的喷发，一些地块（如扬子地块）内的沉积分异作用加剧，出现了多个台内次级深水盆地，控制了烃源岩的发育。

　　早二叠世，我国北方地区经历了海侵最大至海退的过程。西拉木伦河以南的赤峰地区为陆相、海陆交互相和滨浅海相沉积，长春-磐石、图们、林西-乌兰浩特和孙吴-哈尔滨地区为浅海相沉积。秦祁阿昆以北至内蒙古地轴以隆起为主，主要为陆相沉积，东侧为包括北秦岭-北祁连在内的中朝陆地。北祁连地区早二叠世晚期全部成为陆地，发育河流、湖泊相沉积。西部为天山陆地，塔里木盆地西段在早二叠世仍然为海相碳酸盐岩台地。北部为阿尔泰古陆，准噶尔主要为细碎屑岩沉积。大地构造上，华北北侧为古亚洲洋，蒙古地体群北侧为蒙古-鄂霍次克大洋。华南地区进一步伸展，范围扩大，沉积了稳定碳酸盐岩沉积。华南与羌塘地块同时位于澳大利亚的西北部，华南与羌塘地块（北）之间的古特提斯洋可能此时向华南之下俯冲。而羌塘地块（北）则开始与澳大利亚分离，中特提斯洋开始形成。华北-阿拉善-塔里木南北仍为相向的俯冲，华北整体再次抬升。

　　晚二叠世我国古地理发生了巨大变化。早二叠世末期，构造运动急剧变革，代表古海洋的索伦-西拉木伦等俯冲带相继对接闭合，引起海水大规模退却，北方大部分地区上升为陆地。华南地区由于海退形成众多的沼泽盆地。这一次较大规模的地壳运动，在我国南部称为东吴运动，是峨眉山地幔柱活动的结果。华北北侧古亚洲洋基本关闭，仅东部残留一些海相沉积，蒙古地体群北侧为蒙古-鄂霍次克大洋。华南与羌塘地块（北）之间的古特提斯洋此时向华南之下俯冲。而羌塘地块（北）与澳大利亚之间的中特提斯洋进一步扩大。秦岭洋向北俯冲于华北板块之下，华北板块沉积自此进入陆相环境。东冈瓦纳大陆向西运动（图 2-4）。

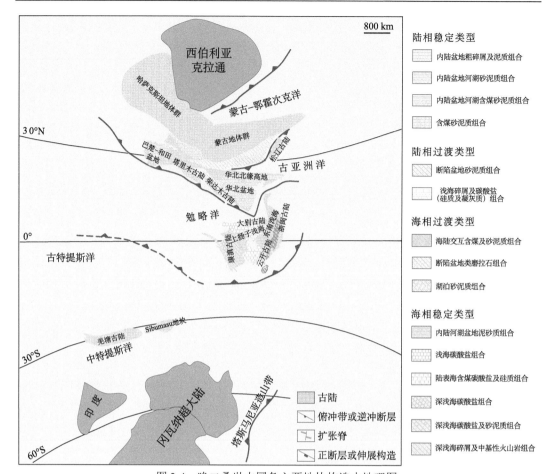

图 2-4　晚二叠世中国各主要地块构造古地理图

## （二）中、上二叠统沉积环境与烃源岩分布

扬子地区中、上二叠统广泛分布且岩相分异明显。湖北、赣东北、湘西北发育滨海-浅海碳酸盐台地相吴家坪组，川南、川中和贵州广大地区发育以滨浅海相含煤碎屑岩系为主的地层——龙潭组，川北和鄂西发育深水陆棚相硅质页岩、碳质页岩沉积。龙潭煤系和扬子北缘陆缘裂陷内的深水陆棚相黑色页岩是该期最重要的烃源岩。特别是裂陷槽内水体较深且安静，处于分层状态，表层海水富氧、温暖清澈、透光性好，有利于浮游生物生长，而底层海水缺氧，处于强还原环境，不利于生物生长，表层浮游生物沉降到水底而不易被氧化分解，有机质保存效率高，较低的沉积速率又可以促进有机质的富集。川东北梁平开江陆棚内大隆组黑色页岩的厚度为 30~60 m，TOC 值为 0.5%~4.7%，是普光气田的主力烃源岩。

中、晚二叠世，华北大部分地区沉积上石盒子组砂页岩地层，自西向东从陆相、海陆过渡相转变为海湾、潟湖相沉积，不发育海相烃源岩。塔里木盆地该时期为红色碎屑岩沉积，同样不发育烃源岩。

## 第二节　主要构造事件与油气成藏

主要发育于扬子、华北、塔里木三大克拉通之上的中国海相盆地经历了多旋回的演化过程，大体可分为中-新元古代、早古生代、泥盆纪—中二叠世、晚二叠世—侏罗纪、白垩纪—第四纪五个盆地旋回，每个旋回都经历了早期拉张和后期挤压的过程，但伸展和挤压的强度有所不同。旋回早期盆地原型为裂谷、被动大陆边缘盆地组合，旋回后期为克拉通拗陷及前陆盆地组合，所形成的地层在纵向上叠加在一起，具有"五世同堂"的特点。在盆地类型演化序列上，三大板块上的盆地演化具有"同序异时"的特点（图2-5）。总体上

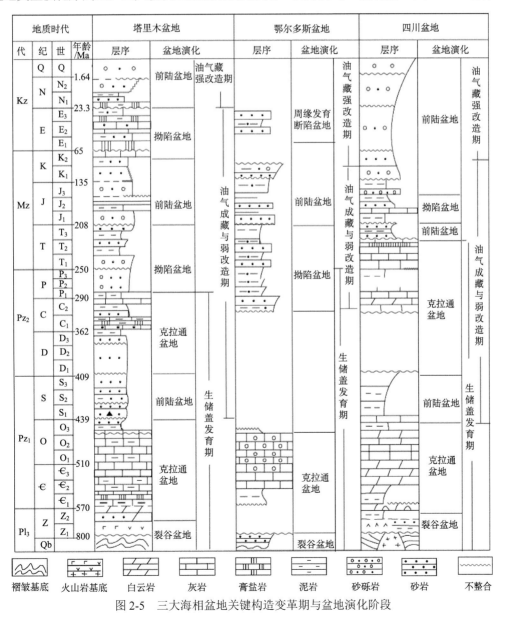

图2-5　三大海相盆地关键构造变革期与盆地演化阶段

可分为建造为主与改造为主的两大阶段。晋宁运动后，加里东期和海西期海相盆地以沉积、沉降为主，伴随有较弱的板缘、板内挤压，构造改造作用较弱，该时期奠定了海相油气丰富的物质基础。海西晚期及印支期以来受西伯利亚、古太平洋、印度三大板块运动和塔里木、华北和扬子三大克拉通之间相互作用的控制，经历了多期、多种方式的构造变形改造，克拉通内部构造演化分化明显，后期叠加改造作用使盆地内早期形成的油气藏普遍受到了改造、调整，部分遭到了强烈的破坏。

# 一、塔里木盆地后期主要构造事件与油气成藏

## （一）塔里木盆地新生代构造改造作用

### 1. 陆内前陆盆地的叠加与区域翘倾变化

古近纪，塔里木盆地为白垩纪构造格局的延续，随着沉降的持续，塔西南地区晚白垩世的海侵在古近纪得到进一步加强，盆地区域沉降。与晚白垩世不同的是北部的库车和塔西南均为沉积拗陷，巴楚-塔中西端-满参 1-满东 1 为盆地内的隆起带。巴楚地区作为盆地内的隆起在其东南缘接受沉积，为一套膏泥岩建造，厚度一般为 50～200 m。北部的阿瓦提凹陷沉积较薄，分布在吐木休克断裂以北地区。从古近纪到中新世，从麦盖提斜坡向巴楚隆起超覆沉积，玛扎塔格断裂带活动较弱。隆起北缘的吐木休克断裂活动逐渐增强，在其下盘沉积了厚度较大的地层。卡塔克地区为该时期隆起带的南部斜坡区，地层厚度在 200～300 m。盆地古近系分布显示，巴楚隆起开始形成，隆起带的东西分化逐步增强。

### 2. 巴楚断隆的强烈断层活动

新近纪，巴楚隆起的隆升强度进一步增强，中新世末是巴楚地区最为重要的一次构造事件，该构造事件奠定了现今巴楚隆起的基本构造格局。隆起西部的乔硝尔盖断裂带、巴楚断裂、别里塔格断裂带等以高角度走滑为特征，隆起边缘的色力布亚断裂带、海米罗斯断裂带、玛扎塔格和吐木休克断裂以基底卷入式的冲断作用为特征。隆起区地层进一步褶皱变形，隆起东部在吐木休克断裂上盘形成了宽缓的复式褶皱构造，褶皱轴面南倾（Z20 地震剖面），吐木休克断裂和卡拉沙依断裂上盘都形成了断层相关褶皱，并在古董山断裂和卡拉沙依断裂之间形成与滑脱构造相关的向斜构造。卡塔克地区延续前期构造格局，沉降接受沉积，构造活动微弱。

上新世—全新世表现为巴楚隆起随塔里木盆地一起整体沉降，地层从南北两侧向隆起区超覆沉积，残厚 300～1000 m。吐木休克断裂、卡拉沙依断裂被不整合覆盖，古董山断裂、巴楚断裂存在活动但不强烈，该时期隆起南缘的色力布亚断裂带和玛扎塔格断裂带的浅层形成了由麦盖提斜坡向巴楚隆起的滑脱断层。上新世末发生的构造事件造成了更新统与上新统的区域不整合，并使巴楚地区最终定型，形成了现今的构造格局。

## （二）塔里木盆地晚期构造改造对油气成藏的影响

### 1. 对早期油气藏的破坏——巴楚、柯坪地区

在巴楚隆起西北缘的阿克苏-柯坪地区，黑色油苗见于寒武系白云岩。地球化学特征研究表明，油苗经历了强烈的生物降解过程。这些证据表明，喜马拉雅晚期柯坪地区强烈的逆冲推覆构造对古油藏有破坏作用，导致油气散失并氧化变质。

麦盖提斜坡西段的玉2井石炭系巴楚组生屑灰岩具有很低的矿化度、较高的变质系数（0.898），反映保存条件较差，地层水为氯化镁型，是唯一一个水位地质分带处在自由交替带的样品，其矿化度、Cl⁻都要比其他地层中的样品低，甚至低一个数量级，钠氯系数为0.898，这与玉2井处在剥蚀区，上部缺失卡拉沙依组有关。巴探4井小海子组，在石炭系盖层之上的样品钠氯系数分别为1.26和1.33，并处在水文地质分带的交替阻滞带，保存条件稍差，而与之形成对比的是下部巴楚组以及泥盆系的样品，几乎所有的数据都表明其处在交替停滞带，保存条件好。这是一组石炭系盖层的缺失与存在造成保存条件差异的明显的例子。

### 2. 对早期油气藏的调整再聚集

中新世以来构造调整、产状反转、油气调整与重新成藏在塔北地区表现明显。

喜马拉雅期既是阿克库勒地区构造调整的重大变革期，也是油气生成、运移和聚集及二次调整运聚的重要时期。T60以上地层由原整体南倾转变为整体北倾，奥陶系顶面（T70）古鼻凸成为主轴向北西、南东倾没的大型凸起，成为重要的油气聚集区。同时北部成藏的油气向南部调整，三叠系部分油气沿断裂和砂层向南调整运移，按新的构造格局，在T、J、K圈闭中聚集，形成二次聚集成藏。T70以下奥陶系形成地层不整合-岩溶缝洞型圈闭，同时与上覆$S_1$、$D_3d$、$C_1$、T构造挤压-披覆背斜圈闭、复合型圈闭最终成型。并且喜马拉雅期各区主要烃源岩全部进入高成熟、过成熟阶段，盖层性能优良，封盖体系全面形成，圈闭得以有效封闭。

#### 1）塔河地区

喜马拉雅晚期，阿克库勒凸起南升北降，上古生界和中生界产状反转北倾，三叠系中的盐边低幅度背斜构造最终定型，并具有良好的封闭性能，成为有效圈闭。此时，油气源区提供的高成熟度轻质油和干气继续沿T60不整合面向上倾方向和断至奥陶系的开启性断裂向上运移至T50不整合面。由于三叠系已经向北倾斜，油气沿该不整合面的运移方向调整向南，其中一部分油气沿断裂破碎带继续上移至三叠系各油组中。与此同时，三叠系内一些燕山期形成的油气藏因倾向反转而致圈闭消失，油气也沿着砂体向东南调整运移，至新圈闭中成藏。例如，在艾协克北部地区形成的三叠系T46s、T46z、T46x古圈闭，中、下油组的闭合幅度约为15 m和35 m，在燕山期前后均具备油气成藏的条件。到了喜马拉雅晚期，东南部开始抬升，北部古圈闭逐渐消失，同时塔河2号圈闭定

型。由于北部古圈闭的消失与南部圈闭的定型在时间上有很好的匹配，因此塔河 2 号三叠系油藏有可能是早期油藏调整后二次聚集的产物。

油气在运聚调整过程的垂向重力分异，会使重组分相对富集于下油组，而轻质组分扩散至中、上油组；同样，晚期生成的轻质油气与燕山期遭受生物氧化降解的重质油溶合，也会促使下油组油质较重而中油组为凝析气的油气分布格局形成。喜马拉雅中-晚期的高－过成熟度油气充注是最主要的成藏作用。

2）巴楚-麦盖提地区（巴-麦地区）

巴-麦东部地区现今已发现和田河气田和鸟山油气藏。前人通过薄片观察、凝析油地球化学和储层沥青的对比研究，揭示出三期主要油气运移，分别为晚加里东期—早海西期、晚海西期和喜马拉雅期（周新源等，2006）。前两期都是寒武系来源的油气，均被生物降解或散失，喜马拉雅期才是天然气成藏的关键聚集时期。晚加里东期—早海西期，油气运移方向为从北向南，奥陶系次生油藏以垂向运移为主，山 1 井、古董 1 井、古董 2 井和玛 3 井区域的沥青是其被破坏的遗迹。晚海西期，寒武系油裂解成气和干酪根裂解气有一定散失，干酪根裂解气的运移方向为由北向南，油裂解气沿断裂垂向运移，大多散失，仅在奥陶系、石炭系保留了一些油组分的残迹。喜马拉雅期是现今和田河次生气藏的形成期，天然气由中、下寒武统古气藏通过断裂垂向转移而来，以垂向运移为主。

结合巴-麦东部地区的构造演化和烃源岩演化，推断该地区曾发生过以下三次油气运聚活动。

（1）加里东晚期—海西早期，寒武系生成的油沿断裂垂向运移和向南沿 T74 不整合面运移，在古隆起聚油。但由于隆起高部位剥蚀严重，早期油藏遭受破坏。而在背斜地层保存相对较完整的地区，可能会有部分存留下来。

（2）海西晚期，以气相为主的油气沿断裂垂向运移并沿 T74、T60 等不整合面向南运移，在古隆起高部位和断裂褶皱带聚气。部分构造带可能由于断裂强烈活动而导致天然气散失。

（3）喜马拉雅期，中、下寒武统烃源岩生成的干气、早期存留下来的古油藏裂解气及石炭系生成的油沿断裂垂向调整运移并沿不整合面向北运移，于断裂褶皱带聚干气和少量油。

巴-麦地区西部目前已发现巴什托-先巴扎和亚松迪油气藏。据"九五"成果总结，巴什托构造圈闭主要形成期正值寒武-奥陶系烃源岩进入生油高峰期，油气沿断裂垂向输导至石炭-二叠系储层中聚集成藏。据曲 4 井和曲 5 井有机质包裹体研究，油气充注期在晚石炭世-二叠纪，因此巴什托油气藏的成藏期主要为晚石炭世－二叠纪即海西晚期，油气主要来源于深部的寒武-奥陶系。

喜马拉雅晚期的构造运动对巴什托古背斜进行了改造，古油藏也因此发生了自西向东的油气重新调整与再分配，现今巴什托油气藏规模比海西末期的古油藏规模要小得多。新近纪以来，麦盖提斜坡迅速沉降，石炭系烃源岩的井中岩心样品分析得到的 $R^o$ 多为 0.5%～0.7%，反映该套烃源岩在喜马拉雅晚期已初具生油能力，巴什托油气藏部分油气样品分析结果也表现出油源的混源特征。巴楚隆起于喜马拉雅晚期强烈隆升，亚松迪 1

号构造的油气主要是异地油气通过输导层和断裂运移而至，原地深层油气沿断裂注入构造圈闭中各种类型的储层中聚集、重组并形成了现今的亚松迪1号油气藏。

结合巴-麦地区西部的构造演化和烃源岩演化，推断该地区曾发生过以下三次油气运聚活动。

（1）加里东晚期—海西早期，中、下寒武统生成的油沿断裂垂向运移并沿 T74 不整合面向南西运移，在古隆起及其北斜坡的地层岩性圈闭聚油。

（2）海西晚期，中、下寒武统的油气（由于此时巴-麦地区西部相对东部地势高，烃源岩热演化程度相对较低，可能以油为主）首先沿断裂垂向运移，再沿 T74、T60 等不整合面向北东方向运移，在海西期构造带及隆起区聚油气。

（3）喜马拉雅期，中、下寒武统生成的干气、油藏裂解气及石炭系油向北沿断裂和不整合面运移，在断裂褶皱带聚集干气和少量油。

# 二、四川盆地主要构造事件与油气成藏

## （一）四川盆地中、新生代构造改造作用

四川盆地是一个构造复合改造型克拉通盆地，中、新生代以来经历了多期次、不同性质的构造变动事件。不同构造事件不仅导致了原形盆地的形成和改造，也在盆地周缘产生了不同类型和样式的褶皱构造，它们之间的叠加、复合和联合，造就了现今复杂的构造形变格局。识别这些构造事件及其产生的构造形迹，成为探讨晚期构造改造对油气藏调整的关键。基于盆地周缘地层和构造变形的记录和构造年代学分析，可以厘定出四川盆地中生代发展演化过程中三个关键构造事件和对应的盆地地层主变形期（表2-1），即中-晚三叠世、中-晚侏罗世、白垩纪和新近纪（10 Ma 以来）。

**表 2-1　四川盆地及周缘造山带主变形期**

| 地层系统 | | 同位素年龄/Ma | 构造运动 | 盆地演化 | 盆缘褶皱及盆内变形 | 龙门山造山带构造活动阶段 | 米仓山造山带构造活动阶段 | 大巴山造山带构造活动阶段 | 雪峰山造山带构造活动阶段 |
|---|---|---|---|---|---|---|---|---|---|
| 第四系 | Q | 1.81 | 喜马拉雅期 | 盆地萎缩隆升剥蚀 | 强烈隆升剥蚀 | 由北向南推覆并伴随强烈隆升 | 快速隆升 | 快速隆升 | 快速隆升 |
| 上新统 | N$_2$ | 5.32 | | | | | | | |
| 中新统 | N$_1$ | 23.8 | | | | | 构造相对平静期 | 冲断隆升 | 褶皱隆升 |
| 渐新统 | E$_3$ | 33.7 | | | 四川盆地北东向主体构造形迹形成，江汉盆地近东西向构造沉降格局形成 | | | 构造相对平静期 | 褶皱隆升 |
| 始新统 | E$_2$ | 55.0 | | | | | | | 雪峰山前缘变形带向北西扩展至华蓥山 |
| 古新统 | E$_1$ | 65.5 | | | | | | | |
| 上白垩统 | K$_2$ | 98.9 | 燕山期 | 陆内造山阶段 | 米仓山、大巴山、雪峰山、龙门山、造山阶段 | 南段强烈隆升 | | | |
| 下白垩统 | K$_1$ | 142.0 | | | 米仓山隆升，黄陵背斜隆升，大巴山强烈逆冲，雪峰山向北西扩展变形 | 中北段强烈隆升 | 米仓山冲断隆升 | 南大巴山及其前陆褶皱变形 | 雪峰山前缘变形带向北西扩展至齐岳山，根部垮塌断陷 |
| 上侏罗统 | J$_3$p／J$_3$s | 159.4 | | | | | | | |
| 中侏罗统 | J$_2$s／J$_2$q | 180.1 | | 造山活动平静阶段 | | 构造平静期 | 构造平静期 | 构造平静期 | 构造平静期 |
| 下侏罗统 | J$_1$b | 205.1 | | | | | | | |
| 上三叠统 | T$_3$x$^{4-6}$／T$_3$x$^{1-3}$ | 227.4 | 印支期 | 龙门山造山阶段 | 盆内以升降运动为主，北大巴山和龙门山推覆体形成 | 褶皱造山 | | 南大巴山隆升 | 雪峰山及其前缘微弱隆升 |
| 中三叠统 | T$_2$l | | | 被动大陆边缘 | | | 北大巴山碰撞造山 | | 雪峰山褶皱造山 |

### 1. 中-晚三叠世碰撞造山作用

印支造山事件发生的构造背景是扬子地块和华北地块沿秦岭的碰撞、金沙洋的俯冲、印支地块与扬子地块的碰撞与增生等。位于四川盆地北缘的米仓山-大巴山构造带作为秦岭造山带前陆而初具雏形。扬子地块西部大陆边缘增生造山导致了松潘-甘孜造山带的形成，四川盆地西缘龙门山-锦屏山逆冲构造带初具轮廓。扬子地块南缘沿现今的红河断裂带和宋马断裂带同样发生地块碰撞与增生作用。因此，围绕扬子地块北缘、西缘和南缘的印支造山作用彻底改变了扬子地块沉积环境和大地构造面貌，川-滇前陆盆地由此发育，典型的前陆盆地沉积建造保留在四川盆地西缘龙门山前山构造带，其中发育了数千米厚的晚三叠世含煤类磨拉石沉积。早、中侏罗世的沉积范围进一步扩大，覆盖了整个扬子地区，但沉积-沉降中心仍然位于现今四川盆地区，这个侏罗纪沉积盆地称为川-渝-黔-滇盆地，它构成了四川盆地的原型。

龙门山中北段在晚三叠世发生了强烈的褶皱变形，形成了上三叠统须三段与须四段之间的不整合，所以中三叠世是龙门山中北段的主变形期。

### 2. 中-晚侏罗世多向挤压

早、中侏罗世是一个构造运动相对稳定的时代，在四川原型盆地中沉积了一套河湖相沉积地层。自中侏罗世晚期以来，中国大陆构造发展进入了多向板块汇聚和强烈的陆内造山阶段，四川盆地相应地进入了多向挤压变形和盆地改造阶段。这个时期最重要的陆内造山作用发生在盆地北缘的南秦岭地区，北大巴山逆冲构造带向南西方向推挤，导致了大巴山前陆弧形构造带的定型。同时，受到来自东部俯冲大陆边缘动力作用的远程影响，雪峰山基底隆起强烈逆冲复活，并向扬子地块腹地推挤，导致了川东和川-渝-黔-桂地区的隔槽式-隔档式弧形构造带的发育，该弧形构造带与大巴山弧形构造带在川东北发生联合作用，形成了向西开口的喇叭形弧形构造。四川盆地西缘龙门山构造带在这个时期也可能逆冲复活，在山前地带堆积了一套巨厚的晚侏罗世—早白垩世类磨拉石砾岩层。这期多向挤压变形强烈改造了晚三叠世—早中侏罗世盆地原形，奠定了盆地的主体构造-地貌轮廓，盆地中主要基底断裂均发生不同程度的复活，并控制了盖层褶皱构造样式。对这期多向挤压变形发生的时限，由于缺乏年代学数据而难以精确确定，同时，由于四川盆地周缘陆内挤压变形均表现为薄皮构造样式，前陆拗陷不发育，因此只能根据褶皱带地层时代和地层接触关系来大致推断。在川东地区，胡召齐等（2008）根据褶皱构造带卷入的地层和不整合关系，确定了川东侏罗山式褶皱构造带形成的时代为晚侏罗世，早白垩世砂砾岩层不整合超覆在不同时代的褶皱地层之上。在四川盆地西缘地带，早燕山造山事件的直接证据是沿山前发育一套巨厚的晚侏罗世—早白垩世类磨拉石沉积建造，记录了盆地西部松潘-甘孜造山带的再生活动。

晚侏罗世—早白垩世是四川盆地周缘多个造山带的主变形期，湘鄂西地区、大巴山地区以及龙门山地区具有表现，该期构造运动形成了盆缘的早期构造圈闭。

### 3. 早、晚白垩世之交的构造挤压事件

在中国东部，早、晚白垩世之交发生一期构造挤压事件，使华南地区早白垩世断陷

盆地普遍发生构造反转和宽缓褶皱,尤其在盆地的边缘,地层挠曲变形强烈。这次挤压事件对四川盆地影响相对较小,白垩纪地层变形相对较弱,但也产生了几组不同方向的褶皱构造。根据叠加关系分析,川南东西向褶皱和川中北东向褶皱可能形成于这次构造事件,沿华蓥山断裂带发育的褶皱构造可能主要形成于这次构造事件。这次挤压事件的作用力可能来自不同方向,川南地区近南北向挤压可能主要受到南盘江褶皱构造区的影响,而其他大部分地区受到北西-南东向挤压。

### 4. 新近纪的整体快速抬升

新近纪以来,随着印度板块不断向中国大陆楔入,青藏高原崛起,区域应力场为近东西向挤压。上扬子地区表现为整体抬升、剥蚀的同时,龙门山北东向的褶皱-冲断带继续向盆地扩展,且中南段逆冲作用强烈,发育了第四纪的前陆盆地——成都盆地。雪峰山推覆系统强烈影响川东,形成了川东的反向冲断-褶皱的高陡背斜群。

## （二）四川盆地晚期构造改造与油气成藏

四川盆地的中、新生代构造运动对海相油气藏的改造作用,主要体现在晚白垩世之前晚三叠世—早白垩世厚层陆相沉积引起的油气相态转换,以及晚白垩世之后大规模褶皱变形和抬升剥蚀造成的油气藏位置和保存条件变化两个方面。

### 1. 深埋过程中的油气转化作用

#### 1）震旦系古油藏裂解史恢复

从震旦系顶面温度史系列图可以看出:在志留纪末(广西运动抬升剥蚀之前),震旦系顶面温度在川北古隆起为130℃,在川中古隆起核部为80~100℃,在斜坡部位为110~150℃,尚未进入原油裂解温度窗,此时,古油藏中保存液态石油。丁山-林滩场古油藏和石柱古油藏发育区,在志留纪末,震旦系顶面温度均达到160℃,古油藏中的原油开始裂解生气(图2-6)。

至早二叠世末,川北古油藏南部小范围内进入原油裂解温度窗,开始发生裂解生气。川中古油藏的东南斜坡部位(窝深1井-威基井以南),震旦系顶面温度为160~190℃,原油开始发生裂解生气。丁山-林滩场和石柱震旦系古油藏的温度分别达到170~190℃和180~210℃,处于原油裂解温度窗之内,可能仍然在发生原油裂解生气作用。晚二叠世末,震旦系古油藏的受热状态与早二叠世末时的受热状态基本相同。

中三叠世末,川北古油藏西南部、川中古油藏的边缘,震旦系顶面温度为160~180℃,原油处于裂解生气阶段。晚三叠世末,川北古油藏整体进入原油裂解温度窗,川中古油藏除古隆起核部之外,也大范围进入原油裂解生气温度窗。此时,丁山-林滩场和石柱古油藏震旦系顶面温度超过210℃,原油裂解结束。

侏罗纪末,川中古油藏核部和川北古油藏北部仍然处于原油裂解温度窗,古油藏的其余部位均超过210℃,裂解生气结束。川中震旦系古油藏裂解生气可持续到古近纪末。

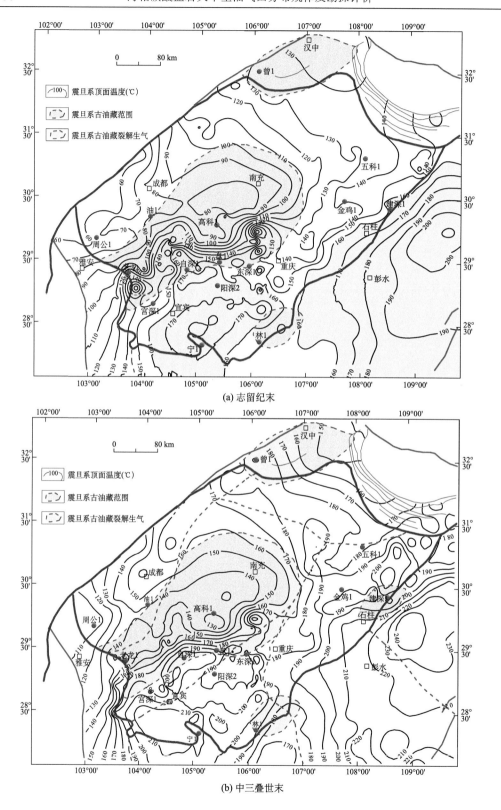

(a) 志留纪末

(b) 中三叠世末

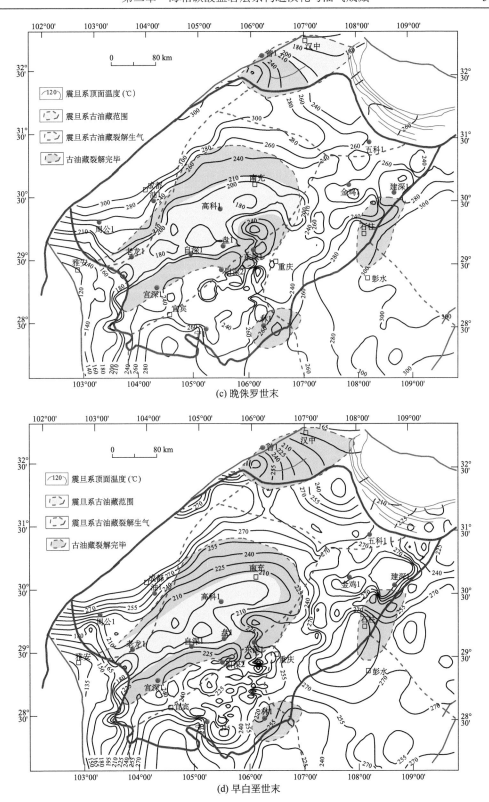

图 2-6 四川盆地震旦系古油藏关键构造期裂解生气状态表征图

2）寒武系古油藏裂解史恢复

川北、川中和丁山-林滩场寒武系古油藏在晚三叠世之前都没有发生原油裂解。这三个古油藏寒武系顶面温度在志留纪末分别为 90℃、60~100℃、100~110℃，在二叠纪末分别为 100~120℃、80~130℃、120~140℃，在中三叠世末分别为 120~150℃、110~150℃、130~150℃，都尚未进入原油裂解温度窗。直到晚三叠世末，川中寒武系古油藏的东部和丁山-林滩场寒武系古油藏进入了原油裂解温度窗，寒武系顶面温度分别为 160~170℃和 160~180℃。川北寒武系古油藏晚三叠世末仍然为油藏，尚未发生裂解，寒武系顶面温度低于 160℃。侏罗纪末，川北寒武系古油藏和丁山-林滩场寒武系古油藏均处于原油裂解温度窗，川中寒武系古油藏在安平井-阳深 2 井以东处于原油裂解生气状态，以西则尚未进入原油裂解温度窗。川中寒武系古油藏直到古近纪末才全面进入原油裂解温度窗（图 2-7）。

生烃史和古油藏原油裂解史表明，四川盆地海相主力烃源岩和主要储层中早期富集的油藏在燕山期均达到了裂解生气阶段。相对于其他地区，川中古隆起的原油裂解成气期较晚，有利于油藏的长期保存。

**2. 褶皱变形和抬升过程中气藏保存条件的变化**

晚侏罗世以来，特别是晚白垩世之后，四川盆地经历了大规模的褶皱变形和抬升剥蚀。褶皱变形对早期油气藏有破坏作用，同时也形成了新的构造圈闭，有利于次生气藏的形成。抬升剥蚀作用对气藏压力的调整有重要影响。

四川盆地晚期褶皱变形主要集中在周缘山前带和川东华蓥山-齐岳山之间，其中西部龙门山和北部米仓-大巴山山前带构造变形带短，构造变形强烈，具有典型的厚皮构造，断裂多延伸到前震旦系结晶及褶皱基底之内，断层向上基本上终止于中、下三叠统内。在须家河组以上地层内多发育小规模的冲断层，上下均延伸不远，局部位置发育南倾的反冲断层，但规模不大。川东高陡背斜带是典型的薄皮褶皱变形，地震剖面反映和钻井资料揭示，川东地区地层的纵向组合具有软、硬间互特征。区内普遍存在三叠系嘉陵江组膏盐层、志留系巨厚砂泥岩、中寒武统含膏碳酸盐岩三套柔性地层，在特定的温压条件下，它们将演变为构造的"软弱层"。这三套柔性地层的存在，控制了深浅层构造的形态和特征，决定了纵向地质结构。相比而言，寒武系盐下的构造形态比较简单，构造幅度低，而且基底断层一般不切穿膏盐岩层；寒武系盐上多发育高陡的背斜，典型的构造样式有背冲构造、对冲构造，叠加三角带等，多属于盖层滑脱的断层相关褶皱，这些断层主要产生于寒武系膏盐岩层和志留系厚层泥岩两套滑脱层中。

四川盆地气藏主要分为三种类型，即孔隙型（孔隙-裂缝型）、致密储层裂缝型和非常规页岩型。孔隙型气藏的储集体发育以溶蚀孔隙和粒间孔、晶间孔为主，储层连通性好，气藏具有统一的气水界面，地层水较丰富，气藏压力系数较低，一般为常压或弱超压，这一类型气藏的典型代表为威远和高石梯的震旦系气藏。致密储层裂缝型气藏的储层致密，只有裂缝发育部位才能有效成藏，储集空间以粒间孔和裂缝为主，储层非均质

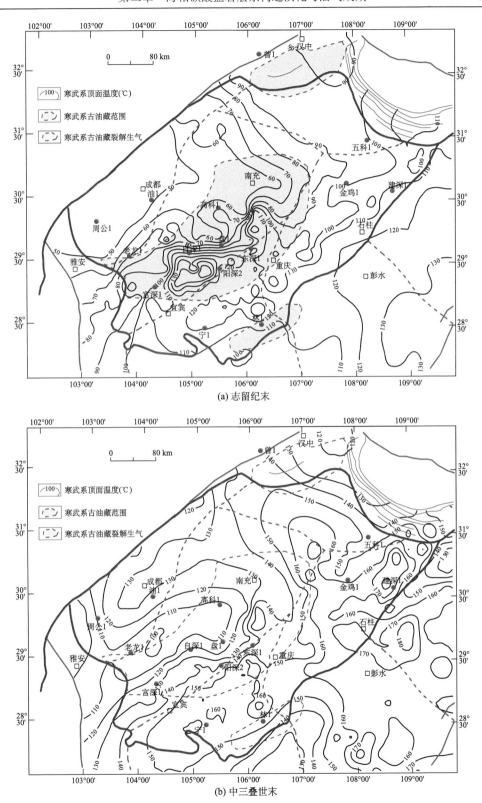

(a) 志留纪末

(b) 中三叠世末

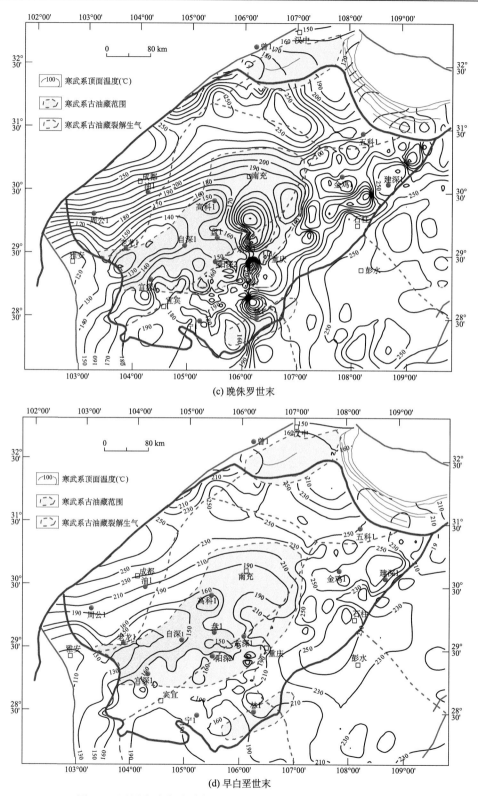

(c) 晚侏罗世末

(d) 早白垩世末

图 2-7　四川盆地寒武系古油藏关键构造期裂解生气状态表征图

性强，气藏往往不具有统一的油气水界面和压力系统，地层水含量少且不连续，建南志留系小河坝组气藏为这一类型气藏的典型代表。非常规页岩气藏的储集体即为烃源岩本身，主要储集空间为微米-纳米级。

天然气的渗漏方式主要有断裂、微裂缝渗漏、毛细管渗漏、地层超压水压致裂渗漏和烃浓度扩散渗漏等几种方式，除了烃浓度扩散不可避免以外，其他的渗漏方式均具有一定的边界条件。根据威远与高石梯-磨溪地区圈闭要素和盖层突破压力测试的结果分析，威远气田在埋深 6400 m 时，最大古超压系数为 1.79（图 2-8），此时储盖层的流体压力差为 52～65 MPa，盖层的突破压力为 94.4 MPa，从毛细管封闭的角度来看，此时盖层能封闭的气藏高度可达 3000 m，远高于现今气藏的气柱高度和圈闭高度。由此可见，威远气田的天然气渗漏方式可能是微裂缝渗漏，原因是威远背斜比较紧闭，变形程度较强，在构造顶部易形成垂向张裂缝，从而造成天然气逸散。

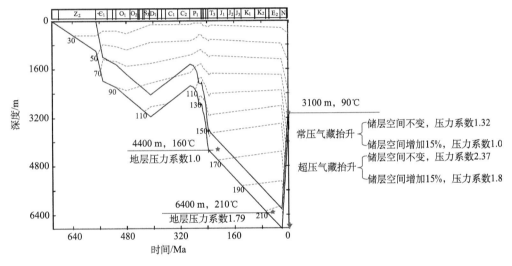

图 2-8　四川盆地威 28 井地层古压力变化模拟

### 3. 气藏构造改造模式

四川盆地海相气藏在燕山-喜马拉雅期普遍遭受了构造改造，气藏状态和规模都有所调整，根据调整的强度可以将其分为四种类型（图 2-9）：①原生型，分布在构造变形稳定区，晚期经历了小规模的抬升，并未有明显变形，古油藏和古气藏位置一致，古气藏得以长期保存，如磨溪-高石梯地区，这类气藏的压力系数较高，主要的渗漏方式是流体超压造成的盖层毛细管渗漏；②残存型，这类气藏早期位于古油藏和古气藏范围内，晚期调整使构造肢解，仅在局部小构造内残余，分布在喜马拉雅期构造变形较强区，多在喜马拉雅期构造翼部，如资阳气藏，此类气藏的压力系数较低，为常压气藏，破坏方式是构造变动引起流体势变化，天然气向低势区运移；③调整型，早期具有古油气藏成藏背景，在调整过程中气藏位置、规模产生了较大变化，分布在喜马拉雅期构造高部位，气藏充满度较低，如威远气田，主要破坏方式是构造翼部的新生断层或者微裂缝；④破坏型，抬升早、抬升幅度大，受多期应力场调整的联合影响，分布在震旦系—寒武系出露区，如桑木场、大两会等盆缘构造，主要破坏方式为切割储盖层断裂和地层抬升卸载产生的张裂缝。

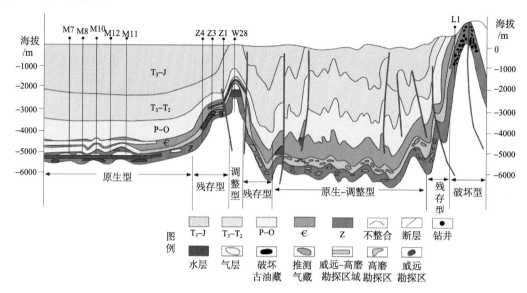

图 2-9　　四川盆地海相气藏调整类型

# 三、鄂尔多斯盆地后期主要构造事件与油气保存

## （一）鄂尔多斯盆地中、新生代构造事件

印支运动后，华北与扬子两地块碰撞对接，中国陆块初步形成。此时鄂尔多斯陆块西缘毗邻的贺兰拗拉谷开始构造反转，阿拉善陆块及西南部的六盘山弧形构造带逆冲隆起，在一系列构造活动的影响下，全盆地开始了内陆差异沉降盆地的形成和发展阶段，从而结束了该区早古生代克拉通边缘和晚古生代克拉通内陆拗陷盆地的发展历史。在鄂尔多斯盆地南部形成 L 形展布且不对称的晚三叠世盆地，堆积了近 1600 m 厚的陆源碎屑沉积，提供了鄂尔多斯盆地中生界重要的油源和主要的产油层位。

燕山旋回开始，华北与扬子两地块的陆陆叠覆活动仍在继续，同时东部太平洋洋壳向北西俯冲，印度陆块对欧亚古陆的俯冲碰撞逐渐增强。在其联合作用下，鄂南上部地壳大规模收缩，构造上向北挤压，使陆内拗陷盆地不断向北推移，沉降中心逐渐转为北东向—近南北向。西南部率先隆起并遭受剥蚀，形成了延长组自东北向西南方向逐渐抬升剥蚀尖灭的构造地貌特点，同时使陆内拗陷盆地（$J_{1\sim2}$）的沉积不断向北、北东方向推移。中侏罗世末，早燕山运动使华北与扬子大陆地壳间的叠覆造山作用最终完成。随着区域南部、西部陆壳的不断挤压，盆地西缘及南缘的构造逆冲活动及前陆造山作用进一步加强并达到顶峰。在这一过程中，由于深层作用，鄂尔多斯盆地南部在前陆地区形成一系列由南向北的表层逆冲推覆构造，形成多排逆冲推覆褶皱。西南缘由于逆冲推覆的结果，负荷增加，使前缘地区地壳下沉，故产生了类似前陆盆地的沉积，堆积了上侏罗统—下白垩统（志丹群）的一套红色粗碎屑沉积。此后，内陆拗陷盆地发育阶段基本结束，晚燕山运动的表现不甚强烈，除区内急剧抬升外，只有在西段志丹群中见有轻微的褶皱，对前期形成的构造似乎没有太大的改进作用。早白垩世为中生代盆地演化的最晚阶段，其地层后期剥蚀最强，残存范围也最小。后期剥蚀改造具东强西弱、边缘强内部弱的特点。在东部，晚白垩世以来被剥蚀的中生界厚度可达 1800~2000 m。在盆地南缘和东部，下白垩统大部分已被剥蚀殆尽。到早白垩世末，鄂尔多斯盆地内部的天环向斜、伊陕斜坡、渭北隆起等构造单位最终形成，鄂尔多斯盆地南部主要表现为东南部的隆升和西部的下沉。此后，盆地再没有大范围地接受区域性广泛沉积，大型鄂尔多斯盆地消亡，盆地开始进入后期改造时期。

大致与中国东部强烈伸展裂陷、断陷盆地发育同步，从始新世早、中期开始，鄂尔多斯盆地边部裂陷解体，河套、渭河、银川断陷形成。渭河地堑早期东西向延展，东达豫西三门峡一带，东部沉降早，于古新世（中期）开始接受沉积。在灵宝、三门峡地区，古新统分别为项城群中下部和门里组中部，厚达数百米，在项城群中部夹有煤层。河套地堑乌拉特组下部地层的时代为晚古新世。这显示鄂尔多斯盆地东南和西北对角的断陷作用为周邻诸地堑之先。在始新世至渐新世，各地堑快速沉降，内部分割较强，沉积范围逐步扩大，开始接受河湖相沉积。

燕山旋回晚期以来，鄂尔多斯地块由沉积转化为整体上升，在主体上升的同时，还伴随着周边的断陷沉降。总之，鄂尔多斯盆地中生代地壳运动是晚古生代的继续，其前后构造性质没有重大变动。三叠纪以来主要为陆相沉积，发育了完整的陆相碎屑岩沉积体系（表2-2）。

**表2-2 鄂尔多斯盆地演化-改造阶段和主要地质事件时序表**

| 时期 | 阶段 | 主要特征 | 主要地质事件和关键时刻 | 区域背景 |
|---|---|---|---|---|
| 盆地后期改造时期（K$_2$-Q） | ⑨：Q | 持续快速沉积 | Q（2.6 Ma），黄土高原形成演化，黄河水系发育 | 向今太平洋动力体系转换 |
| | ⑧：N$_1$-N$_2$ | 隆降翻转，西隆东拗 | N$_1$（8~5 Ma），西南部受青藏高原挤压影响明显，六盘山隆升；东部接受沉积，红土准高原发育 | |
| | ⑦：N$_1^{1-2}$ | 快速抬升剥蚀 | N$_1$初（20±2 Ma）到 N$_1$早期，周缘全面裂陷，地块整体抬升，第三期区域侵蚀形成 | |
| | ⑥：E$_{1~2}$ | 东隆西降，快速抬升差异剥蚀 | E$_2$（55~40 Ma），边部解体裂陷，差异沉降、剥蚀，第二期区域夷平面出现 | |
| | ⑤：K$_2$-E$_1$ | 整体抬升，剥蚀 | K$_1$末到 K$_2$（95~58 Ma），整体抬升，区域侵蚀，缺失沉积，形成第一夷平面 | |
| 盆地发育演化时期（T$_1$-K$_1$） | ④：J$_3$-K$_1$ | 盆地沉积 | J$_2$末到 K$_1$（160~135 Ma），西部挤压冲断，局部沉积，东部抬升大部剥蚀 | 古亚洲向古太平洋动力体系转换 |
| | ③：J$_1$-J$_2$ | 盆地沉积 | J$_2$末（170~165 Ma），不均匀抬升，J$_2$剥蚀改造 | |
| | ②：T$_3$-J$_1$ | 盆地沉积 | T$_3$末差异抬升，T$_1$剥蚀改造 | |
| | ①：T$_1$-T$_2$ | 盆地沉积 | | |

## （二）鄂尔多斯盆地构造事件对油气成藏的影响

鄂尔多斯盆地主要发育五个重要的不整合面（$O_1$ 末、$T_3$ 末、$J_2$ 末、$J_3$ 末、$K_1$ 末），其中 $O_1$ 末和 $K_1$ 末不整合面对油气藏形成最具意义。

$O_1$ 末不整合面发生在早奥陶世末期，剥蚀厚度大、剥蚀时间长（$O_2$–$C_1$），不整合面的演化对下古生界油气藏的形成具有决定性作用。$K_1$ 末不整合面由全盆性的抬升造成，是鄂尔多斯盆地东高西低的构造面貌形成的关键时期，对下古生界油气调整具有重要影响。

在地质历史时期，剥蚀面的演化经历了四个重要阶段。

1）"L"形隆起发育阶段（$O_1$–$C_1$）——奥陶系储层形成阶段

不整合面呈西高东低展布，表现为沿盆地西南部"L"形隆起向两侧增厚。风化壳出露地层依次变新，由隆起向东马四段—马六段依次变换。形成三种主要类型的储层：西南缘发育礁滩储层，中部发育白云岩储层，东部发育含膏白云岩储层。

2）中部隆起发育阶段（$O_2$–$T_{1+2}$）——生储盖组合形成阶段

不整合面表现为中部高、东西部低的特点。从 $O_2$ 至石千峰组沉积末期，中部隆起由西向东逐步迁移。该时期形成平凉组、山西组+太原组两套烃源岩。西南缘为平凉组生烃中心，北部为上古生界生烃中心。发育下古生界马家沟组+本溪组（山西组）储盖组合、上古生界储盖组合。

3）南北隆起发育阶段（$T_3$–$J_1$）——上古生界气藏形成阶段

风化壳表现出南北高、中部低的特点。南部上古生界烃源岩成熟，天然气向南北两个方向运移，是上古生界重要的成藏期。$T_3$ 早期平凉组烃源岩在南部隆起区形成古油藏。

4）反转发育阶段（$K_1$–$Q$）——气藏定型阶段

该时期不整合面表现出东高西低的特点，为单斜构造面貌。南部奥陶系古油藏形成裂解气向东部运移，盆地南部气藏最终定型。上古生界气藏进行调整运移，向东部聚集成藏定型。

## 参 考 文 献

陈代钊, 汪建国, 严德天, 等. 2011. 扬子地区古生代主要烃源岩有机质富集的环境动力学机制与差异. 地质科学, 46(1): 5-26

王剑, 刘宝珺, 潘桂棠. 2001. 华南新元古代裂谷盆地演化——Rodinia 超大陆解体的前奏. 矿物岩石, 21(3): 135-145

于炳松, 陈建强, 李兴武, 等. 2004. 塔里木盆地肖尔布拉克剖面下寒武统底部硅质岩微量元素和稀土元素地球化学及其沉积背景. 沉积学报, 22(1): 59-66

张水昌, 高志勇, 李建军, 等. 2012. 塔里木盆地寒武系—奥陶系海相烃源岩识别与分布预测. 石油勘探

与开发, 39(3): 285-294

周新源, 杨海军, 李勇, 等. 2006. 中国海相油气田勘探实例之七: 塔里木盆地和田河气田的勘探与发现. 海相油气地质, 11(3): 55-62

Antoshkina A I. 2007. Silurian sea-level and biotic events in the Timannorthern Ural region: sedimentological aspects. Acta Palaeontologica Sinica, 46: 23

Artyushkov E V, Chekhovich P A. 2001. The East Siberian basin in the Silurian: evidence for no large-scale sea-level changes. Earth and Planetary Science Letters, 193(1): 183-196

Bartley J K, Pope M, Knoll A H, et al. 1998. A Vendian-Cambrian boundary succession from the northwestern margin of the Siberian Platform: stratigraphy, palaeontology, chemostratigraphy and correlation. Geologican Magazine, 135(4): 473-494

Benton M J. 1995. Diversification and extinction in the history of life. Science, 268(5207): 52-58

Brett C E, Ferretti A, Histon K, et al. 2009. Silurian sequence stratigraphy of the Carnic Alps, Austria. Palaeogeography, Palaeoclimatology, Palaeoecology, 279(1): 1-28

Golonka J. 2011. Phanerozoic palaeoenvironment and palaeolithofacies maps of the Arctic region. Geological Society, London, Memoirs, 35(1): 79-129

Haq B U, Schutter S R. 2008. A chronology of Paleozoic sea-level changes. Science, 322: 64-68

Hoffman P F. 1991. Did the break out of Laurentia turn Gondwana-land inside-out? Science, 252: 1409-1412

Jin Y G, Wang Y, Wang W, et al. 2000. Pattern of marine mass extinction near the Permian-Triassic boundary in South China. Science, 289(5478): 432-436

Johnson M E. 2006. Relationship of Silurian sea-level fluctuations to oceanic episodes and events. GFF, 128(2): 115-121

Klemme H D, Ulmishek G F. 1991. Effective petroleum source rocks of the world: stratigraphic distribution and controlling depositional factors (1). AAPG Bulletin, 75(12): 1809-1851

Lazauskiene J, Sliaupa S, Brazauskas A, et al. 2003. Sequence stratigraphy of the Baltic Silurian succession: tectonic control on the foreland infill. Geological Society, London, Special Publication, 208(1): 95-115

Li Z, Li X, Zhou H, et al. 2002. Grenvillian continental collision in South China: new SHRIMP U-Pb zircon results and implications for the configuration of Rodinia. Geology, 30(2): 163-166

Loydell D K. 1998. Early Silurian sea-level changes. Geological Magazine, 135(4): 447-471

Munnecke A, Calner M, Harper D A T. 2010. How does sea level correlate with sea-water chemistry? A progress report from the Ordovician and Silurian. Palaeogeography, Palaeoclimatology, Palaeoecology, 296(3): 213-216

Ross C A, Ross J R P. 1996. Silurian sea-level fluctuations. Geological Society of America Special Papers, 306: 187-192

Spekoski J J. 1981. A factor analytic description of the Phanerozoic marine fossil record. Paleobiology, 7(1): 36-53

Tucker M E. 1992. The Precambrian-Cambrian boundary: seawater chemistry, ocean circulation and nutrient supply in metazoan evolution, extinction and biomineralization. Journal of the Geological Society, 149(4): 655-668

# 第三章 海相碳酸盐岩油气成藏理论研究进展

## 第一节 多元成烃机理与多期成藏

海相层系存在多种烃源共存且相互转化、连续或叠置生烃的特征。海相烃源岩普遍存在生烃母质的物质状态转换和生烃过程与贡献的接替，呈现出"多源复合、多阶连续"的油气形成演化特点。我国海相层系中发育多套烃源岩，时空跨度大，成烃有机质原始生物面貌复杂，岩性类型多，源岩品质变化大，它们在多旋回构造运动背景下，经历了多期次油气生成并运聚成藏的过程。若在沉积盆地中持续埋藏，则干酪根连续生烃，现今处于高—过成熟阶段，已过主力生烃期；若在深埋—抬升—再深埋构造活动下干酪根经历再次生烃或者晚期生烃过程，地层中聚集和分散的原油又普遍发生后期的二次裂解成气，使得这些烃源岩的生气潜力进而转化为以原油、沥青裂解等再生烃源形式为主。显然，在我国这种特殊的沉积构造背景下，有机质的生烃过程不同于持续沉降盆地，目前空间分布的烃源岩并非最终成藏油气的直接来源，直接来源可能是高—过成熟干酪根的裂解气、古油藏中原油或分散的可溶有机质的裂解气乃至高演化有机质加氢作用成气。现今海相烃源中除了常规烃源岩以外，还应包括古油藏、沥青等聚集型和分散型可溶有机质。这些残留在烃源岩、储集岩或运移途径岩石中的固体沥青、稠油沥青、运移沥青或可溶有机质可以将海相烃源岩的生气过程延续到更高的演化阶段，成为高—过成熟阶段的主要烃源形式，它们在漫长的地质历史中经历了复杂的成烃转化过程，并对该区天然气资源的动态演化和聚集成藏提供了雄厚的物质基础。"多源供烃，多期成藏和后期调整"等造成的以"裂解、混合"为特色的现今复杂的天然气藏是我国特有的海相天然气藏的普遍特性。

## 一、多元成烃机理

传统的生烃母质划分只按照不溶有机质干酪根的性质划分，分为Ⅰ型、Ⅱ型、Ⅲ型干酪根，目前这种母质类型划分已经无法满足海相多元烃源生烃过程研究的需要，越来越多的有机地球化学研究者已经认识到这一点。刘文汇等（2006）根据多元成烃母质性质、赋存形式、成因类型和演化程度等将多元烃源（岩）划分为不溶有机质与可溶有机质、聚集型与分散型等。其中，古油藏是聚集型可溶有机质，其热裂解是天然气形成的一种重要形式，在南方海相天然气资源中占有重要位置，主要表现在早期形成的油藏经历深埋裂解过程后再聚集、调整形成现今天然气藏。例如，威远气田主要为古油藏原油裂解气（戴金星，2003），普光气田及其相邻的渡口河、罗家寨等气田亦属于原油裂解气（谢增业等，2005；蔡勋育等，2006；马永生等，2007）。秦建中等（2007，2008）系统研究不同类型的可溶有机质（沥青）生烃潜力，证实残留在储集岩或运移途径岩石中的固体沥青、稠油沥青、运移沥青或水溶气等可溶有机质，在达到一定的含量和热演化程度时，也可以再次生排烃，形成新的轻质油气或凝析气藏。海相再生烃源的烃气产率大小顺序为：沥青砂岩、稠油（砂、泥岩）>稠油（碳酸盐岩）>固体沥青，四川盆地及其周缘震旦系灯影组、上二叠统长兴组—下三叠统飞仙关组等含沥青储层曾是优质再生气源。当然，早期形成的油藏如果经历抬升剥蚀并遭受氧化过程，则难以转化形成天然气藏，如麻江古油藏。源岩、储层和运移途径岩石中的分散可溶有机质是另一重要的再生烃源（刘文汇等，2007）。模拟实验研究表明，在较高演化阶段，沉积岩中分散有机质主体干酪根的生烃能力逐渐减弱，烃类气体和轻质油（含凝析油）的产生主要源自岩石中的分散可溶有机质和干酪根早期演化过程中已生成烃类的裂解作用。烃源岩在演化早期因干酪根热催化降解作用形成的各种分散可溶有机质是天然气的主要来源。因此，我国海相层系多种形式烃源共存且相互转化、连续或叠置生烃，尤其在南方，海相烃源岩普遍存在生气母质的物质状态转换和生烃过程与贡献的接替，呈现出"多源复合、多阶连续"的天然气形成演化特点。对于传统烃源成烃机理认识已较为深入，本节重点讨论海相层系高演化阶段可溶有机质的成烃机理和演化特征。

## （一）海相古油藏及可溶有机质模拟产物特征

储集岩或运移途径岩石中的运移沥青、原油、稠油沥青或水溶烃类等可溶有机质，当达到一定的含量和热演化程度时，可以再次生烃。如果岩层达到一定厚度、分布达到一定范围，可能形成新的轻质油气藏或天然气藏。选取四川盆地广元上寺矿山梁寒武系低演化固体沥青（或可溶超重质油沥青矿）、川岳84井凝析油、黔东南虎47井轻质原油、塔河油田塔河1111井及塔开606井原油、塔里木盆地志留系沥青砂岩、加拿大泥盆系稠油油砂、普光4井含沥青灰岩以及羌塘盆地侏罗系固体沥青等15件原油与储集岩样品，分别代表了不同性质与介质组成的海相可溶有机质，原油样中均加入经过氯仿抽提与高温密封处理的空白灰岩或石英砂介质。利用无锡石油地质研究所自行研制的 YDH-Ⅱ常规热压模拟实验仪和仿真（在静压和异常流压条件下烃源岩热演化）生排烃模拟实验仪开展了温度为250～550℃时的密闭体系常规热压模拟实验及仿真热压模拟实验（方法见郑伦举等，2009）。对原油或可溶有机质在热裂解转化过程中的烃气产率进行了研究，结果如下。

### 1. 最高烃气产率与密度的关系

随原油密度逐渐变重，油的最高烃气产率减少近1/2，由轻质油的532 kg/t oil 到超重质油的266 kg/t oil，固体沥青产率则相应增加（图3-1、图3-2），低演化氧化固体沥青（不溶为主）最高烃气产率最低。原油或可溶有机质的生烃气潜力与其元素组成或密度密切相关，H-C 原子比越高或原油密度越小其最大烃气产率越高。在介质性质相同或相近的条件下，不同演化阶段的烃气产率则与可溶有机质的族组成有关。

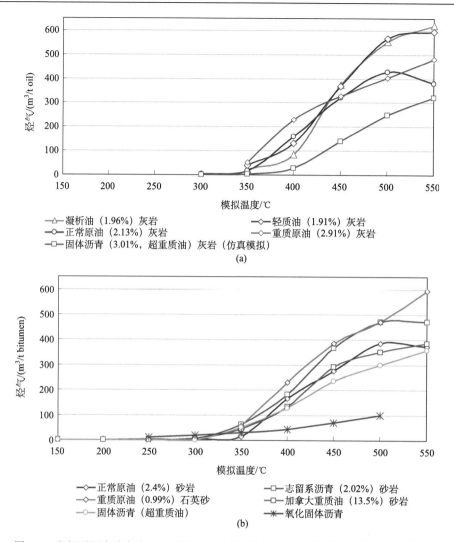

图 3-1 海相不同含油灰岩（a）和油砂或储层沥青（b）热裂解过程烃气产率的对比

### 2. 烃气产率的阶段划分

海相不同含油灰岩[图 3-1（a）]和油砂或储层沥青[图 3-1（b）]可溶有机质的热裂解过程烃气产率可以分为三个阶段：①350℃以下（相当于 $R^o \leqslant 1.30\%$）属于缓慢增加阶段，其油向气的转化率一般不超过 5%，此阶段是一个可溶有机质从重到轻的演变过程，以液态烃为主；②350～450℃（相当于 $R^o$=1.3%～2.0%）属于快速增加阶段，烃气转化率可达到最大转化率的 90% 左右，此阶段主要是大分子的液态长链烃断裂成分子量相对较小的短链烃，以生成湿气和凝析油为主，油气相态也发生了明显的变化，绝大多数可溶有机质已经转化成了气态烃和不溶的有机残碳；③模拟温度大于 450℃之后（相当于 $R^o \geqslant 2.0\%$）属于稳定阶段，一般烃气产率在 550℃时达到最大值，干燥系数逐渐增大到超过 90%，此时主要是重烃气体进一步裂解成甲烷，烃气逐渐转变成以甲烷为主的干气。

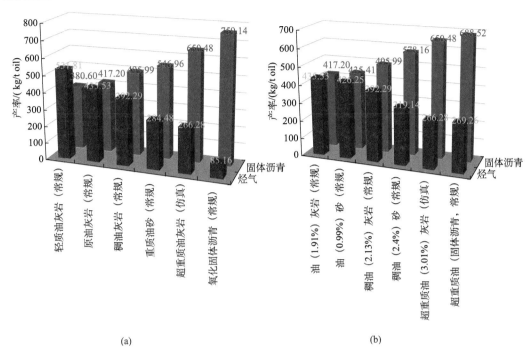

图 3-2　海相不同密度原油在过成熟阶段（$R^o$=3%±）烃气、固体沥青产率的对比

（a）不同密度原油（或可溶有机质+灰岩等）烃气及固体沥青产率的对比；（b）不同密度原油（或可溶有机质）灰岩与
油砂烃气及固体沥青产率的对比

### 3. 最高烃气产率与储层岩性的关系

不同岩性的介质对可溶有机质的热裂解生气也有影响，灰岩、砂岩基本相当或灰岩略高[图 3-1、图 3-2（b）]。在油加石英砂与油加灰岩的对比实验中，初期油砂烃气产率略低于油灰岩，可能是碳酸盐岩中的盐对可溶有机质具有某种抑制作用，使得碳酸盐岩裂解烃气过程有时具有滞后现象，但是，最终烃气产率却一般略高于油砂岩。

### 4. 烃气产率与模拟实验方法的关系

仿真模拟[图 3-1（a），固体沥青超重质油（3.01%）灰岩]与常规模拟[固体沥青超重质油，图 3-2（b）]在模拟温度 550℃时最大烃气产率基本相当（266～169 kg/t bitumen），但是前者 $R^o$ 相对低一些，即仿真模拟具有热裂解及 $R^o$ 滞后现象。

总之，储集岩或运移途径岩石中的固体沥青、稠油沥青、运移沥青、原油或水溶烃类等可溶有机质的组成与性质（H-C 原子比）决定了其热裂解再生烃气最大转化率，岩石介质与赋存状态及加热方式影响油气生成转化的过程。

## （二）海相古油藏及可溶有机质生烃气机理与潜力分析

现代石油地质实践证实，沉积有机质的热演化是一个连续递进的过程：低温低演化时，以生液态烃为主；高温高演化时则以生气态烃为主；随着埋藏的加深和温度的增加，在热演化达到一定程度后，干酪根继续生烃能力已非常有限，大部分的轻质石油和气态烃并不是直接由干酪根生成的，而是由干酪根生成的分散可溶有机质经进一步热裂解反应生成的。可溶有机质的热裂解反应使长链烃（包括饱和烃和芳烃）断键成为短链烃，使含杂原子的非烃和沥青质一方面断键成为低分子烃类物质，另一方面缩聚成更大分子量的高缩聚物质和固体碳。Barker（1991）根据石油裂解成气机理，从物质平衡角度建立了油气转换系数的理论模型。对于中等—较深部位产生湿气-干气的情况，假定可溶有机质质量中 85%的碳转化为体积占比甲烷 90%、乙烷 10%的气体，以及含有 5%（质量比）氢的碳质残渣。按质量比可以算出，有 53.69%的可溶有机质可以转化为甲烷。再考虑到可溶有机质中常含有少量的硫和氧，在热演化过程中将以硫化氢和水的形式产出而消耗掉部分氢，上述转化系数都是上限值，实际情况下要低一些。根据各样品中可溶有机质的元素组成，采用物质平衡法，计算出各类产物的极限产率，与模拟实验结果进行对比研究发现：不同类型原油与沥青的最大实验转化率一般在 10%～50%（图 3-1、图 3-2），模拟实验的转化率都比理论计算的极限转化率要低。轻质油（含凝析油）的最大烃气产率超过 700 m³/t oil，转化率大于 50%，比 H-C 原子比很低的固体沥青烃气产率和转化率要高近 5 倍（图 3-1、图 3-2）。几种原油或沥青的热裂解最大烃气产率大小顺序是：凝析油＞轻质油＞正常原油＞志留系沥青砂岩≥稠油灰岩≥低成熟固体沥青含沥青灰岩＞加拿大油砂＞氧化固体沥青。

在不同演化阶段，可溶有机质的转化率除了与其性质有关外，还与其赋存状态及岩石介质有关。沥青砂岩中的沥青 A 与 TK606 稠油的族组分、有机元素组成比较接近。在不同演化阶段，无论是烃气产率还是实验转化率，天然沥青砂岩都要比人工配制的稠油石英高，这很有可能与可溶有机质在岩石中的赋存状态有关。沥青砂岩中的可溶有机质与烃源岩中的干酪根一样可能以游离态、物理吸附态、化学吸附态、固态有机质以及包裹态（晶包与包裹体态）等多种状态赋存。各种赋存状态的可溶有机质热裂解成烃气所需要的活化能是不尽相同的。以物理和化学吸附态存在的可溶有机质，由于无机矿物中强极性离子的电子诱导效应或电子迁移，导致 C—C、C—H、C—O、C—S、C—N 键的电子云发生变化，降低了这些化学键的键能，活化能相对变小，使其容易断裂并生成小分子的烃类气体。人工配制的再生源岩由于没有像天然源岩样品那样经历长期压实与胶结等成岩作用，以物理、化学吸附态存在的可溶有机质量较少，因此向气态烃转化的效率与速率偏低。这说明影响储集岩中可溶有机质向烃气热裂解转化的因素，除了有机质的性质（相当于干酪根类型）、模拟温度（相当于成熟度）之外，还包括有机质在源岩中的赋存状态。在碎屑岩储层中，可溶有机质均匀地分布在岩石孔隙之中，由于压实与胶结作用，以物理和化学吸附态存在的有机质浓度较高，容易向烃气转化；而在各种碳酸盐岩储层中，可溶有机质往往存在于缝洞之中，与周围岩石介质有效接触不够，主要以自由态形式存在，有机质不易发生热裂解。

总之，烃源岩中的可溶有机质与不溶有机质是相互转化的，这种转化不是简单的可逆反应（基本上不存在化学反应意义上的可逆反应），而是在不同演化阶段，不同稳定性与不同结构性质的不溶有机质和可溶有机质的相互转化。就是说，干酪根在生成小分子油气的同时也生成了更难热裂解的（聚合程度更高的）干酪根，同时前期已经生成的可溶有机质也会发生热裂解生成更小分子的、结构更稳定的可溶有机质（烃类物质）与聚合成分子量相对较大的不溶有机质。

## （三）海相不同类型再生烃源生烃气演化模式

海相再生烃源主要是指储集体（岩）中的可溶有机质（包括聚集和分散的凝析油、轻质油、原油、重质油和超重质油或可溶固体沥青等）以及氧化固体沥青。根据海相再生烃源原油或可溶有机质密度可大致分为五类：①轻质（或凝析）油（$d<0.84$ g/cm$^3$，API>35°）；②原（中质）油（$d=0.84\sim0.90$ g/cm$^3$，API=35°$\sim$25°）；③重质油（$d=0.90\sim1.0$ g/cm$^3$，API=25°$\sim$10°），此外，稠油也属重质油（密度相对小一些，黏度相对较高）；④超重质油或可溶固体沥青（$d=1.0\sim1.08$ g/cm$^3$，API=10°$\sim$0°）；⑤氧化固体沥青（部分可溶，$d>1.08$ g/cm$^3$）。

根据不同类型油灰岩、油砂及固体沥青的热裂解常规模拟实验结果及部分样品的仿真地层常规模拟实验结果，建立了海相轻质油灰岩、油灰岩、稠油灰岩、超重质油灰岩、油砂、稠油砂、重质油砂、沥青砂岩、固体沥青（超重质油）和固体沥青（氧化）十种油灰岩、油砂或可溶及氧化固体沥青的再生烃（气）演化模式。

### 1. 海相碳酸盐岩层系可溶有机质热裂解演化模式

以川岳 84 井油常规模拟实验为例，轻质油在灰岩中（样品中油的质量分数平均为 1.96%，相当于 TOC=1.65%）生烃气演化模式[图 3-3（a）]的特点是：①在成熟阶段，油热裂解烃气产率非常有限，镜质组反射率达到 1.2%以前，烃气产率为 36.9 kg/t oil，只占最高总烃气转化率的 6.9%，固体沥青产率也很低，产物主要仍以轻质油为主；②在高成熟阶段早期（400℃时），开始大量产生烃类气体和固体沥青，烃气产率为 113.8 kg/t oil，固体沥青产率约为烃气产率的 72%，烃气占最高总烃气转化率的 21.4%，此时烃类主要为湿气与凝析油气（一般高压釜中轻质-凝析油收集定量时有所散失，未裂解总油需要校正）；③在高成熟—过成熟阶段，烃气产率、固体沥青产率及 $CO_2$ 产率达到最大值，500℃时烃气产率为 531.81 kg/t oil，产物以烃气（甲烷）为主，固体沥青产率及 $CO_2$ 产率在 550℃时达到最大值。

### 2. 海相砂岩储层沥青热裂解演化模式

以顺 1 井 5136.2 m 沥青砂岩常规模拟实验为例，海相油砂多为中质油砂、稠油砂及沥青砂岩和超重质油砂等，其（相当于重质油，样品中油的质量分数为 2.02%，TOC=1.49%）生烃气演化模式[图 3-4（c）]的特点是：①在成熟阶段，油热裂解烃气产率很有限，在模拟温度 300℃（$R^o<1.0$）时及以前，烃气产率最高只有 4.55 kg/t bitumem，烃气只占最高总烃气转化率的 1.4%，固体沥青产率也很低，产物以重质油为主；②在模拟温度 350℃（$R^o<1.2$）时，烃气产率为 68.06 kg/t bitumem，烃气占最高总烃气转化率

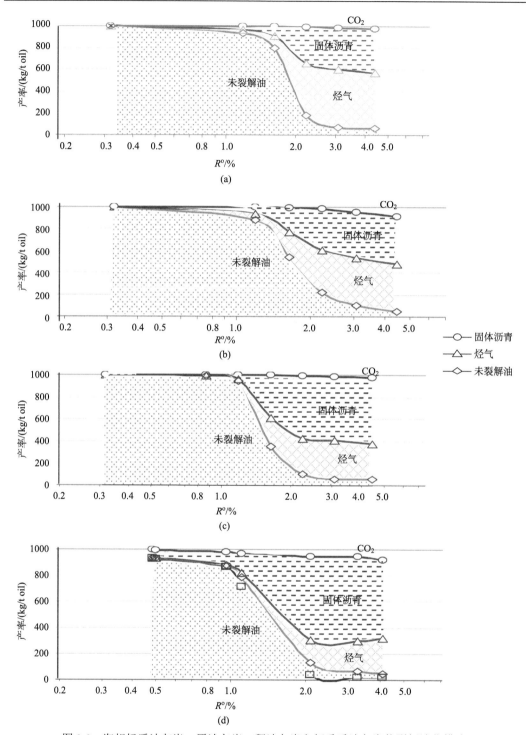

图 3-3　海相轻质油灰岩、原油灰岩、稠油灰岩和超重质油灰岩热裂解演化模式

（a）轻质油灰岩，样品中油的质量分数平均为 1.96%，相当于 TOC=1.65%，川岳 84 井油，常规模拟实验模式；（b）原油灰岩，样品中油的质量分数为 1.91%，相当于 TOC=1.60%，虎庄 47 井+塔开 606 井油，常规模拟实验模式；（c）稠油灰岩，样品中油的质量分数平均为 2.13%，相当于 TOC=1.79%，塔河 1111 井油，常规模拟实验模式；（d）超重质油灰岩，样品中油的质量分数为 3.01%，TOC=2.37%，广元上寺 GY-07-24 固体沥青，仿真地层模拟实验模式

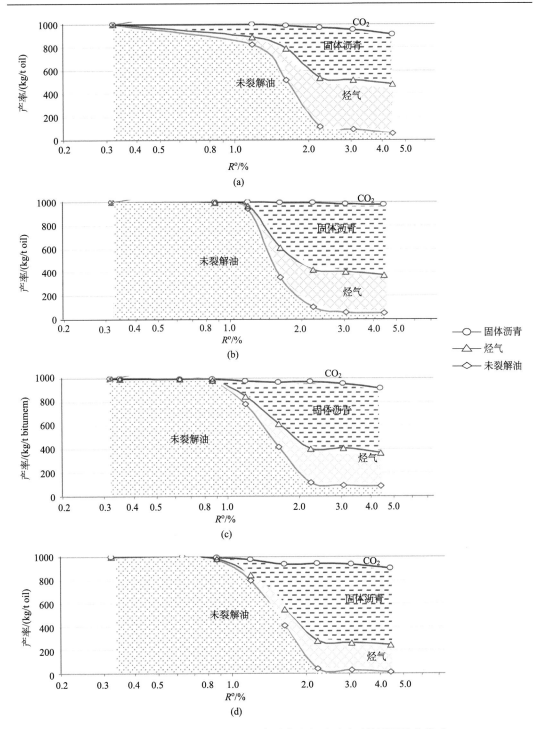

图 3-4 海相油砂、稠油砂及沥青砂岩和超重质油砂热裂解演化模式

(a) 油砂,样品中油的质量分数平均为 0.99%,相当于 TOC=0.83%,塔开 606 井油+石英砂;(b) 稠油砂,样品中油的质量分数平均为 2.40%,相当于 TOC=2.06%,塔河 1111 井油;(c) 海相志留系沥青砂岩,样品中重质油的质量分数平均为 2.02%,TOC=1.49%,顺 1 井 5136.2 m 沥青砂岩;(d) 超重质油砂,样品中油的质量分数平均为 13.5%,相当于 TOC=11.59%,加拿大阿尔伯达超重质油砂

的 21.6%，固体沥青产率也较低，产物以轻质油为主；③在高成熟阶段早期（400℃时），烃气产率为 190.31 kg/t bitumem，固体沥青产率约为烃气产率的 1.88 倍，开始大量产生烃类气体和固体沥青，烃气占最高总烃气转化率的 60.5%，此时烃类主要为湿气与凝析油气（一般高压釜中轻质-凝析油收集定量时有所散失，未裂解总油需要校正）；④在高成熟—过成熟阶段烃气产率、固体沥青产率及 $CO_2$ 产率达到最大值，500℃时烃气产率为 314.69 kg/t bitumem，产物以烃气（甲烷）、固体沥青及 $CO_2$ 为主。

### 3. 海相固体沥青（超重质油）热裂解演化模式

以广元上寺寒武系固体沥青 GY-07-24 常规模拟实验为例，海相可溶固体沥青或超重质油（样品中油的质量分数平均为 93.7%，TOC=78.67%）生烃气演化模式参见图 3-5（a）。

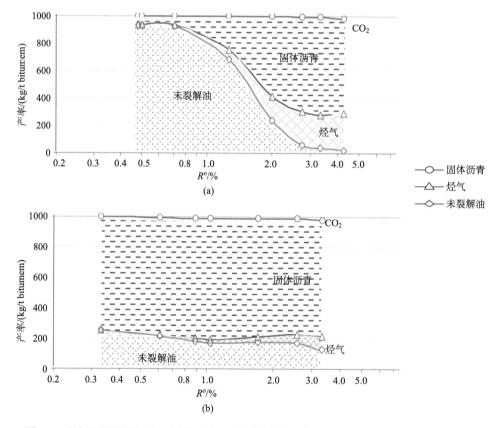

图 3-5　海相可溶固体沥青（超重质油）和氧化固体沥青（少部分可溶）热裂解演化模式
(a)海相寒武系可溶固体沥青(大部分可溶)，样品中超重质油的质量分数平均为 93.7%，TOC=78.67%，广元上寺 GY-07-24；
(b) 海相氧化固体沥青（少部分可溶），可溶有机质重量占样品 0.20%，TOC＝70.24%，羌塘西长梁 G180

可溶固体沥青的再生烃气过程具有明显的阶段性，其生烃气过程是干酪根生烃的延续，按产物的地化与产率演化特征可以分成四个阶段：①未熟—低熟阶段（$R_b$=0.48%～0.6%），大分子的沥青一方面生成少量的饱和烃与芳烃等相对较轻的组分，另一方面进一步聚合成更大分子的不溶有机质，不溶有机质含量增加而可溶有机质含量相对下降；

②成熟阶段（$R_b$=0.6%～1.3%），低熟阶段生成的不溶有机质和沥青再次热裂解生成相对稳定的可溶烃类物质，排出油转化率从10%增加到最大值23%，残留油转化率增加到29%，而固体不溶有机质则有一个从减少到增加的过程，转化率从成熟早期的26%到中期的21%再增加到40%，这说明部分有机质经历了从不溶到可溶再到不溶的过程，同时伴随着轻质油气的生成，此时依然以液态有机质为主，气态烃为辅；③高成熟阶段（$R_b$=1.3%～2.5%），总油转化率快速降低，烃类气体则急剧增高，450℃时气体的干燥系数仅为65%，为湿气，同时部分有机质也聚合成不溶的有机残碳，产物则以气态烃和不溶有机质残碳为主；④过成熟阶段（$R_b$>2.5%），可溶有机质的产率已很低，固体沥青的生烃潜力有限，不溶残碳基本上保持不变，生烃过程主要是湿气进一步热裂解成干气，干燥系数变化明显，总油产率和固体残碳降低幅度也很小，而无机气体增加较大，这可能是不溶有机质残碳中的杂环物质进一步热裂解的产物。

# 二、多元生烃演化模式

根据烃源岩有机地球化学特征、烃源岩原始有机质丰度和空间分布特征，可将以腐泥型母质（Ⅰ～Ⅱ）为主的海相烃源岩大致划分为三类：①优质烃源岩，TOC$_原$≥2%，其生排烃率和残余有机碳的恢复系数随原始有机碳的增加几乎不变；②中等烃源岩，0.5%≤TOC$_原$<2.0%，其生排烃率和残余有机碳的恢复系数随原始有机碳含量的降低而逐渐降低，但是降低幅度不大；③差烃源岩，0.3%≤TOC$_原$<0.5%，其生排烃率和残余有机碳的恢复系数随原始有机碳含量的降低而降低，降低幅度明显。在海相沉积中还存在着大量以煤系（Ⅲ）为主的烃源岩，尽管其TOC>0.5%，仍属于差烃源岩。另外，无论何种有机质早期演化形成的液态烃（可溶有机质）均可以作为再生烃源，成为海相高演化阶段重要的烃源。这样就构成海相层系多元生烃的格局。综合海相各类烃源岩热压模拟实验结果，其各演化阶段生排油、气及固体沥青产率与相互转化过程如下。

## （一）海相优质烃源岩生排烃过程及参数

南方海相优质含钙页岩、钙质页岩（及泥灰岩、灰岩等）在过成熟阶段中晚期（$R^o$>3%），烃气产率基本上稳定在460 kg/t TOC左右，中期（3%<$R^o$≤4.5%）排出油热裂解生成的烃气约占总气体的25%，干酪根裂解烃气约占50%；在过成熟阶段早期（2%<$R^o$≤3%），烃气产率在400 kg/t TOC左右，干酪根裂解烃气约占40%；高成熟阶段（1.3%<$R^o$≤2%）是烃气产生的主要时期，烃气产率从约150 kg/t TOC到约350 kg/t TOC（图3-6）。南方海相优质烃源岩在高成熟—过成熟阶段干酪根和可溶有机质（原油）高温裂解产大量烃气的同时，也伴随碳的聚合形成固体沥青。海相优质烃源岩在低成熟阶段一般可以形成大量重质可溶有机质或重质油，南方海相优质烃源岩在低成熟阶段重质油总产率可在300 kg/t TOC以上，重质油排出比例可达到16%以上，它是固体沥青的主要来源，占高演化固体沥青的70%以上。海相优质烃源岩在成熟阶段中期正常原油排出比例接近50%。

以硅质为主的优质烃源岩中，有机质与硅质相伴生，硅质层理面、有机质面、裂隙面使重质油的运移更容易，因此它们的排油系数可以略高一些，而以泥质和钙质为主的优质烃源岩可能排烃油相对差一些，总的来讲，相差并不明显或排出油比例基本相当。

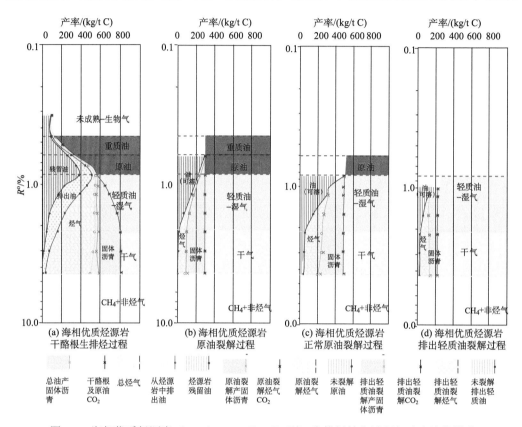

图 3-6　海相优质烃源岩（TOC≥2%，Ⅰ～Ⅱ₁型）生排烃转化过程与动态演化模式

## （二）海相中等及差烃源岩生排烃转化过程及参数

南方海相中等烃源岩（2%>TOC残≥0.5%）在过成熟阶段早期（3%≥$R^o$>2%），烃气产率在 230 kg/t TOC 左右，随成熟度增加，烃气产率从约 200 kg/t TOC 增长到 260 kg/t TOC 左右；在过成熟阶段中晚期，烃气产率基本上稳定在 270 kg/t TOC 左右，中期（4.5%≥$R^o$>3%）随成熟度增加略有增加，其中排出油热裂解生成的烃气约占总气体的 20%，干酪根裂解烃气约占 55%；高成熟阶段是烃气产生的主要时期，烃气产率从约 50 kg/t TOC 增长到 200 kg/t TOC 左右（图 3-7）。

海相中等烃源岩在成熟阶段中期可以形成大量正常原油，最高总产油率为 273.53 kg/t TOC，排出量最高可达 102.71 kg/t TOC，排出比例约 50%。最高总产油在过成熟阶段裂解烃气产率为 129 kg/t TOC 左右，约占总烃气的 50% 以上，固体沥青产率为 105 kg/t TOC（图 3-7）以上。最高排出油在过成熟阶段裂解烃气产率为 55 kg/t TOC 左右，约占总烃气的20%左右，占固体沥青的30%左右（图3-7）。南方海相中等烃源岩在高成熟—过成熟阶段干酪根和可溶有机质（原油）高温裂解产大量烃气的同时，也伴随碳的聚合形成固体沥青（不溶），它主要由中等烃源岩中残余可溶有机质和储集岩中的原油高温裂解聚合而成。在过成熟阶段固体沥青总产率一般为105～125 kg/t TOC，随成熟度增加而增加，储集岩中排出油产固体沥青率为29%～32%。

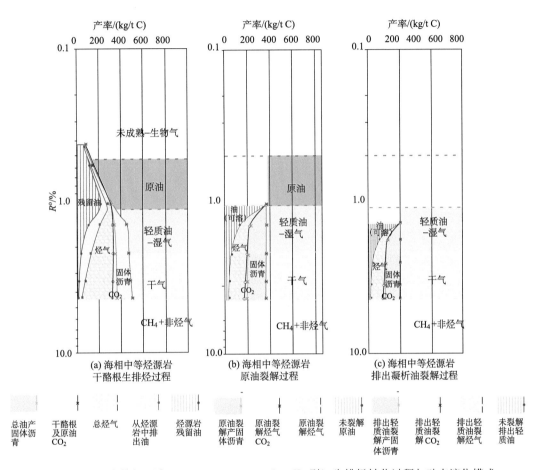

图3-7　海相中等烃源岩（0.5≤TOC<2%，Ⅰ～Ⅱ₁型）生排烃转化过程与动态演化模式

　　南方海相差烃源岩（0.3%≤TOC残<0.5%）在过成熟阶段，烃气产率相对较低，基本上稳定在90 kg/t TOC左右，排出油热裂解生成的烃气约占总气体的25%，干酪根裂解烃气约占50%，烃气产率从约40 kg/t TOC增长到80 kg/t TOC左右（图3-8）。海相差烃源岩在成熟阶段中期可以形成一些正常原油，最高总产率为85.21 kg/t TOC，排出量最高39.84 kg/t TOC。最高总产油在过成熟阶段裂解烃气产率低于40 kg/t TOC，约占总烃气的45%，固体沥青产率为40 kg/t TOC左右（图3-8）。最高排出油在过成熟阶段裂解烃气产率仅为20 kg/t TOC左右。

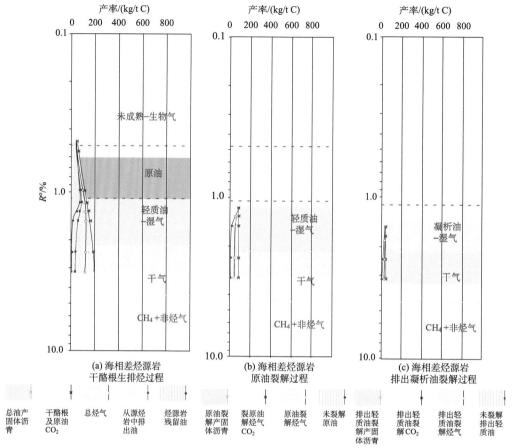

图 3-8  海相差烃源岩（0.3%≤TOC<0.5%，II₂~III型）生排烃转化过程与动态演化模式

## （三）海相煤及煤系泥岩生排烃转化过程及参数

综合煤系各类烃源岩热压模拟实验结果、南方煤系各类烃源岩有机地球化学特征，各演化阶段生排油气产率及其转化过程归纳如下：南方煤及碳质泥岩（TOC≥4.0%）在过成熟阶段，烃气产率基本上稳定在 230 kg/t TOC 左右，干酪根裂解烃气占总烃气的 80%以上。煤及碳质泥岩在成熟阶段中后期可以随气排出一些轻质油或凝析油。

二叠纪煤系中等烃源岩和差烃源岩在过成熟阶段也可产生一定量的烃气，过成熟早期随成熟度增高烃气产率逐渐增高，煤系中等烃源岩烃气产率最高可达 210 kg/t TOC 左右。排出油热裂解生成的烃气很少，以干酪根裂解烃气为主。高成熟阶段是烃气产生的主要时期，烃气产率从约 15 kg/t TOC 增长到 125 kg/t TOC 左右。煤系差烃源岩烃气产率比中等烃源岩相对低一些。二叠纪煤系非烃源岩（TOC<0.75%）在过成熟阶段烃气产率很低，可以不参加计算。

## （四）海相再生烃源转化过程及参数

海相再生烃源主要是指储集体（岩）中的可溶有机质（包括聚集和分散的轻质油/

原油，重质油和可溶固体沥青等）及氧化固体沥青热压再生烃（气）过程。随着再生烃源原油或固体沥青的变稠，其生烃（气）率逐渐降低，不溶固体沥青或演化聚合固体沥青产率却逐渐增加（图3-9，表3-1）。

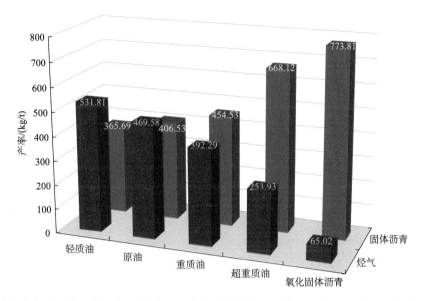

图3-9　南方海相不同类型再生烃源在过成熟阶段中早期（$R^o \approx 3\%$时）烃气产率和固体沥青产率的变化趋势

表3-1　不同性质再生烃源热裂解烃气产物转化率参数

| 样品名称 | 密度/(g/cm³) | 烃气转化率理论计算值/%（据Barker，1991） | 封闭体系热压模拟实验结果 | | |
|---|---|---|---|---|---|
| | | | 残余碳残渣/% | 烃气转化率/% | 最大烃气产率/(cm³/kg) |
| 轻质油 | <0.85 | >50 | <50 | >48 | >700 |
| 正常原油 | 0.88± | 45～50 | 45～53 | 40～47 | 560～660 |
| 稠油 | 1.00± | 35～47 | 50～62 | 38～42 | 500～550 |
| 重质油 | 1.07± | 25～35 | 62～70 | 22～33 | 310～460 |
| 固体沥青 | 1.15± | 10～15 | 85～90 | <14 | <200 |

# 三、多期成藏与油气示踪技术理论基础

## （一）海相层系多期成藏

古生界海相层系经历了漫长而复杂的沉积构造演化，因而生烃成藏过程极为复杂，现今天然气藏普遍呈现出油气来源的多样性、生烃转化的接替性、生烃成藏过程的多期性及成因的复合性等特征。在我国特殊的沉积构造背景下，古生代海相层系有机质的生烃过程不同于中、新生代简单的持续沉降盆地，目前空间上广泛分布的原始烃源岩并非最终成藏油气的直接来源，而直接烃源是由原始烃源转化而成，在空间和赋存状态上均发生明显位移和变化，包括高—过成熟干酪根裂解气、古油藏中原油或分散可溶有机质的裂解气乃至高演化有机质加氢作用成气，近年来的研究甚至进一步显示了高演化碳酸盐岩中有机酸盐的存在及其作为天然气来源的可能性。

关于多期成藏，一方面，在多期次沉降埋藏-抬升剥蚀背景下一套海相烃源（岩）可能经历两次或多次生排烃过程，从动力学的角度将构造活动与生排烃过程相联系，认为在沉降埋藏阶段主要是能量聚集、增压生烃过程，而抬升剥蚀阶段主要是能量释放、泄压排烃过程。其中，生烃空间、流体相态及水-岩反应等跟温度、压力和时间一样自始至终影响着有机质的生烃转化和排烃运聚过程，只是在不同演化阶段其影响程度和表现形式不同。例如，在高演化阶段，生烃增压对干酪根生烃和油气转化起着抑制作用，使得生油气高峰延后，而体系中的流体尤其是地层水可能以临界状态存在，使得油-气-水呈均溶相，更有利于油气排烃及其初次运移（郑伦举等，2009）。另一方面，多次烃源转化直接影响到油气成藏期次，普光气田可能经历了三期生烃成藏过程：第一期是印支期（T末），$O_2w$–$S_1$优质烃源岩正处于大量形成低熟稠油阶段，此时，$P_2ch$ 生物礁相中晶间孔、格架孔及有机酸溶蚀孔等发育，形成稠油油藏；第二期是燕山早期（J），$P_3$ 优质烃源岩及 $O_2w$–$S_1$烃源岩正处于形成轻质油气的高峰阶段，形成了 $T_1f$ 及 $P_2ch$ 轻质油气藏；第三期是燕山晚期（K）—喜马拉雅期，为包括原油在内的可溶有机质和烃源岩热裂解生成干气阶段，形成现今天然气（甲烷）藏（秦建中等，2007）。

我国海相层系在多旋回构造运动背景下，经历了多期次油气生成并运聚成藏的过程。其中，若沉积盆地持续埋藏，则干酪根连续生烃，现今处于高—过成熟阶段，已过主力生烃期；若在深埋-抬升-再深埋构造活动下干酪根发生再次生烃或者晚期生烃过程，地层中聚集和分散的原油又普遍发生后期的二次裂解成气，则这些烃源岩的生气潜力转化为以原油、沥青裂解等再生烃源形式为主。显然，在我国这种特殊的沉积构造背景下，有机质的生烃过程不同于持续沉降盆地，目前空间上广泛分布的原始烃源岩并非最终成藏油气的直接来源，而直接来源可能是高—过成熟干酪根裂解气、古油藏中原油或分散可溶有机质的裂解气乃至高演化有机质加氢作用成气。

高演化海相碳酸盐岩层系中天然气藏的直接来源并不是单一的，而通常是直接成气母质的组合，同地区同一时期内可以由多种烃源同时提供，进而形成复杂的混合气藏，这种组合一般包括不同层位烃源岩之间、不溶有机质（干酪根）与可溶有机质（古油藏、分散可溶有机质）裂解气之间的多元混合，还有改造型再生气和外来物质的加入，甚至直接来自有机酸盐类的天然气混入等，因各端元气的混合方式和比例不同而表现出不同的来源和地球化学特征。

## （二）海相油气成藏示踪技术理论基础

不同形式的烃源在成油气过程中通常具有一定的母质继承性、热力学分馏和同位素累积效应，为运用元素、分子和同位素示踪和定年理论进行油气形成与成藏过程的示踪研究提供了重要线索和手段。自 20 世纪 80 年代以来，前人创建了天然气地质理论并提出行之有效的示踪指标，为我国天然气成因分析、气源对比和资源潜力预测提供了重要的理论依据和技术支撑。然而，塔河油田、普光气田等海相碳酸盐岩层系深层油气田的相继发现，给我国油气勘探研究带来了新的来源示踪问题。我国古生界海相层系烃源岩及油气产物都经历了高—过成熟阶段，早期由干酪根形成的原油均已裂解成气和固体沥青，其分子和同位素组成发生了显著变化，使得大量的地球化学参数失去了原始指示意义。分散可溶有机质、稠油和沥青等再生烃源已成为海相层系深层油气成藏的重要来源。尽管许多学者已注意到原油裂解气的存在，并对原油裂解气的成因及鉴别进行过论述，但在干酪根与原油裂解气的形成机制和有效识别方面仍存在亟待解决的问题，对其潜力分析和油气源对比尚无适用的指标体系，给资源潜力评价和成烃成藏示踪造成了很大困难。因此，厘清早古生代烃源原始特征，研究多期构造演化过程中多元生烃机理，建立相应的油气示踪标志体系，是揭示下古生界油气地质特征的重要基础。

由于成烃、成藏过程中，地球化学特征变化具有一定的规律性，可以从解决成藏的物质来源、关键时间、成藏过程入手，形成系统的海相油气成藏示踪体系。运用多种示踪手段对我国海相层系烃源进行综合研究，对厘清烃类多元贡献和成烃期次具有重要意义。

**1. 物质组成**

物质组成主要指示直接生烃物质类型、状态，主要用于油气源追溯。反映物质组成的除了有机质主体元素 C、H、O、N、S 之外，微量元素（尤其是稀土元素）在确定烃源上也具有重要作用。同时化学组成和同位素组成也是确定物质组成的主要方法。

1）微量元素

微量元素在地质演化过程中具有很好的继承性，较少受生排烃、热演化及后期作用的影响，微量元素统计分析和稀土元素配分模式可有效示踪可溶有机质、固体沥青等来源，是沥青-原油-烃源对比的重要指标。通过对南丹大厂、湖南慈利南山坪、湖北通山半坑古油藏以及城口庙坝固体沥青和潜在烃源岩进行稀土元素组合相关关系分析，发现固体沥青稀土元素组合特征与潜在烃源岩的稀土元素组合特征具有很大关联度，稀土元素组合特征可以作为很好的沥青来源示踪指标（张殿伟等，2012）。

2）化学组成

尽管高、过成熟烃源岩的常规生物标志物定性指标趋于一致，不能有效地满足地质研究的需要，失去了指示原始生物组成的意义，但是不同生源、不同地质时代、不同沉积环境、不同演化过程的油气中生物标志化合物的绝对浓度存在着较大的差别，因此生物标志化合物绝对定量可以起到以下作用：①识别混源特征；②特殊生标可以指示特定的沉积环境，指示时代特征；③芳烃生标可以指示烃源和成熟度的特征；④非烃生标可以指示油气运移的方向。因此生物标志物对高演化有机质、原油、沥青等的地球化学特征和来源分析具有重要地质意义。应用生标定量分析及相关数理统计软件，结合地质实际，可以对多元复合油气田端元油进行识别，并可计算混源比例。

全二维色谱/飞行时间质谱分析技术使我们有条件认知以前无法鉴别的各类化合物，可以进行原油的轻烃全组分分析、烃源和储层岩石的烃组成分析、芳烃化合物分析和生物标志物的分析等，提供比传统分析技术方法更为丰富的地球化学信息，丰富油气源示踪新技术内容。高演化有机质可获取的有效生标信息很少，同时受热演化和生物降解的影响，常规生物标志物作为油源对比的指标已经失效。近年来发展起来的催化加氢热解技术可使高演化沥青和干酪根释放出以共价键形式结合的络合烃，由于固体沥青和干酪根中包裹的生物标志物受到有机大分子的保护，较少受到二次作用的影响，常常具有较低成熟度特征。通过对南丹大厂、凯里、麻江古油藏等大量高演化干酪根和固体沥青进行催化加氢热解分析，发现固体沥青和源岩催化加氢释放出来的可溶有机质产率比常规抽提提高 5～44 倍。相对于常规抽提物，催化加氢热解产物显示干酪根和固体沥青键合的生物标志化合物较少受到热成熟作用、生物降解及氧化作用等改造，保持原始有机质的地球化学特征。所以催化加氢热解实验技术可获取更多原生的、未被后期热演化和氧化改造的络合烃的有效信息，为高演化地区油气源对比和示踪研究提供了一条有效途径。

3）同位素组成

不同形式的烃源含碳物质的碳同位素组成在成烃过程中通常具有一定的母质继承性和热力学分馏效应，这为运用稳定碳同位素进行油气形成与成藏过程的示踪提供了重要线索和手段。利用有机质同位素继承效应对烃源岩、储集岩进行酸解气、脱附气碳同位素研究，并与相应天然气进行对比，是气源对比的重要方式。优质烃源岩脱附气、储集岩酸解气碳同位素组成是良好的天然气来源和气源对比指标。

对海相不同类型烃源（岩）进行生烃模拟实验研究，发现不论处于哪个演化阶段，甲烷的碳同位素组成都不会重于其母源的碳同位素组成，明显体现有机碳同位素组成的热动力分馏作用，据此可以判定同位素组成偏重的甲烷碳绝非来自同位素组成偏轻的母质。换句话说，油型裂解气的同位素组成一定偏轻。而重烃气碳同位素组成的演化则不同，当演化至高成熟期时，重烃气碳同位素组成接近其母质碳同位素组成，可作为气源示踪指标。但当演化至高—过成熟阶段时，乙烷、丙烷碳同位素组成会重于母源的碳同位素组成，油型裂解气往往会显示出类似煤型气中的乙烷等重烃碳同位素组成。因此，不能简单地利用重烃同位素组成判识母质类型，特别是高演化海相油型裂解气，重烃同位素会相应变重。

## 2. 关键时间

在烃源对比中，时间因素主要解决烃源岩的沉积时间、油气形成时间和成藏时间，而确定关键时间除地质综合分析外，具有年代效应的放射性同位素特征研究是最主要的方式，$K-{}^{40}Ar$ 或者 $U/Th-{}^{4}He$ 等方法均与时间有关。

稀有气体由于其特殊的化学性质可以为气源对比提供很有用的信息，He、Ar 同位素组成是目前较为常用的示踪和定年指标，依据沉积源岩中 Ar 同位素的形成方式和年代累积效应，利用天然气中 Ar 同位素组成，基于数学统计方法提出的气源岩时代的定年模型公式适用于以碎屑岩（K≥2.64%）为主的烃源岩年龄估算。但我国海相层系普遍存在大量的碳酸盐岩地层，K 丰度普遍较低。基于此，利用天然气中 $^{40}Ar$ 含量与源岩储层放射性元素 $^{40}K$ 含量以及储层物性参数等的关系初步建立了多参数拟合海相气源岩时代 $^{40}Ar$ 定年模型公式，并在威远气田和普光气田得到了很好的应用。

同时，基于稀有气体的年代积累效应和天然气成藏保存机制，初步建立海相天然气藏 $^4He$ 成藏年龄估算模型，为天然气的成藏定年提供了新指标。对普光气田等进行了研究，推算出普光气藏 $^4He$ 年龄为 47 Ma 左右，对应于喜马拉雅运动中期，此时普光地区现今所见的储盖、构造圈闭格局已经形成，不同演化阶段、不同来源成因的天然气注入此构造-岩性复合圈闭富集，形成现今的天然气藏。

油气形成也可通过 Re-Os 同位素定年。Re-Os 同位素测年方法是基于放射性 $^{187}Re$ 通过 β 衰变成为 $^{187}Os$ 而引起 Os 同位素异常来计算地质年代的，该定年方法的最大优点是能直接测定研究对象的年龄。Re、Os 均属强亲铁、亲铜元素，倾向于在铁和硫化物相中富集。其中 Re 是分散元素，几乎全部存在于其他元素的矿物中。而 Os 是高度相容元素，为强亲铁-硫元素，主要存在于 Os-Ir 和其他铂族元素的矿物中。根据 Re-Os 同位素的衰变方程，定年公式为 $^{187}Os/^{188}Os = (^{187}Os/^{188}Os)i + ^{187}Re/^{188}Os(e^{\lambda t}-1)$。式中 $i$ 为样品 $^{187}Os/^{188}Os$ 的初始值；$\lambda$ 为 $^{187}Re$ 的衰变常数，其值为 $1.666 \times 10^{-11}$ a$^{-1}$（Shen et al.，1996；Smoliar et al.，1996）；$t$ 为体系对 Re、Os 保持封闭以来所经历的时间。前人研究认为有机体系中 Re 和 Os 可能主要以有机络合物-化学吸附的形式存在，可使 Re、Os 长期稳定地保存在沥青、干酪根、原油、源岩中，同位素体系不易被后期改造作用破坏而保持良好的封闭体系（Creaser et al.，2002；Kendall et al.，2004；Selby et al.，2007）。原油、沥青、油砂等由黑色岩系在一定条件下经过热降解和热裂解生成，它们的形成往往经过了生烃、运移、圈闭等有机质富集过程，此过程中 Os 同位素达到平衡，Re-Os 同位素体系会重置和重新计时（李超等，2010）。在烃源岩生成油气的过程中，热成熟作用及原油的生成不会影响 Re-Os 同位素体系的封闭性，原油和沥青中的 Re-Os 同位素组成反映的是烃源岩生成石油时的同位素组成（Rooney et al.，2012），因此 Re-Os 同位素体系的等时线年龄反映的是油气生成的时间（Creaser et al.，2002），使得 Re-Os 同位素体系在富有机质地质样品定年研究中得到了广泛的应用。

此外，确定成藏时间的重要手段还包括：利用碎屑岩储层含 K 黏土矿物在油气充注后抑制生长而启动 K-Ar 年龄时钟的特点，可以用自生含 K 矿物确定油气充注时间；利用含 U-Th 放射性元素矿物在一定温度点使 He 进入封闭体系启动的地质时钟，显示含油气盆地抬升过程而确定成藏时间等。

## 3. 成藏过程

成藏过程的研究除宏观构造背景下地质分析外，利用地球化学手段确定烃类生成、运移、充注和保存各方面非常重要。除生物标志物外，流体包裹体分析、特殊稀有气体组成和指示壳幔物质交换的指标研究亦非常重要。在成藏过程研究方面，海相油气成藏气体同位素定年技术、储层油气单体包裹体成分分析和群体包裹体分析等方法起重要作用。

在含油气盆地油气藏形成初期，伴随着储层自生矿物的生长，在其解理、裂隙或晶体缺陷中常可形成大量流体包裹体，这些包裹体不仅直接记录了油气成藏的条件和过程，也使早期注入储层的烃类流体得到了良好的保存。通过油气包裹体可以进行不同期次油气/源对比，追溯不同期次油气来源。随着流体包裹体研究技术的快速发展，不仅可以从分子级水平研究烃类包裹体中的烃类组分特征，还可通过原位微区、微束分析方法精细分析流体包裹体形成时的古温度和古压力，从而进行油藏储层内烃类组分与不同烃源的对比、追溯，判明油藏中不同烃类流体的充注期次，进而准确反推多种或同一烃源的不同生烃期次。近年来建立的油气单体包裹体微区原位激光剥蚀在线成分分析是具有原创性的新技术方法，可用于了解不同期次烃包裹体成分和同位素组成，进行不同期次油气源对比，追溯不同期次油气来源，动态再现油气充注历史，恢复油气成藏过程。

在天然气稀有气体的同位素组成中，$^3He$ 和 $^{36}Ar$ 是宇宙核素，而放射性同位素 $^4He$ 和 $^{40}Ar$ 丰度与物质来源和年代积累有关。在地壳中 $^{40}Ar$ 和 $^4He$ 的单一放射性成因，使天然气随源岩时代变老，相同母体丰度背景下其 $^4He$、$^{40}Ar$ 丰度增高，$^3He/^4He$ 值降低，而 $^{40}Ar/^{36}Ar$ 值增大。幔源物质以富 $^3He$ 和 $^{40}Ar$ 为特征，故随幔源物质的增加，天然气中 $^3He/^4He$ 和 $^{40}Ar/^{36}Ar$ 值增大。因此天然气 $^3He/^4He$-$^{40}Ar/^{36}Ar$ 组成可以确定壳幔物质交换过程和壳幔物质贡献比例，结合地质背景可推断成藏过程。

### 4. 海相层系油气源对比指标体系

在海相层系油气源对比系列中，按照地球化学行为和特点，分为有机和无机两大指标体系（表3-2）。有机体系包括不同有机分子化合物及有机物的同位素组成，而无机体系主要是微量元素、放射性同位素与稀有气体及其同位素。

根据有机分子母质继承效应、稳定同位素分馏效应以及放射性子体同位素累积效应，可以构建以稳定同位素组成为基础，以组分、生物标志化合物、轻烃、非烃气体和稀有气体同位素、微量元素为重要手段的不同类型烃源转化成烃、成藏过程的示踪指标体系（表 3-2），指示不同类型烃源成烃过程及贡献，进行油气来源示踪及判识，厘定油气成烃、成藏时代，明确油气演化过程。

表 3-2　海相层系油气源对比指标体系

| 指标体系 | | 地质意义 |
| --- | --- | --- |
| 有机体系<br>（有机元素–同位素） | 生物标记化合物 | 油气来源、成烃演化、混源识别和油气运聚成藏过程 |
| | 轻烃 | 烃源—油藏—气藏的重要桥梁，油气形成过程 |
| | 稳定同位素组成 | 油气来源、成烃演化、混源识别和油气运聚成藏过程 |
| 无机体系<br>（微量元素–稀有气体） | 稀有气体 | 源岩时代、运聚状态、成藏时间、壳幔物质能量参与状态 |
| | 微量元素 | 母岩特征、固–固对比、油源、保存、运移 |

## （三）典型海相油气成藏示踪应用

根据前文所述理论基础，综合运用成藏示踪的各种方法，对川东北元坝地区天然气藏进行研究。

元坝气田构造上位于四川盆地东北缘的川中低缓构造带北缘，九龙山构造南翼及通南巴构造带西南侧，处于川北拗陷与川中隆起的过渡带，属于川中低缓构造带的一部分。该区构造变形弱，断裂不发育，地层产状较平缓，主要目的层埋藏较深。

### 1. Ar 同位素定年估算追溯气源时代

川东北二叠系实测碳酸岩、煤和黑色泥岩等烃源岩 $K_2O$ 含量约 $0.6\%\sim1.1\%$，K 平均含量为 $0.7\%$。元坝长兴组气藏天然气样品的 Ar 同位素组成（$^{40}Ar/^{36}Ar$ 值）为 $458\sim595$，平均值为 $508.8$。采用的多参数拟合源岩年代 Ar 同位素估算新模型公式为

$$^{40}Ar/^{36}Ar_{(gas)} =1120[K]^2*(e^{\lambda t}-1)^2 +2024[K]*(e^{\lambda t}-1)+295.5$$

其中 $\lambda$ 是 $^{40}K$ 衰变成 $^{40}Ar$ 和 $^{40}Ca$ 的总的衰变系数，为 $5.543\times10^{-10}$ $a^{-1}$。在 70% 的置信水平下，$^{40}Ar/^{36}Ar$ 总体平均值的置信区间为 [474，540]，通过模型估算其对应的源岩时代为 240±22 Ma，即气源岩时代在 218～262 Ma 之间，对应于中-下三叠统—上二叠统烃源岩。主力气源岩应该为上二叠统龙潭组（吴家坪组）。

### 2. 流体包裹体分析推测油气运移充注时间

元坝地区海相储层主要发育长兴组和飞仙关组，元坝地区相关包裹体镜下观察产状主要有五种，分别为：①分布于裂隙充填的方解石中，以气液两相盐水包裹体为主，可见少量纯气相包裹体与其共生，包裹体个体较大，丰度较高；②分布于溶孔充填的白云石中，以气液两相盐水包裹体为主，包裹体个体较小，丰度较低；③分布于溶孔充填的方解石中，以气液两相盐水包裹体为主，个体较小，丰度较低；④分布于晶洞充填的石英中，包裹体类型丰富，气液两相、纯气相、含沥青包裹体均有发育，包裹体丰度较高，个体较大，石英颗粒间还可见沥青充填，表明储集层曾经历原油充注和原油裂解，推测该产状中的包裹体可能形成于气藏主成藏期；⑤分布于石英碎屑颗粒间的方解石亮晶胶结物中，以气液两相盐水包裹体为主，个体较小，丰度较低。

流体包裹体均一温度特征如图 3-10 所示，均一温度分布范围较广，为 97.8～208.6℃，说明元坝地区流体活动比较复杂，存在多期次流体活动。从不同产状的流体包裹体均一温度分布范围来看，裂隙充填的方解石中包裹体的均一温度分布范围最广，为 97.8～208℃，推测该地区发育了多期裂隙（缝）并伴随有多期流体充填活动。溶孔充填的白云石中包裹体的均一温度分布范围（114.3～157.3℃）要比溶孔充填的方解石中包裹体的均一温度分布范围（127.6～145.2℃）更广，且前者涵盖了后者，这与镜下观察到的溶孔（洞）中白云石形成时间早于方解石的形成时间相一致。溶洞充填石英中包裹体的均一温度的分布范围较窄，为 171.6～198.9℃，说明可能存在多期的流体活动。根据流体包裹体的产状以及发育情况，结合均一温度，可以划分出一期油充注和一期气充注。在油充注期

中，早期发育裂隙充填方解石，均一温度为 98～130℃；晚期发育溶孔充填白云石和溶孔充填方解石，均一温度为 110～160℃，可能反映油充注期中的两幕。气充注期中，发育溶洞充填石英，均一温度为 170～200℃。结合元坝地区长兴组埋藏史和热史，综合推断出原油充注时间为 200～167 Ma，对应的时代为晚三叠世—中侏罗世；天然气充注时间为 160～148 Ma，对应时代为中-晚侏罗世。

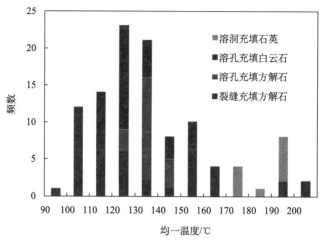

图 3-10　元坝气田长兴组流体包裹体均一温度分布直方图

### 3. $^4$He 定年模型约束气藏成藏定型时间

元坝气田属于四川盆地东北缘巴中低缓构造带，主力储层为上二叠统长兴组生物礁而非下三叠统飞仙关组浅滩白云岩，目的层埋深要比普光气田深 1000 m 左右，且以礁滩相岩性气藏为主。将稀有气体 He 同位素定年模型应用于元坝气田，进一步探讨模型应用效果。应用一维稳态扩散模型所建立的数学模型公式对天然气藏中 He 的扩散损失进行量化，并列出参数取值。

计算得到：①天然气藏中 $^4$He 的累积速率为 2.48 m³ STP $^4$He/a；②天然气中 $^4$He 的估算总量为 2.2×10⁷ m³。在 80%的置信水平下，计算出元坝地区长兴组天然气样品中 $^4$He 体积浓度为 112～164 ppm[①]，利用完善后的定年地质模型计算公式估算出元坝地区长兴组天然气成藏时代跨度为距今 8～12 Ma，此时元坝气田各气藏调整改造并最终定型，天然气在元坝地区构造-岩性复合圈闭中保持稳定，形成现今的天然气藏。

### 4. 元坝气田成烃成藏过程与关键时间

基于烃源岩的生烃演化史、储集体发育演化史、油气运移充注史、圈闭发育历史、断层和裂缝孔隙发育历史以及输导体系演化历史，元坝气田的天然气聚集成藏过程与成藏模式如下（图 3-11、图 3-12）。

---

① 1 ppm=10⁻⁶

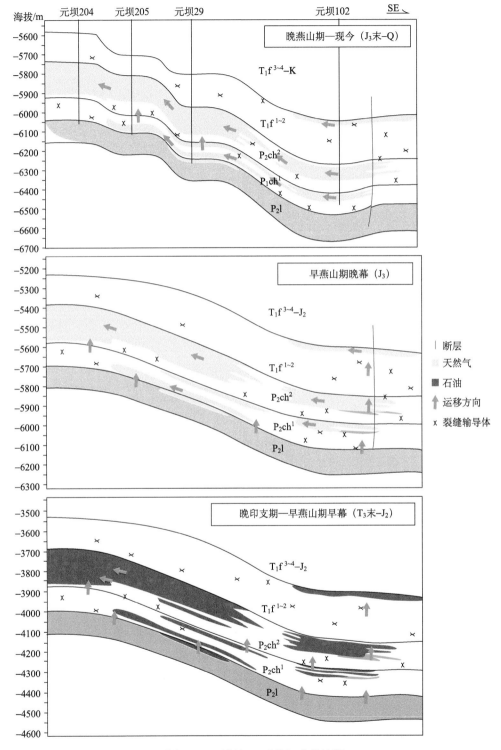

图 3-11　元坝气田天然气成藏过程

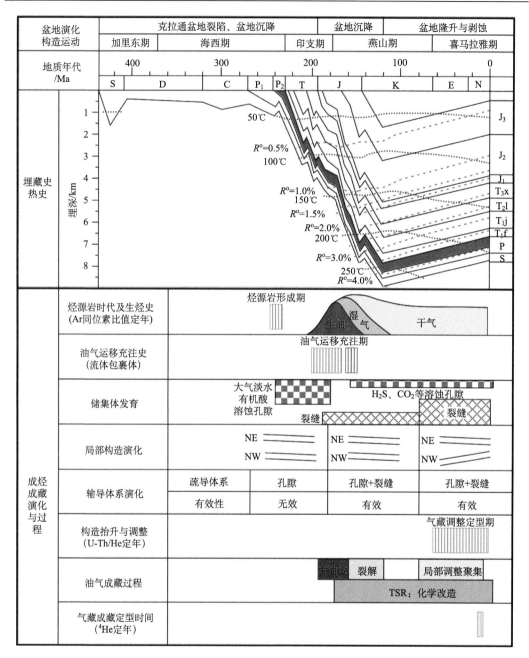

图 3-12　元坝气田油气成藏要素匹配性与成藏关键时间

1）晚印支期—早燕山期（$T_3$末-$J_1$）

大巴山、米仓山的隆升与褶皱发生于晚三叠世末期，而向盆地内的递进变形应该在稍晚的早侏罗世。元坝地区构造变形较弱，但岩心和成像测井资料显示，长兴组储层发育中-高角度裂缝。晚印支期，上二叠统烃源岩已经成熟，但构造背景稳定，不发育断层和裂缝，使得长兴组储集层不能构成有效的输导体系。早燕山期，上二叠统龙潭组烃源岩进入生油高峰，受盆缘造山作用挤压影响，该区构造活动强度虽远不及宣汉普光构造，但发育了层间裂缝和构造节理，在垂向上沟通源岩（龙潭组和大隆组），长兴期的大气淡水溶蚀、白云岩化作用以及早-中三叠世的有机酸溶蚀使得长兴组礁滩相储层孔隙与裂缝构成油气垂向输导与侧向汇聚的输导体系，同时元坝地区还处在继承性古构造的相对较高的部位，使得原油得以在长兴组聚集并形成构造-岩性古油藏，因此该时期的构造运动控制了古油藏的形成。由于烃源岩分布面积大且位于储层附近，古油藏的分布范围大于今气藏。

2）中燕山期（$J_2$-$K_2$早）

受盆缘造山作用的影响，该区进一步沉降，古油藏深埋 4500 m，温度超过 160℃，在中-晚侏罗世，古油藏原油开始大量裂解形成气藏。同时随着龙门山、米仓山、大巴山对盆内的持续挤压，构造分异更加明显，九龙山背斜基本定型，此期间裂缝也较发育，与储集体一起继续构成有效输导体系。上二叠统烃源岩进入生气阶段，可能继续为气藏提供气源。此时期原油裂解和深埋高温导致的硫酸盐热化学还原作用（TSR）形成的酸性流体以及构造作用产生的大量裂缝不仅促进了埋藏溶蚀作用的发生和优质储层的形成，也促进了气藏的调整与富集。使得天然气在长兴组孔隙和裂缝中聚集形成古气藏。

3）晚燕山期（$K_2$）—喜马拉雅晚期

受米仓山和大巴山强烈活动和隆升的影响，尽管元坝地区构造运动较弱，地层产状仅发生了小幅度的变化，但整个元坝区块由沉积期的向北东倾变为整体向北倾，且元坝地区整体发生构造抬升调整，在元坝 6 井区发生局部隆起，尤其在 60 Ma 左右以来，该区发生大规模抬升，对长兴组生物礁顶部的岩性气藏来说，可能会造成气水界面的重新调整。由于元坝地区飞三段至雷口坡组发育数百米厚的膏岩盖层，形成了区域性优质盖层，为天然气保存提供了保障，不会破坏已经形成的天然气藏。

4）喜马拉雅晚期（距今约 12 Ma）以来

元坝整体上处于构造抬升活动期，气藏一直处于小规模的调整改造期，造成气水界面的重新改造调整，约在 12～8 Ma 期间，气藏调整定型并保持相对稳定，形成现今的气藏格局。

结合元坝地区储层演化、圈闭形成、烃源岩热演化史等地质特征，初步判断出元坝地区在晚印支期—早燕山期（$T_3$末-$J_2$）形成元坝古油藏，此时裂缝和储层孔隙已经形成，形成构造-岩性古油藏；在早燕山晚期（$J_2$）原油开始裂解，形成元坝古气藏；晚燕山期以来，元坝地区发生抬升，造成构造-岩性圈闭和气水界面的调整；喜马拉雅晚期（约 12 Ma）以来，该区一直持续发生构造抬升，造成岩性圈闭气藏的调整改造，在 12～8 Ma 期间，气藏调整定型并保持稳定，形成现今的天然气藏。因此，适时的裂缝发育、大面积发育的礁滩相白云岩储层与烃源岩生烃高峰的有效匹配是气藏形成的关键。

# 第二节　优质储层形成机理与发育模式

## 一、优质储层形成机理

### （一）溶蚀作用与溶蚀实验

碳酸盐岩储集空间的形成是在不同的温度压力及流体介质地质条件下的流体-岩石相互作用的结果。通过开展一系列不同的温压及介质条件下实验，采用恒温水浴法、旋转盘法、流动法等，可以揭示 $CO_2$ 流体、有机酸流体、含 $SiO_2$ 热流体与碳酸盐岩的反应过程和机理，揭示类似的地质环境下的碳酸盐岩储集空间的形成与保持机理。

**1. 不同地质条件下碳酸盐岩溶蚀模拟实验**

1）不同流体与温压条件

借助恒温水浴、旋转盘、流动法等溶蚀模拟实验装置，针对不同类型碳酸盐岩在不同的流体介质（ $CO_2$ 水溶液、乙酸溶液、硫化氢溶液、硫酸溶液）、不同的温度、压力条件下的溶蚀情况开展了对比试验。通过实验得出以下几点主要结论：①不同的酸性流体在对碳酸盐岩进行溶蚀时有着不同的溶蚀高峰；②当酸性流体对碳酸盐岩产生溶蚀作用时，白云岩一般比灰岩难以溶蚀；③温度压力同时变化的 $CO_2$ 水溶液模拟实验表明，碳酸盐岩在地层条件下（即处于地下埋藏状态，有一定的温、压条件）的溶蚀作用存在四个区间，即常温到 60℃的升温溶蚀区间、60～120℃的强溶蚀稳定区（溶蚀窗）、120～150℃的升温沉淀区和 150℃以上的高温沉淀区；④在硫酸溶液开放（流动）体系下，100～250℃是溶蚀强度较高的温度区间，而白云岩在 150～250℃的温度区间内，溶蚀强度明显高于灰岩。

2）开放环境/封闭环境/高温高压条件

为了进一步揭示碳酸盐岩的溶蚀规律，探究表生埋藏环境和深埋藏环境中碳酸盐岩溶蚀的规律是否具有一致性，考察开放体系/封闭体系对于溶蚀的影响，采用储层溶蚀模拟实验仪，在开放体系/封闭体系 $CO_2$ 水溶液中，常温至200℃、常压至 35 MPa 条件下进行了实验模拟。

开放系统 $CO_2$ 水溶液中方解石、灰岩整体溶蚀率大于白云石标样和白云岩。随着温压的升高，白云岩的溶蚀率提升最快。在 35～200℃范围内，方解石、泥晶灰岩溶蚀率始终大于云质灰岩、白云岩和白云石标样。方解石标样溶蚀曲线表明，溶蚀高峰出现在75～120℃；白云石标样溶蚀曲线表明，溶蚀高峰出现在 120～150℃；白云岩在 75～120℃溶蚀速率明显上升，对温度变化最敏感，但整体溶蚀量还是小于方解石标样和泥晶灰岩。

封闭系统 $CO_2$ 水溶液中，仍然出现"溶蚀窗"特征，出现的温压范围是 120～175℃，在 150℃时的溶蚀率最高。

对比封闭系统和开放系统不同岩性碳酸盐岩的溶蚀率可以发现，开放系统溶蚀率平均是封闭系统溶蚀率的 15 倍左右。

### 2. 基于平衡体系的碳酸盐岩溶蚀热力学模拟

为了更好地了解和预测碳酸盐岩在不同溶液系统以及温压下溶蚀的特征，使用 PHREEQC 水文地球化学软件对 $CaCO_3$/$CaMg(CO_3)_2$ 在不同浓度 $CO_2$ 水溶液/$H_2SO_4$ 以及常温至 400℃的溶蚀-沉淀过程进行了热力学模拟，这一模拟过程假设体系为理想体系，物质为纯物质并且正反方向的反应都已达到了平衡。

对比方解石和白云石在 0.1 M①的 $CO_2$ 水溶液中的溶出阳离子浓度，溶出浓度越高代表溶蚀强度越大，在 150～200℃时，白云石的溶出阳离子浓度高于方解石。在 pH 为 4 的 $H_2SO_4$ 溶液中，从 125℃起白云石的溶出阳离子浓度就高于方解石。说明温度较高时，白云石的溶蚀强度是大于方解石的。

### 3. 碳酸盐岩储集空间形成及保持

高温、高压物理模拟实验表明，开放地质流体环境是优质碳酸盐岩储层形成的关键，准同生期和表生期长时间大气淡水淋滤，以及中晚期深埋藏成岩阶段特殊酸性地质流体对储层的溶蚀，能显著改善储层物性。不同环境下不同性质流体的流动方式、强度和作用时间决定了溶蚀强度和溶蚀速率，岩石结构、成分类型及流体-岩石接触面积影响储层的品质，不同流体通道类型分别形成溶蚀孔、缝、洞等储集空间。封闭流体环境对前期形成的储集空间的保持至关重要，地层的深埋或者抬升过程会使储层内部发生微量的物质迁移和调整，孔隙度变化较小，但渗透性与非均质性的变化较为明显。

## （二）白云岩成因与白云岩化流体

### 1. $Mg^{2+}$-$SO_4^{2-}$络合作用与白云石成因

1）实验研究

从离子络合作用的角度出发，开展了室温至 350℃条件下 $MgSO_4$-$H_2O$ 体系的相行为观测，并进行了激光拉曼原位分析，首次发现 $H_2O$-$MgSO_4$ 体系液-液相分离现象。图 3-13 是 19.36%的 $MgSO_4$ 溶液在 250～290℃和饱和蒸气压条件下的相行为记录。当温度升至 259.5℃时，原来均一的溶液相分离为两个不混溶的液相：液相 F1 以液滴的形式分散在液相 F2 中。当温度继续升高或者降温时，分散的液滴聚合在一起，形成体积较大的液相 F1。对于 19.36%的 $MgSO_4$ 溶液，这种液-液不混溶现象可稳定至 290℃，然后硫酸镁石沉淀（$MgSO_4 \cdot H_2O$）从 F1 相中析出。

---

① 1 M=1 mol/dm³

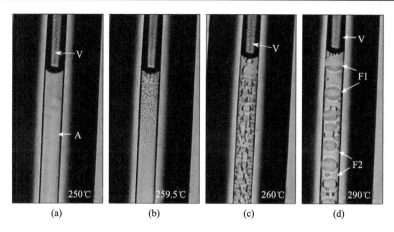

图 3-13  19.36% $MgSO_4$ 溶液沿气液线加热过程中的相变记录

为了查明液-液相分离前后溶液组成和结果的变化，对 5.67%的 $MgSO_4$ 溶液相分离前后的 $v1$（$SO_4^{2-}$）光谱进行了收集与分析。原位光谱分析显示，F1 相以强 $v1$（$SO_4^{2-}$）信号为主要特征，而 F2 相中 $v1$（$SO_4^{2-}$）的信号很弱，几乎低于检测限。因此，从成分上来讲，F1 相富集 $MgSO_4$，而 F2 则贫 $MgSO_4$。

### 2）白云石研究的启示

实验结果显示，高温条件下，$SO_4^{2-}$ 将与 $Mg^{2+}$ 强烈络合，形成紧密的接触离子对（CIP、TI 等）。因此，高温条件下，$SO_4^{2-}$ 的存在很可能会通过束缚 $Mg^{2+}$ 而阻碍白云石形成。地质历史时期形成的白云岩大多数形成于地表条件（Machel and Mountjoy，1986），然而根据实验结果，$SO_4^{2-}$ 与 $Mg^{2+}$ 在地表条件下的络合作用很弱，形成大量 CIP 和 TI 的可能性不大，也就是说，地表条件下 $SO_4^{2-}$ 束缚 $Mg^{2+}$ 的作用被夸大了。今后的白云石成因研究应更多关注 $Mg^{2+}$ 的水合作用，$SO_4^{2-}$ 的抑制作用仅在高温条件下显著。

### 2. 碳酸盐岩储层成岩流体判识方法

#### 1）白云岩成岩流体稀土元素示踪研究

根据典型样品分析结果，建立了应用碳酸盐岩（尤其是白云岩）海水标准化 REE 组成特征判识流体类型的方法，即从碳酸盐岩稀土元素的总含量 $\Sigma REE$、Ce 或 Eu 异常、稀土元素配分曲线形态三个方面来判识不同性质的成岩流体，主要特征总结如下。

（1）正常海水模式：$\Sigma REE$ 较低，一般小于 20 μg/g；较显著的正 Ce 异常；轻稀土稍富集，重稀土配分曲线较平坦。

（2）地层流体模式：基质碳酸盐 $\Sigma REE$ 较低，成岩脉体 $\Sigma REE$ 含量明显升高；显著的正 Ce 异常；轻稀土稍富集，重稀土配分曲线较平坦。

（3）热液流体作用模式：$\Sigma REE$ 相对于基质碳酸盐岩降低；正 Ce 异常，正 Eu 异常；REE 配分曲线起伏明显。

（4）大气降水淋滤模式：ΣREE 远低于未经改造的碳酸盐岩；正 Ce 异常接近消失或出现负 Ce 异常；大多保持原岩轻稀土相对富集特征。

2）白云岩卤族元素示踪技术研究

Cl 和 Br 在海水中的溶解度高，不容易被吸附在矿物或沉积物的表面，通常以 Cl$^-$ 和 Br$^-$ 的状态存在，不会因氧化还原条件的改变而沉淀。海水在蒸发浓缩的过程中，其 Cl 和 Br 含量会随着蒸发程度的增加而升高，直到岩盐（NaCl）沉淀之前，Cl/Br 值保持不变（Connolly et al.，1990）。因此，保存在白云岩中的 Cl 和 Br 含量特征既受前驱物灰岩的制约，又受白云岩化流体的影响。即：灰岩中 Cl 和 Br 的含量在一定程度上可以反映海水蒸发的程度，即古盐度特征，白云岩中的 Cl 和 Br 含量升高，意味着白云岩化流体的盐度比灰岩形成时的原始流体盐度高。

海水中 I 呈 IO$_3^-$ 和 I$^-$ 两种溶解状态，在氧化的水体环境中，I 以 IO$_3^-$ 的形式存在，而在还原的水体环境中，则以 I$^-$ 的形式存在。因此，保存在碳酸盐岩中的 I 含量具有示踪浅部海水氧化还原条件变化的潜力。理论上讲，I 的氧化还原习性与 Mn 最为相似，两者的氧化还原状态都非常容易受氧化条件的影响。在示踪氧化还原条件时，Mn 和 I 具有相反的变化方向。Lu 等（2010）通过测定实验室合成的方解石晶体中的 I/Ca 值发现，随着介质流体中 IO$_3^-$ 浓度的升高，测得的 I/Ca 值几乎呈线性地增大，而增加介质流体中的 I$^-$ 浓度，晶体中的 I/Ca 值几乎不变。由此推测，I 在碳酸盐中以 IO$_3^-$ 的形式存在。因此，碳酸盐岩中的 I 含量可以用来示踪沉积、成岩流体/环境的氧化还原条件。

因此，碳酸盐岩中的卤族元素（Cl、Br 和 I）可有效示踪低温的沉积-成岩过程。其中，Cl 和 Br 是较好的古盐度示踪指标，而 I 可作为古氧化还原条件示踪指标。初步研究结果显示，碳酸盐岩卤族元素在低温地球化学系统中具有很好的示踪潜力。

3）锶含量和 $^{87}$Sr/$^{86}$Sr 在白云岩化过程中的地球化学行为

如果白云岩化前驱物为文石，则在白云岩化初期，由于晶系的改变，碳酸盐岩中 Sr 的含量急剧降低，而白云岩化后期，不稳定的文石矿物量很少。因此，随着白云岩化程度继续加强，碳酸盐矿物从方解石向白云石转变，其晶体中 Ca 含量减少而 Mg 含量增加，取代 Ca 的 Sr 数量也相对减少，呈现出碳酸盐岩的 Sr 含量缓慢降低的特征。白云岩化过程中 Sr 含量的减少是非常明显的，可以从几千 ppm 减少到几十 ppm，这也可能是很少应用碳酸盐岩的锶含量来反演古海洋地球化学组成，而只能用于判断成岩流体性质的一个重要原因（Brand and Veizer，1980）。在锶含量随白云岩化加强而降低的过程中，由于轻重同位素分子的扩散速度和反应速度不同，轻的 $^{86}$Sr 组分更活跃，容易从矿物中迁出，导致残留在白云岩中的 $^{87}$Sr 数量较多，从而使白云岩的 $^{87}$Sr/$^{86}$Sr 值升高，即白云岩化作用会导致 $^{87}$Sr 和 $^{86}$Sr 的分馏。

# 二、典型海相碳酸盐岩优质储层发育模式

## （一）岩溶型储层

**1. 塔河奥陶系碳酸盐岩岩溶储层成因与发育模式**

1）成因机制

a. 储集空间的形成

加里东中期 I 幕（$O_3/O_{1\sim2}$）、加里东中期III幕（$O_3/S$）、海西早期（$D_3d/S_{2\sim3}$）构造抬升剥蚀阶段是古岩溶作用主要活动期。在北部主体区，三期抬升剥蚀的叠加和多期表生岩溶的复合作用形成了优质的缝洞型储层，尤其是海西早期强烈的表生岩溶作用具有优势效应，自上而下形成三个洞穴层。中、南部地区受不整合面控制的古地形、暴露时间、岩溶强度、断裂裂缝分布、高能礁滩相带和后期埋藏溶蚀联合控制，由于暴露时间短，古地貌差不大，岩溶作用相对较弱，岩溶影响深度有限。

b. 储集空间的充填与保持

洞穴充填体系包括重力坍塌、机械搬运沉积、化学充填三部分，北部以机械充填为主，南部以化学充填为主。

重力坍塌主要表现为洞穴充填垮塌角砾岩。机械搬运沉积表现为洞穴中充填的浅灰色细砂岩、绿灰色泥岩、绿灰色泥质粉砂岩等，且从供水区到泄水区分别表现为地下泥石流-辫状河-曲流河-海岸滩坝-海湾等丰富的沉积体系。古地貌是控制溶洞机械充填的主要因素。稀土元素特征分析表明岩溶洞穴中砂泥岩与巴楚组砂岩具有亲缘性，说明北部机械充填可能主要形成于海西早期。

化学充填表现为溶洞巨晶方解石和裂缝方解石充填。南部一间房组以方解石充填居多（化学充填），有机质、原油、沥青次之，偶见陆源粉砂质充填。从充填方解石的结构与地球化学特征来看，发生充填的环境和过程非常复杂。化学（方解石）充填往往具有多期性，部分缝洞的化学充填作用发生在表生岩溶作用过程中，即与溶解伴随的沉淀作用，受近地表环境中温度、压力（包括 $P_{CO_2}$）的影响较大，但更多孔、洞、缝的方解石充填作用发生在表生岩溶作用以后的不同埋藏成岩阶段。

2）发育模式

塔河地区奥陶系碳酸盐岩经历了多期多幕岩溶改造：加里东中期 I 幕（中奥陶统沉积后期），塔北地区整体抬升，间断 $1\sim2$ Ma，在本区形成了下奥陶统内第一套缝洞型储层；加里东中期 II 幕（良里塔格组沉积末期），再次抬升而在良里塔格组内形成溶蚀；海西早期（中-晚泥盆世），塔河地区强烈抬升，北部主体区的泥盆系、志留系、上奥陶统及部分中-下奥陶统地层遭受快速剥蚀，在多个构造隆升相对停滞期或缓慢阶段发生了较为广泛的岩溶作用，随着潜水面周期性变动，形成并保存了多旋回的岩溶洞穴层；晚泥盆世末期的第一次大规模海侵在塔河外围沉积一套东河砂岩，为海侵超覆沉积；

最后，巴楚组海相砂泥岩覆盖其上，古表生岩溶作用基本结束，进入压释水岩溶及埋藏成岩阶段。

图 3-14 分别对不同区带储层的类型、发育期次、形成机理进行了归纳和总结，重点说明了北部主体区为多期表生岩溶作用复合的成因机理，中、南部则是多种因素共同控制下的联合成因机理。

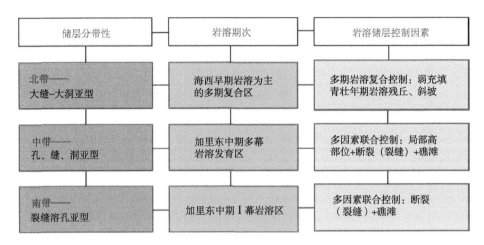

图 3-14　塔河地区碳酸盐岩储层成因与发育模式

## 2. 鄂尔多斯奥陶系风化壳储层成因与发育模式

1）成因机制

鄂尔多斯盆地岩溶储层分布层位为马家沟组五段的 1～4 亚段和 6～10 亚段，与沉积微相中含膏云坪相相对应，故又名含膏云坪相储层。主要见于鄂尔多斯盆地的中东部地区，是靖边气田奥陶系的主要储层类型，在中国石油化工集团有限公司区块的大牛地区块和富县区块也普遍存在。含膏云坪相储层中存在多种类型的孔隙，但原生孔隙多被消耗殆尽，具有储集性能的多为膏溶铸模孔和裂缝等次生孔隙。岩溶储层的形成与分布受沉积相和岩溶古地貌的双重联合控制，这也是马五段岩溶储层的独特之处。

蒸发潮坪沉积环境是马五段岩溶储层形成的基础。蒸发潮坪环境下能够形成富含硬石膏结核的白云岩，是岩溶储层最主要的储层岩石，恰恰是这种硬石膏结核被溶蚀形成的孔隙是最重要的储集空间。岩溶斜坡区内的残丘是马五段优质储层的主要发育区。

2）发育模式

鄂尔多斯盆地奥陶系经历了漫长的成岩演化过程和多种类型的成岩作用。萨布哈白云岩化作用是盆地优质储层形成的物质基础，表生期的岩溶作用是盆地内储层形成的关键，方解石充填作用是主要的储层破坏作用。

准同生期的萨布哈白云岩形成了本区最重要的储层岩石类型，沉淀了可溶组分硬石膏，并形成了储层岩石格架白云岩，是优质储层形成的物质保障。经历了数亿年风化剥蚀后形成马家沟组广泛发育的古风化壳和岩溶体系。表生期的大气降水溶蚀含膏云岩中的易溶组分硬石膏，形成了奥陶系岩石的大部分储集空间——膏溶铸模孔。后期的充填作用破坏了一部分孔隙，其中，方解石形成于表生岩溶阶段，与古地貌位置密切相关，主要发育于岩溶的低部位，对储层产生主要破坏作用；粉晶白云石充填物的含量与沉积环境相关；粗晶铁白云石的充填反映普遍存在一期热事件。

# （二）复合型白云岩储层

复合型白云岩储层典型实例见于塔深 1 井寒武系。塔深 1 井位于阿克库勒凸起东侧塔河油田三维区内，自井深 6884 m 进入寒武系并揭示了丘里塔格下亚群与阿瓦塔格组共 1524 m 厚的白云岩地层。从过井地震剖面的地震反射特征上看，塔深 1 井厚层白云岩属于中-晚寒武世碳酸盐岩台地边缘礁滩相沉积体，该礁滩体具有垂向上叠加生长并由西向东进积的叠置样式。

## 1. 储层发育特征

塔深 1 井寒武系白云岩显示埋深越大储集性能越好。在埋深达到 8400 m 时钻孔岩心白云岩的全直径实测孔隙度达 9.1%，垂直渗透率为 0.76 mD，水平渗透率为 1.42～4.16 mD，而依据测井数据计算该井寒武系局部白云岩优质储层总孔隙度达 15%～20%。下部 4～5回次以深灰色-灰色细粉晶白云岩为主，以发育近似层面分布的孔洞与形态不规则的孔洞为典型特点，局部受断裂-裂缝及相关流体改造形成浅灰色—灰白色针孔状细晶白云岩。两件全直径岩心样品的实测孔隙度为 3.7%～9.1%，水平渗透率最大达 34.14 mD。上部 1～3回次以灰色-浅灰-灰白色粉细晶、中粗晶白云岩为主，以发育大量针孔状小孔-孔隙为特点，裂缝及较大的孔洞被粗巨晶方解石胶结物所充填。三件全直径岩心样品的实测孔隙度 0.6%～3.7%，垂直渗透率为 0.05～2.53 mD，水平渗透率为 0.06～3.4 mD。

## 2. 岩石学特征

下部主要为孔洞发育的深灰色粉晶白云岩。基质部分为泥晶-粉晶直面半自形白云石，以藻黏结或颗粒残余结构为主要特征；孔洞胶结物主要为细晶-粗晶直面自形-半自形白云石，局部发育鞍状白云石胶结物。阴极发光下基质泥粉晶白云石呈中等明亮的砖红色—橘红色，与孔隙边缘自形白云石共生的自生石英不发光，而孔洞白云石胶结物昏暗发光呈暗红色。

上部主要为针状孔隙发育的浅灰色细晶—粗晶白云岩。其中一类表现为具有幻影结构的白云岩，基质部分白云石大小明显受原岩结构控制，局部孔隙发育中粗晶直面自形—半自形白云石胶结物。另一类为无幻影结构的细晶—粗晶白云岩，晶体大小、自形程度不均一，可见团块状微晶石英集合体，巨晶方解石胶结物充填白云石晶间角孔。阴极发光下浅灰色针孔状白云岩总体昏暗发光呈暗蓝紫色—紫红色，微晶石英集合体不发光，巨晶方解石昏暗发光-不发光。

### 3. 发育模式

塔深 1 井寒武系白云岩的孔洞在地质历史长河里如何保存下来是许多石油地质学家感兴趣的话题。就塔深 1 井而言，孔洞的保存可能是多重因素作用的结果，如白云石化作用、有限的初始孔隙流体、烃类充注抑制进一步的胶结-充填作用等。

白云石化作用形成的白云岩相比灰岩具有更强的抗压实、抗压溶能力。在经历同生期-准同生期大气淡水淋滤与浅埋藏阶段白云石化之后在初始孔洞中仅残留了有限的初始孔隙流体（包括白云石化流体），决定了在埋藏过程中与之相关的孔洞胶结物没有完全充填早期的孔洞。孔洞边缘早期形成的白云石胶结物与基质部分泥粉晶白云石较为接近的 C-O 同位素特征可能表明两类白云石具有同源性，即来源于同一期白云石化流体。邻近断裂带来的热液流体对塔深 1 井白云岩储层的影响较为重要，岩心可见与之相关的热液重结晶作用导致孔隙空间呈针孔状，与热液流体相关的胶结物则是孔洞充填的粗大鞍形白云石胶结物，具明显偏轻的 C-O 同位素特征。此外，孔洞保存的另一个重要因素是烃类的充注有效抑制了进一步的胶结作用。烃类充注改变了原始孔隙流体的性质，有可能直接或间接地参与到矿物成岩作用之中，从而导致储层孔隙度、渗透率的变化，多数情况下抑制了成岩作用，有利于孔隙的保存。

## （三）构造热液型白云岩储层

构造热液型白云岩储层典型实例见于塔里木盆地古城地区鹰山组下段。

### 1. 岩石学特征

古城 6 井在鹰山组下段产气层为孔隙-孔洞型白云岩储层，储集空间为微晶石英晶间微孔与白云石被溶蚀形成的晶内、晶间溶孔，主要为灰岩、白云岩过渡段。以浅埋藏期形成的分散的平直晶面自形白云石与白云石晶间交代形成的微晶石英（白云石晶间原始的微晶方解石）为主要矿物，自形白云石局部被溶蚀形成白云石晶内、晶间溶蚀孔。

在古隆 1 井产气层段之下获得的岩心从岩石学特征上看，具有与古城 6 井极其相似之处。在偏光与阴极发光图像下直面自形白云石晶体保存完好（微晶石英不发光），在扫描电镜下可见白云石晶面存在轻微溶蚀并形成溶蚀孔且微晶石英之间存在晶间微孔。由背散射图像可见早期形成的直面自形白云石晶形完好且晶内保留有白云石交代时捕获的方解石微包体，而白云石晶间的方解石被微晶石英交代且微晶石英具交代时捕获的方解石，孔隙主要发育于微晶石英部分。

### 2. 热液成因的地球化学证据

岩屑 C-O 同位素证据：古隆 1 井产气层的岩屑 O 同位素明显较上下地层偏负，表明其经历了相对更高的成岩蚀变（与上述岩石学特征相结合，$^{18}O$ 的亏损是热液流体作用的结果）。由于温度对 C 同位素的分馏影响较小，因此 C 同位素在产气层与非产气层基本一致，与区域碳酸盐岩地层的 C 同位素演化相一致。

岩心 C-O 同位素证据：在产气层之下的取心段发育白云石脉与方解石脉，选取白云石脉、方解石脉与围岩基质白云石进行 C-O 同位素分析，可见裂缝充填的白云石、方解石与围岩相比亦具有更负的 $\delta^{18}O$ 值，且部分围岩的 $\delta^{18}O$ 值小于 $-10‰$，位于热液蚀变的范围之内。

包裹体证据：白云石脉的两相流体包裹体均一温度为 $120\sim170℃$，主要温度范围为 $140\sim150℃$；方解石脉的两相流体包裹体均一温度为 $130\sim180℃$，主要温度范围为 $140\sim160℃$。白云石脉与方解石脉较高的两相流体包裹体均一温度与其偏轻的 O 同位素特征相一致，表明其形成与断裂-裂缝相关的热液流体活动相关。

### 3. 发育模式

岩性对储层发育的控制体现在鹰山组地层随着埋深增加与白云石含量逐渐增加，宏观上表现为碳酸盐岩储集性能改善，微观上表现为富硅热液流体中方解石和白云石的饱和程度差异，由此控制了交代或溶解-沉淀过程的对象选择性。对灰质白云岩（或白云质灰岩）而言，白云石的结构体系支撑性导致的结果是形成硅质白云岩（白云石为主，白云石晶间的方解石被微晶石英交代，微晶石英相对缺乏生长的自由空间）。这种现象以古城地区鹰山组下段的白云岩储层为典型代表。此外，白云石与方解石物理性质的差异导致白云岩相对灰岩更容易产生裂缝，一方面可形成裂缝性白云岩储层，另一方面裂缝作为流体的通道进一步改造围岩（如热液溶蚀与热液重结晶作用等）。

断裂活动不仅仅在碳酸盐岩地层中形成裂缝体系，更重要的是带来与之相关的流体（包括盆地深部的热水以及烃类流体），导致了水-岩相互作用。从目前的研究认识看，由于断裂活动的多期性，可能带来多期的不同类型流体，以裂缝体系充填的不同类型矿物为代表。其中，海西早期的北东东向断层张扭活动期富硅热液流体在古城地区的活动具有较大的普遍性。富硅热液流体对围岩的改造是该区储层发育的主要控制因素之一。从富硅热液流体的性质看，可能来源于盆地深部热卤水。

## （四）礁滩型储层精细结构模式——以元坝长兴组为例

### 1. 储层基本特征

1）岩性特征

长兴组发育生物礁相和生屑滩相储层两类储层，分别主要对应长兴组上、下段。通过取心井岩心观察、岩屑录井及薄片鉴定可知，长兴组储层岩石类型多，储层以白云岩、灰质白云岩为主。其中溶孔白云岩、（含）生屑粉细晶白云岩、残余生屑（粒屑）白云岩、生物礁白云岩是几种重要的储层岩石类型。

长兴组下段储层主要有灰色溶孔白云岩，灰色（含）生屑粉细晶白云岩，灰色灰质白云岩，残余生屑白云质灰岩，灰色生屑、砂屑、砾屑灰岩等，其中溶孔白云岩和（含）生屑粉细晶白云岩物性最好，是重要的两种储层岩石类型。其中，溶孔中—粉晶白云岩的白云石晶粒大小不均，一般 $0.05\sim0.25$ mm，以粉—细晶为主（占 75%），中晶占 25%；

（含）生屑粉细晶白云岩中白云化作用强，白云石晶粒结构清楚，溶孔发育，生屑主要为海百合，亦有少量有孔虫、双壳类、腕足类、海绵生屑。

长兴组上段储层主要有残余生屑（粒屑）溶孔白云岩、中粗晶（溶孔）白云岩、含生屑溶孔白云岩、灰色藻黏结（溶孔）微粉晶白云岩、生物礁白云岩、灰质白云岩、生物碎屑灰岩、生物礁灰岩等，其中残余生屑（粒屑）溶孔白云岩、中粗晶（溶孔）白云岩、含生屑溶孔白云岩、藻黏结（溶孔）微粉晶白云岩、生物礁白云岩物性最好，是重要的几种储层岩石类型。

残余生屑（粒屑）溶孔粉细晶白云岩岩石结构以生屑或砂屑颗粒支撑为主，粒间云泥或亮晶胶结物充填。白云石晶粒大小不均，从泥粉晶到中细晶均有发育，部分岩石样品残余生屑或砂屑结构已不明显，常为中细晶或粉细晶白云石，可能是不均匀白云岩化或后期重结晶强度差异造成的，这类岩石孔隙发育，为本区主要的储集岩之一。

中粗晶（溶孔）白云岩的白云石晶粒大小均匀，以中、细晶为主，白云石自形—半自形，常具雾心亮边结构，晶间孔、晶间溶孔发育，为本区主要的储集岩之一。

藻黏结（溶孔）微粉晶白云岩岩石结构以微、粉晶白云岩为主，部分呈藻黏结结构，另外有一部分呈含生屑微晶结构，结构特征明显，孔隙较发育，为本区主要储集岩，主要发育在礁相储层。在元坝 101 井较为典型，在元坝 2 井、元坝 102 井也有发育。

生物礁白云岩生物礁骨架结构清楚，造礁生物主要为海绵、板状珊瑚，附礁生物主要为腕足类、棘皮类、有孔虫等，礁骨架间常为微晶填积。岩石白云石化作用强烈，白云石晶体主要为粉细晶类，溶蚀孔洞发育，主要为生物铸模孔。

2）储集空间类型

长兴组储层储集空间类型主要有粒间（包括附礁生物和障积颗粒间、藻屑藻尘间、砂屑鲕粒间）溶孔、粒内（砂屑内、生屑内、海绵体内）溶孔、铸模孔、晶间孔、晶间溶孔、膏模孔及溶洞（岩心柱面所见），还有少量微裂缝。

**2. 储层结构模式**

有利储层形成的控制因素主要包括沉积相、成岩作用、构造活动等。有利沉积微相是储层发育的基础，沉积期高频旋回控制了储层发育的层位，建设性成岩作用进一步提高岩石孔隙度，构造破裂作用改善了储层的渗透能力和连通性。

1）生物礁储层结构模式

本区至少发育由两期成礁旋回构成的储层——礁盖中上部生屑滩和礁后坪的溶孔白云岩储层。Ⅰ、Ⅱ类储层相对发育，Ⅲ类储层部分为（灰质）白云岩储层，部分为生屑灰岩及生物灰岩储层，分别位于生物礁礁盖下部和生物礁礁核。生物礁储层表现为"层数多、单层薄、不同类型储层呈不等厚互层、非均质性强"的特征，且呈"东早西晚"不对称规模发育的"双层结构"，受生物礁沉积及成岩作用影响，礁体中心好于礁体边部，礁后好于礁前。

平面上优质储层主要分布于礁顶，其次是礁后。礁前钻遇储层平均厚度 33.3 m，Ⅰ、

Ⅱ类储层 11.3 m。礁顶钻遇储层平均厚度 87.4 m，Ⅰ、Ⅱ类储层 44.9 m。礁后钻遇储层平均厚度 47.4 m，Ⅰ、Ⅱ类储层 16.1 m。

2）台缘–台内生屑滩相储层精细结构模式

滩相储层整体较薄，横向变化较大，气层厚度 1.7～105.2 m，平均厚度 29.2 m，平面上以元坝 12 井区最厚，其他区域较薄。可识别三期滩体。Ⅰ、Ⅱ期滩体位于长兴组下段，其中，Ⅰ期滩体分布局限，目前仅见于元坝 9 井、元坝 10 井、元坝 29 井、元坝 205 井、元坝 273 井、元坝 221 井 6 口井中，其厚度较薄，测井解释储层厚度 6.8～28.2 m，气层厚度 0～16.7 m；Ⅱ期滩体位于长兴组下段顶部，是区内最主要的滩相储层，测井解释储层厚度 0.5～65 m，气层厚度 0～65 m，目前有 16 口井钻遇该套储层，该期滩体主要发育于工区的东南部，西部发育较差。Ⅲ期滩体位于长兴组上段，主要发育在工区的南部，储层厚度一般较薄（1.2～64.6 m），物性较差。

3）有利储层空间分布特征

长兴组礁相储层纵向上可分为礁基–礁核–礁盖、礁核–礁盖两个成礁旋回，从沉积微相与岩石物性的关系来看，纵向上优质储层主要发育于礁盖，礁盖的平均孔隙度为 5.2%。

沉积时滩体所处的沉积微相位置（台地边缘滩、开阔台地台内滩、局限台地台内滩）和滩体的不同部位（滩核、滩缘）控制了滩相储层初始的储层质量。位于能量较高部位的台地边缘滩储层品质好，开阔台地和局限台地台内滩储层品质次之。

对于独立的滩体来说，纵向上有利储层主要发育于滩体的上部，平面上滩核部位储层厚度大于滩缘，且储层品质优于滩缘部位。

# 第三节　盖层封闭机理与保存条件

## 一、盖层的封闭机理

### （一）盖层的岩石力学实验

**1. 单轴应变试验**

以壁厚为 10 mm 的钢质套筒（45#钢）对试样的侧向变形进行约束，采用位移加载，加载速率为 0.001 mm/s，在钢质套筒的外壁中部沿环向均匀地粘贴四个应变片测量套筒的环向变形，应变片按半桥方式连接。根据厚壁圆筒理论弹性力学原理，利用钢质模具外侧测量的环向变形 $\varepsilon_\theta$，计算作用在试样侧壁的径向应力 $p_1$，其具体计算公式为

$$\varepsilon_\theta = \frac{1}{K_d} \times \frac{R_g}{R_g + R_c} \times \frac{\Delta U_g}{\Delta U_c}$$

$$p_1 = \frac{b^2 - a^2}{2a^2} \times E_1 \times \varepsilon_\theta$$

式中，$K_d$ 为应变片的动态灵敏度系数；$R_g$ 为应变片电阻；$R_c$ 为应变仪的标定电阻；$\Delta U_c$ 为标定电压值；$\Delta U_g$ 为记录脉冲波形采样值；$a$、$b$、$E_1$ 为厚壁圆筒的内、外半径（单位为 cm）和钢的杨氏模量（单位为 Pa）。

### 2. 三轴压缩实验

将试件的直径、高度分别输入试验程序中，供控制系统计算轴向应力和应变值。试件在单轴条件下装好后，放入三轴室，锁紧密封螺栓，注油并排出气体。油充满后，向三轴室加围压，以每分钟 5 MPa 左右的速率加载到预定围压值，此后加温至指定温度，然后以轴向应变率 $1 \times 10^{-6}\,\mathrm{s}^{-1}$（$1 \times 10^{-4}$ mm/s）的速率进行加载试验。当试件突然破坏时，系统自动停止。获得岩石在不同温度、不同围压条件下的峰值强度、弹性模量、泊松比、残余应力、跌落系数、起始破裂应力水平以及黏聚力和内摩擦角。

## （二）泥页岩脆-延过渡带确定

### 1. 泥页岩的脆延性特征

泥页岩的脆性与延性不是其本身所固有的特性，它受温度、应变速率和围压等因素的影响。泥页岩的脆/延性随着环境条件的变化可以相互转化，即所谓的脆-延转化。在沉积盆地油气勘探领域内，温度对岩石的脆-延转化影响较小。天然应变速率很难确定，但在一定区域内大体一致。围压是影响泥页岩脆/延性的关键因素。其实，岩石的脆-延转化通常也是指低温下的脆-延转化。围压控制下的脆-延转化，从脆性到延性不是突变的，而是逐渐过渡的，完全脆性和完全延性之间存在延脆性和脆延性过渡带。通常将应力-应变曲线峰后表现为理想塑性时的围压值，称为脆-延转换临界围压（Mogi，1966）。

### 2. 泥页岩脆延性评价指标

关于"脆性"和"延性"这两个术语，目前国内外并没有给出一个特定限定，也没有明确的物理定义。但是，对于脆-延特性的定量研究却开展了较多工作，主要是由于岩石的脆-延特性不仅关系到岩石的强度失效，更主要的是与裂隙产生及形态有关。前人针对脆-延特性提出了很多定量表征参数。其中超固结比（overconsolidation ratio，OCR）可以动态表征地质历史时期泥页岩脆延性的变化特征。泥岩超固结比定义为泥岩先期固结最大应力与当前承受应力的比值（用 OCR 表示）。Ingram 和 Urai（1999）从土力学中引入超固结比以及脆性指数 BRI（Brittleness Index）来表征岩石的脆-延特性。主要依靠机械压实作用埋藏的泥岩，称为正常固结泥岩，OCR=1。但是，由于后期地层抬升影响或流体作用导致的化学胶结，使得泥岩产生了不同程度的超固结，这种泥岩被称为超固结泥岩。

超固结比表示为

$$\mathrm{OCR} = \frac{\sigma'_{v\,\max}}{\sigma'_{v\,\mathrm{now}}}$$

泥岩脆性指数 BRI（Brittleness Index）表示为

$$\text{BRI} = \frac{(\sigma_c)_{OC}}{(\sigma_c)_{NC}}$$

Ishii 等（2011）进一步利用 OCR 指数计算的脆性系数对泥岩的脆-延转化特征进行了研究，并根据脆性系数划分了泥岩脆-延转化三个阶段：当 BRI<2 时，泥岩为延性特征，表现为孔隙型特征，不易产生裂隙；当 BRI 为 2～8 时，岩石处于脆-延过渡带，即半脆性半延性；当 BRI>8 时，岩石为脆性，且很容易产生裂隙。

### 3. 泥页岩脆-延过渡带确定方法

深埋地下的泥页岩处于高围压环境中，常常表现为延性特征。在后期的构造抬升作用下，泥页岩从地下深处抬升至地表浅处，上覆地层被剥蚀，围压降低，从而转化为脆性。那么，被抬升至何深度处，泥页岩开始变成脆性，即脆性带的底界深度为多少？可以利用 OCR 来解决这个问题，其具体技术流程为：①单轴应变试验确定名义固结压力（$P_c$）；②三轴压缩试验计算不同围压下的 OCR 值；③数学拟合确定 OCR 门限值；④确定最大古埋深恢复与脆性带底界深度。

名义固结压力又称前期固结压力，是指泥页岩在历史上曾经受过的最大有效固结压力，用符号 $P_c$ 表示。名义固结压力（$P_c$）可用单轴应变试验法获得（Addis，1987）。

OCR 不仅能反映泥页岩的脆性，而且能反映泥页岩的抗剪强度。采用应力历史和归一化土体工程法（SHANSEP 法）（Ladd and Foott，1974），对泥页岩的三轴压缩试验结果进行分析，可以建立 OCR 与归一化剪切强度（$q_u/\sigma_3$）的关系（Nygård et al.，2006）：

$$q_u/\sigma_3 = a\text{OCR}^b$$

式中，$q_u$ 为三轴试验中对应的主应力差，$\sigma_3$ 为三轴试验中对应的围压，OCR 为泥页岩的超固结比，经验系数 $a$ 相当于正常固结泥页岩（OCR=1）的归一化剪切强度，$b$ 为拟合参数。可见，OCR 越大，泥页岩的归一化剪切强度也越大。

如果将 OCR 与 BRI（Ingram and Urai，1999）关联，则有

$$\frac{(q_u/\sigma_3)_{OC}}{(q_u/\sigma_3)_{NC}} \approx \frac{(\sigma_c)_{OC}}{(\sigma_c)_{NC}} = \text{BRI} = \text{OCR}^b$$

当 BRI>2 时，泥页岩完全变成脆性，且 BRI 越大，脆性越大（Ingram et al.，1999）。因此，可将 $\text{OCR}^b > 2$ 时的 OCR 值作为泥页岩的脆性门限值，其中 $b$ 为经验系数，由归一化剪应力与 OCR 数据拟合得到。

在获得 OCR 门限值之后，由 OCR 的定义（最大垂直有效压力与现今垂直有效压力之比）可以进一步计算脆性带的底界深度。由 OCR 的定义可知

$$\text{OCR} = \frac{\sigma'_{v\max}}{\sigma'_v} \approx \frac{(\rho_1 - 1.07)H_{\max}}{(\rho_2 - 1.07)H_{\text{present}}}$$

当 OCR 达到门限值时的埋深，即为脆性带底界深度 $H_b$

$$H_b \approx \frac{H_{\max}}{\text{OCR}_{门限值}}$$

延性带顶界深度的确定只需确定脆-延转化的临界围压并折算成深度。利用三轴压缩试验数据，计算残余强度与峰值强度之比，编制围压与残余强度/峰值强度值的交会图，线性拟合得到不同类型泥页岩的围压与残余强度/峰值强度之间的数学模型，残余强度/峰值强度值为1时的围压，即为泥页岩脆-延转化的临界围压，由脆-延转化的临界围压所折算的深度，即为延性带的顶界深度（$H_d$）。

实验表明，南方志留系龙马溪组泥页岩的残余强度/峰值强度值随围压的增加而增加，二者呈很好的线性关系：$y=ax-b$。那么，当 $x=1$ 时，$y=a-b$，即为脆-延转化的临界围压，由拟合关系式 $y=112.66x-41.415$ 可知，志留系龙马溪组泥页岩脆-延转化的临界围压为71.2 MPa。当上覆地层密度已知时，即可折算出脆-延转化的临界深度，即延性带的顶界深度（$H_d$）：

$$H_d = 100 \times (a-b)/(\rho - 1.07)$$

在确定脆性带底界和延性带顶界之后，二者之间的过渡带即为脆-延过渡带。由于不同地区某套泥页岩的最大古埋深不同，其脆性带的底界也不同；上覆地层密度的差异性导致延性带的顶界也存在一定的差别。从而，同一套泥页岩的脆-延过渡带在不同地区也相应地存在一定的差别。比如，鄂西渝东地区焦页1井、河页1井、建深1井志留系龙马溪组泥页岩的延性带顶界分别为4464 m、4428 m、4545 m，脆性带底界分别为2195 m、2485 m、2763 m，那么，脆-延过渡带分别为：2195~4464 m、2485~4428 m、2763~4545 m。依据龙马溪组现今的埋深，即可判别其泥页岩的脆延性特征。

# 二、源-盖动态匹配与保存条件评价

## （一）源-盖动态匹配关系与封盖有效性

### 1. 源-盖动态匹配研究的原理与方法

1）原理

只有盖层封闭性的形成时间早于下伏烃源岩的生烃（包括古油藏裂解生气）开始时间，至少不晚于生烃结束时间，且盖层封闭油气的能力自形成以来一直保持至今，才是有效的源盖匹配成藏条件。源-盖动态演化评价是以烃源岩（包括古油藏）及其上覆盖层为对象，以揭示烃源岩生烃（包括古油藏原油裂解生气）过程与盖层封闭性的形成和/或破坏过程及二者之间的时空动态匹配关系为目标的保存有效性评价方法。主要包含"源"的动态演化恢复、"盖"的动态演化恢复和源-盖动态匹配关系预测三个方面。

2）盖层封盖性动态演化计算方法

a. 建造阶段盖层封闭性动态演化

在正常压实的情况下碎屑岩的孔隙度随深度增加而逐渐减小，砂泥岩孔隙度的衰减曲线近似遵循指数分布：

$$\phi = \phi_0 e^{-cz}$$

通过埋藏史恢复，可以计算泥岩孔隙度演化史：

$$\phi(z,t) = \phi_0 e^{-cz(t)}$$

并建造阶段盖层的排替压力史：

$$P_c(z,t) = f\phi(z,t) = f\left(\phi_0 e^{-cz(t)}\right)$$

函数关系 $f$ 可由样品实测排替压力与孔隙度数据拟合计算得到。式中，$\phi$ 和 $\phi_0$ 分别为深度 $z$ 处的地层孔隙度及地表孔隙度，单位为%；$z$ 为深度，单位为 m；$c$ 为地层物性参数，相当于压实系数，单位为 $m^{-1}$。$\phi(z,t)$ 即在地质时间 $t$（Ma）、埋深为 $z$（m）时的孔隙度（%）；$P_c(z,t)$ 即地质时间 $t$（Ma）、埋深为 $z$（m）时的排替压力（MPa）。

b. 隆升剥蚀过程中盖层封闭性动态演化

在构造改造过程（如抬升剥蚀、地层卸压作用）中，原来深埋地下的盖层岩石可能产生微裂缝，导致渗透率增大，排替压力减小。获取排替压力与地层卸压之间的关系，是研究构造改造过程中盖层封闭性动态演化的关键。已有的测试数据分析表明，抬升剥蚀过程中，盖层岩石的孔隙度随围压变化不大，但渗透率与围压之间关系密切，因此，在不考虑断裂破坏作用等其他复杂因素对盖层封闭性影响的情况下，改造阶段的排替压力史可用 $P_c(z,t) = fK(z,t)$ 求取。$K(z,t)$ 即在地质时间 $t$（Ma）、埋深为 $z$（m）时的渗透率（mD）。通过测试分析地层围压条件下盖层渗透率数据，求取渗透率与围压之间的相关关系，再将围压与隆升剥蚀量相关联，就可以获得隆升剥蚀过程中排替压力的演化规律，从而获得隆升改造阶段盖层封闭性演化史。

从细观的角度，采用 OCR 史法定量约束盖层隆升改造、卸压过程中的封闭性动态演化。参数 OCR 可以反映泥岩的脆性程度。OCR 越大，高演化泥岩的脆性也越大。正常固结泥岩的 OCR 等于 1，超固结泥岩的 OCR 大于 1，随着抬升剥蚀幅度的增加，OCR 逐渐增大，当 OCR 增大到一定值后，泥岩发生破裂，从而完全失去封闭天然气的能力（Nygård et al.，2006）。

**2. 源-盖动态匹配研究的流程与实例**

1）研究流程

首先，依据研究区的区域烃源岩和区域盖层的分布划分源-盖系统。其次，利用盆地模拟软件计算区域烃源岩的生烃史。如果存在多元生烃，比如除烃源岩干酪根生烃之外还存在古油藏裂解生气的情况，则还需计算古油藏裂解生气史。再次，综合盖层封闭性动态演化史和烃源岩演化史，研究源-盖动态匹配的时空关系。最后，划分评价盖层封闭动态有效性。有效盖层是源-盖完全匹配型，即空间上源-盖上下叠合，时间上盖层封闭性形成时间早于烃源岩生烃开始时间。部分有效盖层是源-盖部分匹配型，即空间上源-盖上下叠合，时间上盖层封闭性形成时间晚于烃源岩生烃开始时间，但早于生烃高峰结束时间。无效盖层是源-盖不匹配型，即空间上源-盖上下不重叠或者时间上盖层封闭性形成时间晚于烃源岩生烃高峰结束时间。

2）应用实例

以四川盆地丁山1井为例。丁山1井下寒武统泥质盖层在寒武纪末已经具备良好的封油能力，在奥陶纪末具备封闭天然气能力，至早白垩世末排替压力达到最大值（33.3 MPa），可封闭超高压气藏。现今排替压力降至19.2 MPa，仍然具备封闭超高压气藏的能力。盖层OCR史恢复结果表明，丁山1井下寒武统泥质盖层现今OCR值为2.0，未达到破裂门限值2.5，盖层未破裂。下志留统龙马溪组盖层现今OCR值达到3.3，超过破裂门限值2.5，盖层破裂，从而失去封闭性。可见，寒武系泥质盖层对下伏烃源具备动态效封盖能力，志留系泥质盖层对下伏烃源有效封闭性不理想（图3-15）。

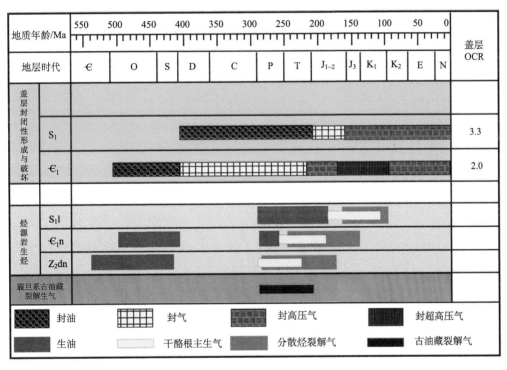

图3-15　川东南地区丁山1井源盖动态演化匹配关系图

## （二）油气保存条件评价思路与保存系统

### 1. 保存条件主控因素

在对大量被破坏的油气藏进行解剖的过程中发现很多油气藏实际上都经历了两种或两种以上的破坏方式的复合与叠加。特别是在盆地演化过程中的强烈改造期，因为构造变形与抬升剥蚀的联合作用，几种破坏作用还可能相互叠合，表现出复杂多样的油气藏破坏类型。但是本质上，油气藏的破坏是一个在动态构造环境下因构造、地层、热体制、流体等因素的剧烈变化而导致流体封闭体系发生改变的过程。它自身受到构造、盖层、热体制和流体四个要素的控制，这四个要素既独立又相互影响，我们将四种要素构成的空间组合称为油气保存环境，油气保存环境随时间变化的关系，就是保存条件动态演化过程，油气保存条件主要受这些因素控制（图 3-16），在时空上构成了各种各样的组合形态。

构造主要是指以褶皱、断裂变形和抬升剥蚀为主的构造改造作用，它是油气藏破坏的动力背景，主要体现在地层残余状态和变形结构上。盖层对油气起到直接的保护作用，伴随着埋藏或者抬升变形过程，盖层的成岩作用强度和韧脆性会发生变化，这是影响保存环境变化的重要因素。盆地热体制主要体现在对烃源岩生烃过程的控制上，"冷盆"烃源岩生烃晚，古油藏保存深度大，客观上有利于油气的保存，与热体制有关的岩浆活动也会直接破坏油气藏。流体主要是指除油气以外的活动流体，一方面它们可能会通过冲洗作用直接破坏油气藏，另一方面它们也是保存环境优劣的判别标志。时间是影响保存条件的另一重要因素，油气藏形成越早保存的难度就越大，在中国海相盆地中持续稳定的油气保存环境几乎不存在，所以时间因素在研究保存条件的工作中必须充分考虑。

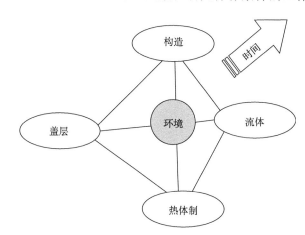

图 3-16　油气保存条件主控因素及其相互关系

## 2. 基于油气保存系统的总体评价思路

由于油气的保存条件受多种地质要素的控制，各要素之间是一个有机联系的整体，因此，我们提出利用油气保存系统研究多旋回强改造盆地油气保存条件的思路。

油气保存系统是指某一地质单元内与油气保存条件相关的地质要素、作用和过程的有机统一体系。它具有统一的"源-盖"条件，相同或相似的地质结构及流体特征，基本一致的油气藏保存（或破坏）过程。对于油气成藏研究来说，"油气保存系统"是与"油气系统"相平行的研究单元。油气系统主要包含了油、气等流体从烃源岩到圈闭的动态过程，而油气保存系统则涵盖了盆地中构造单元内油、气在区域盖层封盖下的多期运聚、保存条件动态变迁的历程。因此，油气保存系统也可以说是一种针对后期改造较强烈的地质单元，特别强调保存条件的油气系统。

从油气保存系统所具有的系统层次性来看，它是进行油气保存动态分析、综合研究的一种思路和方法。此外，与狭义的油气系统类似，它本身代表了一个地下的三维实体，是一个研究油气藏保存的过程与结果的地质单元。它的地质内涵主要包括以下四个方面。

（1）三维实体的地质结构类型。它是一个油气保存系统所研究的对象，亦是研究的出发点与归宿点。它既代表了地层在不同期次、不同方位的应力作用下构造变形的叠加与联合的现存状态，也反映了成藏要素在现今状态下的组合特征，反映了油气保存条件的背景和宏观因素。

（2）盖层的封盖性能。区域盖层的封盖性能是决定一个保存系统优劣的根本因素。如果有良好的区域盖层，即使直接盖层差一些，最终只是导致油气在区域盖层下的重新分配，而不会导致油气的大量散失（李明诚，2000）。同时，盖层的封盖性能研究除注意盖层的岩性、微孔结构、可塑性、厚度、分布范围、黏土组成及演化程度等主要因素外，还须注重其动态演化过程，即对油、气能起到封盖作用的时期以及封盖性能的破坏与修复过程。

（3）源-盖的有效匹配。源-盖的有效匹配是一个保存系统的关键。在盖层封盖下的油气生成、运移、聚集等是油气保存系统形成、演化的物质基础，亦是研究保存系统的目的。它包括了区域盖层封盖下的有效性烃源岩的生烃史与油气运聚过程，亦包括受上覆岩层或多期构造运动的影响，早期有效封盖层下的原生油气藏发生调整、转移、散失和破坏的动态演变历史。

（4）流体系统特征。流体系统特征是一个保存系统形成与演化的表征参数，亦是区分一个保存系统现今保存状况优劣的判识性指标。其包含的内容主要有水文地质条件、地下流体化学-动力学行为与岩浆热液活动等。

**3. 保存系统评价的工作流程**

针对实际对象所开展的油气保存系统的研究主要包括地质结构类型研究、盖层封盖性研究、源-盖有效匹配性研究、地层流体研究以及综合评价研究五个方面的内容。具体步骤与方法初步归纳为以下几点（图3-17）。

（1）通过地层发育与保存特征、地层接触关系及地区差异性分析、典型（古）油气藏与重点探井解剖、地震资料解释、构造地质剖面分析、断裂发育与组合特征分析、平衡剖面分析、构造样式及组合特征分析，力求精细全面地研究复杂构造区的地质结构特征，划分评价单元。

（2）依据区域性优质烃源岩和盖层的纵向叠置关系划分保存系统的评价层位。在总结有关沉积-埋藏史、热演化史研究成果的基础上，动态分析地质历史时期烃源岩生烃与盖层封闭性能的匹配关系。

（3）通过分析相关地区地表流体（包括泉水、油苗或沥青）的产状、物理性质、地球化学性质和同位素组成及热液矿物资料特征，研究地层流体的成因、地表流体与地下流体相互作用特征，分析总结不同地区的流体系统特征，为保存系统的评价提供有效约束指标。

（4）通过解剖已知（古）油气藏可以明确控制油气成藏与破坏的主要地质因素，同时也是对保存评价结果的一个有效检验。总结不同地区抬升剥蚀、褶皱变形、断层冲断、深埋增温、岩浆侵入、地表水冲刷等作用对油气保存的影响。

（5）在以上研究的基础上，对比分析不同构造背景下油气的有效盖层和保存条件，建立油气保存条件综合评价指标体系，结合生烃演化史分析，评价不同区块内的油气成藏的保存条件，划分油气保存系统，预测有利的油气保存系统和勘探目标。

图 3-17　油气保存系统研究的技术路线图

### 4. 油气保存系统评价的结果表达

保存系统的评价结果采用二图一表的表现形式，即地质结构图、烃源岩埋藏史图和保存系统事件表（图 3-18）。根据评价结果，将保存系统分为三种类型：保持型、残留型和重建型。

1）保持型油气保存系统

指初始的源-盖匹配条件形成之后（即油气保存系统形成之后），在后期的演化历史中，聚集的液态烃只存在着相态的变化和空间位置上的改变，而原始的封盖（或封存）条件并没有改变。如四川盆地鄂西渝东的建南气田，印支期形成的古油藏经燕山期深埋全部转化为气藏，且受喜马拉雅运动的影响构造高位亦发生了调整，但它的整体封盖（或封存）条件并无多大改变。

2）残留型油气保存系统

是指早期形成的油气保存系统在多期构造运动的影响下遭受了一定程度的改造，区域性封盖层大部分保存，但其封盖性能因剥蚀作用、断层破坏作用、大气水交替作用等因素遭到了局部破坏，致使同一个保存系统在相同的地质结构内表现出较大的差异性。

如湘鄂西地区的利川复向斜，尽管下寒武统的区域封盖层基本保留，但已有的地层水资料显示保存系统很大程度上已被破坏，但在局部的复向斜地区可能保存较好。

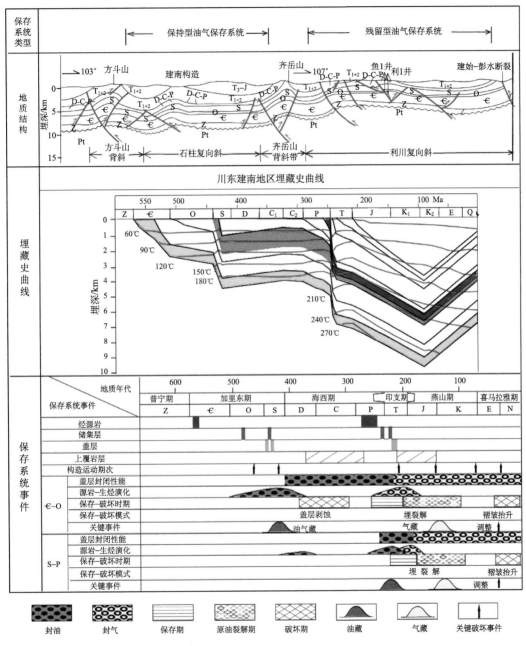

图 3-18　典型地区油气保存系统综合评价图

## 3）重建型油气保存系统

是指前期形成的油气保存系统受构造运动的影响遭到完全破坏，但由于后期盆地（多为中、新生代盆地）叠加在前期被强烈改造的盆地之上，致使在新的盆地覆盖下形成一套新的油气保存系统。在中国南方较为典型的是江汉盆地，燕山运动使前期形成的油气保存系统几乎全部被破坏，燕山晚期—喜马拉雅期的伸展-断陷沉积，导致巨厚的陆相盖层覆盖，形成了新的油气保存系统。

# 第四节　源-盖控烃、斜坡-枢纽控聚理论

## 一、源-盖控烃、斜坡-枢纽控聚的提出及内涵

### （一）"探斜坡、探枢纽"的勘探实践

陆相生油理论的建立以及中国东部陆相盆地大庆、胜利等大油田建成，使我国的石油工业走上了独立自主发展的道路（胡见义等，1986；邱中建和龚再升，1999；金之钧等，2005）。随着国家油气需求不断增加和东部陆相盆地的油气产量和储量增加难度加大，20世纪90年代国家提出了陆上石油工业"稳定东部，发展西部"的战略方针，勘探重点随之逐步转移：地域上，从东部向西部转移；层系上，从陆相层系向海相层系转移。两个转移的主要目标都集中在海相碳酸盐岩层系。

全球碳酸盐岩中的油气探明储量约占总探明储量的38%，而大油气田中海相碳酸盐岩的油气探明储量约占60%，特别是中东的沙特、伊朗、伊拉克等地的巨型、大型油气田都产于碳酸盐岩层系。20世纪早期布克威尔德"中国贫油论"的依据也是中国缺乏海相层系沉积。由此可见，海相层系具有重大勘探价值。尽管中国西部、南方海相层系发育广泛，面积达到$240×10^4 km^2$，但截至20世纪末，其探明储量仅占总探明储量的5%。研究表明，中国海相碳酸盐岩层系发育多套烃源岩，如四川盆地的震旦系、寒武系、志留系、二叠系、三叠系发育五套烃源岩，塔里木盆地的寒武系、奥陶系、石炭系也至少发育三套烃源岩。全国第三次资源评价估计，整个海相碳酸盐岩层系油气资源量超过300亿t油当量，相当于全国油气总资源量的20%。近年来塔里木盆地塔河油田的探明，塔中、顺托地区油气藏的不断发现，四川盆地普光气田、元坝气田、安岳气田的发现，进一步证实我国碳酸盐岩油气的勘探潜力很大。

自20世纪50年代的四川石油勘探会战起，我国揭开了碳酸盐岩层系勘探的序幕。"六五"计划以来，持续开展科技攻关。但由于碳酸盐岩层系要么为南方、华北改造残留盆地，要么为埋深较大的塔里木、四川、鄂尔多斯深层地层，地质条件复杂，资源潜力不确定，工程难度大，特别是由于习惯了东部陆相盆地勘探成功经验，海相勘探成果始终没有达到期望值，勘探经历了多次曲折过程。如四川盆地自1964年发现了威远震旦系气田，直到2003年才发现普光二叠系气田；同样塔里木盆地1984年在沙参2井发现了海相油气（康玉柱，2004），直到13年后的1997年才找到了塔河油田。

## （二）源–盖控烃、斜坡–枢纽控聚的内涵

"十一五""十二五"两期国家重大专项在四川盆地探明元坝气田、安岳气田部分，川西深层发现了高产气流；在塔里木盆地不仅不断扩大塔河油田、塔中油田奥陶系，而且在哈拉哈塘、顺北、玉北钻遇油层，实现了突破与部分探明。勘探实践表明，无论与陆相盆地相比，还是与国外海相碳酸盐岩层系相比，我国海相碳酸盐岩层系盆地与油气成藏都具有多旋回发育、多期构造活动叠加–改造、多套烃源岩、多套储盖组合和多期充注–运聚–调整等特殊性。因此，经典的"源控论"难以适应古老碳酸盐岩层系油气勘探的需求，"源–盖控烃"理论，即烃源岩与区域盖层共同控制了油气的空间分布，就是在这样的背景下提出的。

"源控论"产生于 1962 年专家总结出的松辽盆地油气田分布规律，特指生烃凹陷控制油气田分布规律的理论。后来的含油气系统概念也是基于源控的理论（Magoon and Dow，1994）。因此"源控"是油气成藏的基础。古老碳酸盐岩盆地经历了多期叠合、改造，以致发生了多期充注、调整、改造过程，因此"源"的含义向外延伸，对于晚期成藏油气系统，"源"也包括古油藏。

中国古老碳酸盐岩层系多经历了加里东期、海西–印支期、燕山–喜马拉雅期多旋回叠合–改造过程，与陆相断陷单旋回盆地具有明显的不同。因此油气的保存显得尤为重要，这是强调盖层重要性的原因。由于盆地在发育后期经历了抬升、流体冲洗、断裂活动等，故区域盖层发育与否、发育完整性如何，是盆地油气系统保存最重要的地质因素与评价依据。基于古老碳酸盐岩盆地多期演化、成藏、改造的特点，"源–盖"控烃评价是一个动态演化的概念，必须基于四个有效性分析，即原型盆地叠加改造的有效性、烃源岩的有效性、整体保存条件的有效性、成藏组合的有效性。

"定凹探隆，定凹探边"的"源控论"油气勘探思路（张文佑等，1982），在中国东部的油气勘探实践中发挥了不朽的贡献，它指导了大庆、胜利、辽河等大油气田的发现。然而古老碳酸盐岩盆地无论是原型盆地，还是后期演化，都与之有较大的差别。在原型盆地方面，其地貌–沉积体系与陆相盆地不同，盆地几乎被海水覆盖，包括台地相–斜坡相–盆地相，盆地最深的部位并非沉降中心，也不是沉积中心，台地边缘和斜坡区是沉降与沉积中心。在后期演化过程中，由于隆凹变迁、断裂改造，储层不仅发育非均质性，而且分布也与原始沉积相带空间并不一定重合，这也是"定凹探隆，定凹探边"的勘探思路在中国西部不适用的重要原因。塔里木盆地、四川盆地和鄂尔多斯盆地勘探实践证实，古老碳酸盐岩盆地古斜坡（包括沉积、构造与二者的复合）是碳酸盐岩储层发育的有利区，也是油气聚集的有利区。而构造枢纽带是后期改造过程中相对稳定的区域，有利保存。斜坡带与构造枢纽带是古老碳酸盐岩叠合盆地油气聚集的有利区域。

# 二、斜坡带与油气成藏

勘探证实古斜坡带是古老海相层系重要的油气富集的有利区（康玉柱，2003）。通过

塔里木盆地斜坡带分析，金之钧等（2009）将盆地斜坡带划分为沉积斜坡、构造斜坡和二者叠合复合的叠合斜坡三类（图 3-19）。其中，沉积斜坡是指地层形成过程中的沉积地貌斜坡带，它包括洋盆陆架斜坡、陆相盆地边缘与洼陷转折带等。沉积斜坡可能发育于区域伸展或收缩过程，不同构造背景下沉积层序发育不同，故坡生储盖组合发育特征不同。既有全球构造规模，如由于板块构造运动形成的斜坡，也有板内构造差异活动形成的不同尺度与规模的沉积斜坡。前者如板块扩张裂谷、大洋和板块汇聚阶段三种不同构造环境形成的斜坡，后者如塔里木盆地内部下古生界满加尔凹陷西缘板内斜坡。

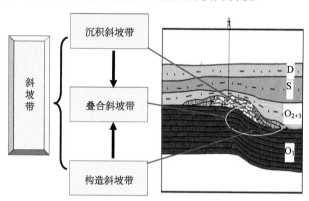

图 3-19　碳酸盐岩叠合盆地斜坡带类型（金之钧，2009）

构造斜坡是指隆起与凹陷的过渡区。沉积盆地受区域构造运动或局部构造隆升作用影响，内部发生隆、凹差异升降，隆起区以剥蚀为主，凹陷区继续接受沉积，在隆起与凹陷过渡期存在被少量剥蚀但强度不大的区域。碳酸盐岩层系不整合下伏地层改造作用强烈，是表生岩溶储层的关键，因此构造斜坡位置是缝洞型储层形成的有利区域。

斜坡带是沉积过程中水动力发生转折的区域，是烃源岩、沉积和准同生阶段发育储层的有利区带。在后期构造改造过程中，既是改造区，也是相对隆起改造较弱的区域，有利于喀斯特岩溶储层发育，所以斜坡带是烃源岩与储层发育区域。同时斜坡带位于隆起与凹陷过渡区，有利于油气的运聚，而且后期调整相对较弱，利于原有油气藏的保存。

**1. 台缘斜坡带是烃源岩发育的有利区**

台缘斜坡位于台地与盆地相过渡区，是非补偿沉积和上升洋流活跃区，对优质烃源岩发育十分有利。塔里木盆地野外露头和钻探揭示，盆地下古生界发育中-下寒武统、中-下奥陶统、中-上奥陶统多套烃源岩。其中下寒武统玉尔吐斯组、下奥陶统黑土凹组、中奥陶统萨尔干组为台缘斜坡相，不仅有机质含量高，而且分布相对广泛，为主力烃源岩。良里塔格组灰泥丘相烃源岩则局限于台缘高能相带内侧。中寒武统潟湖相烃源岩主要分布在盆地中西部有限的范围。正因如此，塔里木盆地北部拗陷带多期烃源岩叠覆分布，是油气的富集区。中央隆起区缺乏优质烃源岩的发育，油气富集程度不高。

**2. 台缘高能相带是碳酸盐岩储层发育有利区**

台缘礁滩相是受沉积相控制最显著的碳酸盐岩储层，也是世界上油气最为丰富的油气储集类型。普光大气田的发现，揭示中国海相碳酸盐岩层系台缘礁滩相也是勘探的重要区域。之后，四川盆地二叠系、三叠系台缘礁滩相在元坝、龙岗、川西都有勘探发现。在塔里木盆地塔中地区Ⅰ号断裂坡折带上良里塔格组台缘礁滩相也获得了重要进展，发现了六个工业油气藏。

台缘礁滩相高能相带经历了原始沉积和准同生过程，岩石基质孔渗性好，也有利于后期表生岩溶和热液岩溶作用的改造，有利于储层发育。塔北隆起的英买、塔河-轮南油田储层主要以礁滩相沉积相带为主，后期叠加了风化壳岩溶作用。

**3. 构造斜坡带是岩溶储层组合油气藏形成的有利区**

叠合斜坡有利于碳酸盐岩层系储层的发育，同时也是距离烃源岩发育区最近的区域，有利于油气的捕集和富集。塔里木盆地塔河-轮南油田主体油气藏就位于塔北沉积-构造叠合斜坡带上，油田主储层为奥陶系一间房组和少量鹰山组。其中一间房组和良里塔格组沉积时为雅克拉南斜坡高能相带，是台地与台内凹陷的过渡部位。一间房组与良里塔格组沉积后，由于区域构造作用塔北隆起构造隆升，风化剥蚀形成缝洞、孔洞型储层。它们与上覆石炭系巴楚组泥岩、桑塔木组砂泥盖层共同形成储盖组合。

# 三、构造枢纽带与油气成藏

构造枢纽带是指多期构造活动相对稳定的部位（吕修祥和胡素云，1998）。由叠合过程分析，既有水平构造变形，也有垂向升降的叠覆。因此对变形较弱的情况而言，构造活动相对稳定的主要特点是升降幅度较小，构造枢纽带类似跷跷板的支点部位（图3-20）。

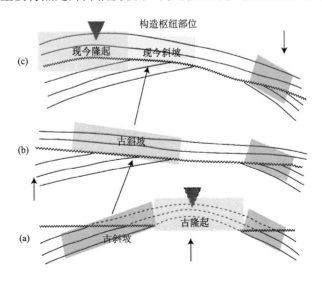

图 3-20　构造枢纽带形成过程

（a）古隆起形成后，地层抬升剥蚀，构造高点消失；（b）古斜坡继续存在，但是由于构造应力方向的变化，古斜坡形态、翘倾方向发生变化；（c）形成新的隆起，发育新的构造高点，斜坡的叠加部位形成枢纽部位枢纽带的形成与盆地格局、古隆起的翘倾变化、高点迁移密切相关。塔里木盆地的隆凹过渡在地质历史中不断迁移，古隆起内部次级构造单元在地质历史中也同样存在构造活动的稳定部位，存在构造高点的迁移以及构造斜坡的叠加过程，存在构造枢纽带的变化。按照发育规模，构造枢纽带可以分为一级、二级构造带。其中，跨越一级构选单元的为一级构造枢纽带，一级构造单元内跨越二级单元的构造枢纽带被称为二级构造枢纽带。

构造变动具有地质时代性，故构造枢纽带也具有时代意义。因此稳定是相对的，如果地质过程继承持续发育，构造枢纽带也会发生迁移演化。按照叠合导致的下覆地层产状变化，构造枢纽带又可分为继承性与反转两种。其中前者仍然属于构造枢纽带范畴，后者构造枢纽带废弃，失去了稳定区的意义。

构造枢纽带与油气成藏的关系主要有两个方面。

### 1. 有利后期保存

构造枢纽带是构造活动相对稳定的地区。既不是抬升的最高部位，也不是强烈变形和抬升"削顶"区域，因此处在一个油气聚集与保存的有利部位。

对于下古生界碳酸盐岩，晚期成藏时后期保存与破坏的矛盾似乎并不突出，如塔北隆起北部以库车拗陷三叠-侏罗系为源岩的油气聚集。但对于早期成藏，保存条件就显得尤为重要，这时构造枢纽带就显示出其巨大的优越性，既有有利的圈闭保存条件，又有优质的油气藏后期保存条件。

如塔中隆起的中央断垒带，抬升最高，处在隆起剥蚀的风口浪尖上，塔中 2 井、塔中 7 井、塔中 9 井等揭示石炭系直接覆盖在下奥陶统之上，井下在下奥陶统碳酸盐岩中见到沥青和稠油，说明早期形成的油藏都遭到了破坏。"先成藏后成山"不利于油气藏的保存，而构造枢纽带则可以免受冲击，很好地隐蔽下来。由于叠合盆地具有多油气源，出现了多期成藏的结果，潜山后期依然有机会捕获到油气。但由于碳酸盐岩油气运移的复杂性，并非是山就能聚集油气。与先成藏后成山相比，先成山后成藏更有利于油气藏的保存。无论隆起高部位是先成藏后成山，还是先成山后成藏，构造活动枢纽部位都处在油气运移的路途上，捕获途经的油气并保存下来的可能性最大。也就是说从捕获油气、保存油气两方面考虑，构造枢纽带是最有利的地区。

### 2. 油气运移调整指向区

构造枢纽带始终处在"隆-凹"过渡区，是油气运移指向区，具"近水楼台"的优势。如库车前陆盆地上部中、新生代地层为前陆盆地油气运移模式，来自库车凹陷的油气（何登发和李德生，1996）在雅克拉断凸北缘轮台断裂构造带上聚集，形成牙哈、羊塔克、英买 7、玉东 2 等油气田。

构造枢纽带始终是后期油气聚集、调整的有利方向。分析世界碳酸盐岩盆地勘探成果可知，油气聚集具有近源特点，即距离烃源岩灶越近，越有利于油气的成藏与富集。构造枢纽带正好处于凹陷与隆起之间，因此无论是后期调整运移指向，还是运移距离，都较隆起更为有利。如塔中 1 构造相对于满加尔凹陷、玛扎塔格断裂构造带相对于麦盖提斜坡，始终处在构造高部位，处在油气向上运移的路径上。就反向而言，雅克拉断凸北侧发生反倾，势必造成油气向南调整运移，这也是雅克拉断隆区阿克库勒凸起南部油气富集的原因之一。

事实上，阿克库勒凸起中南部既是中、晚奥陶世时期的沉积斜坡，也是中奥陶世末、晚奥陶世末—早-中泥盆世的构造斜坡，同样还是喜马拉雅期以来的构造枢纽带，因此不仅早期油气聚集条件有利，晚期保存与再调整也有利，从而形成巨型油气田。同样位于麦盖提斜坡的和田河隆起，与阿克库勒凸起有相似的地质背景与构造演化过程，但该区后期调整剧烈，仅仅发现了玉北1井一个规模有限的小油田。分析表明，该区在晚古生代—中生代处于构造枢纽带位置，因此油气富集成藏，后期塔西南持续向南沉陷，下古生界层系发生了由南向北倾斜到由北向南倾斜的反转过程，至喜马拉雅期构造枢纽带已迁移到了玛扎塔格构造带，油气发生调整运移，因此仅残留了较小的油气田。

# 参 考 文 献

蔡勋育, 朱扬明, 黄仁春. 2006. 普光气田沥青地球化学特征及成因. 石油与天然气地质, (3): 340-347

程克明, 王兆云, 钟宁宁, 等. 1996. 碳酸盐岩油气生成理论与实践. 北京: 石油工业出版社

戴金星. 1993. 天然气碳氢同位素特征和各类天然气鉴别. 天然气地球科学, Z1: 1-40

戴金星. 2003. 威远气田成藏期及气源. 石油实验地质, 25(5): 473-480

戴少武, 贺自爱, 王津义. 2001. 中国南方中、古生界油气勘探的思路. 石油与天然气地质, 22(3): 195-202

范明, 胡凯, 蒋小琼, 等. 2009. 酸性流体对碳酸盐岩储层的改造作用. 地球化学, 38(1): 20-26

郭彤楼, 楼章华, 马永生. 2003. 南方海相油气保存条件评价和勘探决策中应注意的几个问题. 石油实验地质, 25(1): 3-9

韩世庆, 王守德, 胡惟元. 1982. 黔东麻江古油藏的发现及其意义. 石油与天然气地质, 3(4): 316-327

郝芳, 姜建群, 邹华耀. 2004. 超压对有机质热演化的差异抑制作用及层次. 中国科学 D 辑: 地球科学, 34(5): 443-451

何登发, 李德生. 1996. 塔里木盆地构造演化与油气聚集. 北京: 地质出版社. 92-107

何登发, 赵文智, 雷振宇, 等. 2000. 中国叠合型盆地复合含油气系统的基本特征. 地学前缘, 7(3): 23-37

何登发, 马永生, 杨明虎. 2004. 油气保存单元的概念与评价原理. 石油与天然气地质, 25 (1): 1-8

何治亮, 徐宏节, 段铁军. 2005. 塔里木多旋回盆地复合构造样式初步分析. 地质科学, 40(2): 153-166

赫云兰, 刘波, 秦善. 2010. 白云石化机理与白云岩成因问题研究. 北京大学学报（自然科学版）, 46(6): 53-63

胡朝元. 1982. 生油区控制油气田分布——中国东部陆相盆地进行区域勘探的有效理论. 石油学报, 3(2): 9-13

胡见义, 黄第藩. 1991. 中国陆相石油地质理论基础. 北京: 石油工业出版社

胡见义, 徐树宝, 童晓光. 1986. 渤海湾盆地复式油气聚集区（带）的形成和分布. 石油勘探与开发, 1(1): 1-8

胡作维, 黄思静, 王春梅, 等. 2009. 锶同位素方法在油气储层成岩作用研究中的应用. 地质找矿论丛, 24(2): 160-165

贾承造, 姚慧君, 魏国齐, 等. 1992. 塔里木板块构造演化和主要构造单元地质构造特征. 见: 童晓光, 梁狄刚主编. 塔里木盆地油气勘探论文集. 乌鲁木齐: 新疆科技卫生出版社. 80-92

贾承造, 李本亮, 张兴阳, 等. 2007. 中国海相盆地的形成与演化. 科学通报, 52(增刊Ⅰ): 1-8

金之钧. 2005a. 中国典型叠合盆地及其油气成藏研究新进展（之一）——叠合盆地划分与研究方法. 石

油与天然气地质, 26(5): 553-562

金之钧. 2005b. 中国海相碳酸盐岩层系油气勘探特殊性问题. 地学前缘, 12(3): 15-21

金之钧. 2010. 我国海相碳酸盐岩层系石油地质基本特征及含油气远景. 前沿科学, 4(13): 11-23

金之钧, 蔡立国. 2007. 中国海相层系油气地质理论的继承与创新. 地质学报, 81(8): 1017-1024

金之钧, 张刘平. 2002. 沉积盆地深部流体的地球化学特征及油气成藏效应初探. 地球科学: 中国地质
　　大学学报, 27(6): 659-665

金之钧, 庞雄奇, 吕修祥. 1998. 中国海相碳酸盐岩油气勘探. 勘探家, 3(4): 66-69

金之钧, 云金表, 周波. 2009. 塔里木斜坡带类型、特征及其与油气聚集的关系. 石油与天然气地质,
　　30(2): 127-135

康玉柱. 2004. 中国塔里木盆地塔河大油田——纪念沙参 2 井油气重大突破 20 周年. 新疆: 新疆科学技
　　术出版社. 1-5

雷天柱, 靳明, 张瑞, 等. 2007. 柴达木盆地西部第三系烃源岩生烃动力学研究. 兰州大学学报: 自然科
　　学版, 43(1): 15-18

李超, 屈文俊, 王登红, 等. 2010. 富有机质地质样品 Re-Os 同位素体系研究进展. 岩石矿物学杂志,
　　29(4): 421-430

李明诚. 2000. 石油与天然气运移研究综述. 石油勘探与开发, 27(4): 3-10

李明诚, 李伟, 蔡峰, 等. 1997. 油气成藏保存条件的综合研究. 石油学报, 18(2): 41-48

李小地. 1996. 油气藏成因模式探讨. 石油勘探与开发, 23(4): 1-5

梁兴, 吴少华, 马力, 等. 2003. 赋予含油气系统内涵的南方海相含油气保存单元及其类型. 海相油气地
　　质, 8(324): 81-88

刘树根, 马永生, 孙玮, 等. 2008. 四川盆地威远气田和资阳含气区震旦系油气成藏差异性研究. 地质学
　　报, 82(3): 328-337

刘文汇. 2009. 海相层系多种烃源及其示踪体系研究进展. 天然气地球科学, 20(1): 1-7

刘文汇, 王万春. 2000. 烃类的有机（生物）与无机（非生物）来源——油气成因理论思考之二. 矿物岩
　　石地球化学通报, 19(3): 179-186

刘文汇, 张殿伟, 高波, 等. 2006. 天然气来源的多种途径及其意义. 石油与天然气地质, 26(4): 393-401

刘文汇, 张建勇, 范明, 等. 2007. 叠合盆地天然气的重要来源——分散可溶有机质. 石油实验地质, (1):
　　1-6

刘昭茜, 梅廉夫, 郭彤楼, 等. 2009. 川东北地区海相碳酸盐岩油气成藏作用及其差异性. 石油勘探与开
　　发, 36(5): 552-561

吕修祥, 胡素云. 1998. 塔里木盆地油气藏形成与分布. 北京: 石油工业出版社. 1-87

马力, 叶舟, 梁兴. 1998. 南方重点盆地海相油气勘探新进展. 见: 赵政璋. 油公司油气勘探之路: 新区
　　勘探项目管理探索. 北京: 石油工业出版社. 133-152

马力, 陈焕疆, 甘克文, 等. 2005. 中国南方大地构造和海相油气地质（上、下册）. 北京: 地质出版社

马永生. 2007. 四川盆地普光超大型气田的形成机制. 石油学报, 28(2): 9-14

马永生, 楼章华, 郭彤楼, 等. 2006. 中国南方海相地层油气保存条件综合评价技术体系探讨. 地质学
　　报, 80(3): 406-417

马永生, 蔡勋育, 郭彤楼. 2007. 四川盆地普光大型气田充注与富集成藏的主控因素. 科学通报, (A01):
　　149-155

秦建中, 等. 2005. 中国烃源岩. 北京: 科学出版社. 1-400

秦建中, 付小东, 刘效曾. 2007. 四川盆地东北部气田海相碳酸盐岩储层固体沥青研究. 地质学报, (8):
　　1065-1071

秦建中, 孟庆强, 付小东. 2008. 川东北地区海相碳酸盐岩三期成烃成藏过程. 石油勘探与开发, 35(5):
　　548-556

邱中建, 龚再升. 1999. 中国油气勘探 第三卷 东部油区. 北京: 石油工业出版社, 地质出版社

施泽进, 王勇, 田亚铭, 王长城. 2013. 四川盆地东南部震旦系灯影组藻云岩胶结作用及其成岩流体分析. 中国科学: 地球科学, 43: 317-328

田在艺, 张庆春. 1997. 中国含油气沉积盆地论. 北京: 石油工业出版社. 1-135

王杰, 刘文汇, 陶成, 等. 2018. 海相油气成藏定年技术及其对元坝气田长兴组天然气成藏年代的反演. 地球科学, 43(6): 1817-1829

王津义, 付孝悦, 潘文蕾, 等. 2007. 黔西北地区下古生界盖层条件研究. 石油实验地质, 29(5): 477-481

王利超, 胡文瑄, 王小林, 等. 2016. 白云岩化过程中锶含量变化及锶同位素分馏特征与意义. 石油与天然气地质, 37(4): 464-472

王小林, 胡文瑄, 陈琪, 等. 2010. 塔里木盆地柯坪地区上震旦统藻白云岩特征及其成因机理. 地质学报, 84(4): 1479-1494

王一刚, 余晓锋, 杨雨, 等. 1998. 流体包裹体在建立四川盆地古地温剖面研究中的应用. 地球科学——中国地质大学学报, 23(3): 285-288

王招明, 王清华. 2000. 塔里木盆地和田河气田成藏条件及控制因素. 海相油气地质, 5(1): 124-132

伍天洪, 关平, 刘文汇. 2005. 作为碳酸盐岩中可能烃源物质的有机酸盐. 天然气工业, 25(6): 11-13

谢增业, 田世澄, 魏国齐. 2005. 川东北飞仙关组储层沥青与古油藏研究. 天然气地球科学, 16(3): 283-288

徐永昌, 等. 1994. 天然气成因理论及应用. 北京: 科学出版社

袁玉松. 2009. 中上扬子地区埋藏史、热史及源-盖匹配关系. 中国石化石油勘探开发研究院博士后出站报告. 1-189

云露, 曹自成. 2014. 塔里木盆地顺南地区奥陶系油气富集与勘探潜力. 石油与天然气地质, 35(6): 788-797

翟晓先, 顾忆, 钱一雄, 等. 2007. 塔里木盆地塔深 1 井寒武系油气地球化学特征. 石油实验地质, 29(4): 329-333

张殿伟, 刘文汇, 高波, 王杰. 2012. 稀土元素灰色关联法用于南方高演化油源示踪. 石油学报, 33(增刊): 126-131

张文佑, 谢鸣谦, 李永明. 1982. 论"定凹探边"与"定凹探隆". 地质科学, (4): 343-350

张永旺, 曾溅辉, 张善文. 2009. 烃源岩-流体相互作用模拟实验研究. 地质学报, 83(3): 445-453

赵孟军, 张水昌, 等. 2001. 原油裂解气在天然气勘探中的意义. 石油勘探与开发, 28(4): 47-49

赵文智, 何登发. 1996. 含油气系统理论在油气勘探中的应用. 勘探家, 1(2): 12-19

赵文智, 何登发. 2000. 中国复合含油气系统的概念及其意义. 勘探家: 石油与天然气, 5(3): 1-11

郑伦举, 秦建中, 何生, 等. 2009. 地层孔隙热压生排烃模拟实验初步研究. 石油实验地质, 31(3): 296-302

郑荣才, 文华国, 郑超, 等. 2009. 川东北普光气田下三叠统飞仙关组白云岩成因——来自岩石结构与 Sr 同位素和 Sr 含量的证据. 岩石学报, 25(10): 2459-2468

周建伟, 李术元, 钟宁宁. 2005. 催化加氢热解/气相色谱-质谱研究沉积物中生物标志物. 燃料化学学报, 33(5): 586-589

朱光有, 张水昌, 梁英波, 等. 2006. TSR 对深部碳酸盐岩储层的溶蚀改造——四川盆地深部碳酸盐岩优质储层形成的重要方式. 岩石学报, 22(8): 2182-2194

朱如凯, 郭宏莉, 高志勇, 等. 2007. 中国海相储层分布特征与形成主控因素. 科学通报, (S1): 40-45

Addis M A. 1987. Mechanisms for sediment compaction responsible for oil field subsidence. Ph.D Thesis of University of London

Akilan C, Rohman N, Hefter G, Buchner R. 2006. Temperature effects on ion association and hydration in $MgSO_4$ by dielectric spectroscopy. Chem Phys Chem, 7: 2319-2330

Barker C. 1991. 石油裂解成天然气过程中储层体积和压力的变化计算. 天然气地球科学, (4): 179-185

Brand U, Veizer J. 1980. Chemical diagenesis of a multicomponent carbonate system; 1, Trace elements. Journal of Sedimentary Research, 50: 1219-1236

Connolly C A, Walter L M, Baadsgaard H, Longstaffe F J. 1990. Origin and evolution of formation waters, Alberta basin, western Canada sedimentary basin. I. chemistry. Applied Geochemistry, 5: 375-395

Creaser R A, Sannigrahi P, Chacko P, et al. 2002. Further evaluation of the Re-Os geochronometer in organic rich sedimentary rocks: A test of hydrocarbon maturation effects in the Exshaw Formation, Western Canada Sedimentary Basin. Geochimica et Cosmochimica Acta, 66(19): 3441-3452

Dow W G. 1974. Application of oil correlation and source rock data to exploration in Williston Basin. AAPG Bull, 58(7): 1253-1262

Hunt J M. 1979. Petroleum Geochemistry and Geology. New York: Freeman. 1-273

Ingram G M, Urai J L. 1999. Top-seal leakage through faults and fractures: the role of mudrock properties. Geological Society, London, Special Publications, 158(1): 125-135

Ishii E, Sanada H, Funaki H, et al. 2011. The relationships among brittleness, deformation behavior, and transport properties in mudstones: an example from the Horonobe Underground Research Laboratory, Japan. Journal of Geophysical Research, 116(B9): 1-15

Kendall B S, Creaser R A, Ross G M, et al. 2004. Constraints on the timing of Marinoan "Snowball Earth" glaciation by $^{187}$Re-$^{187}$Os dating of a Neoproterozoic, post-glacial black shale in Western Canada. Earth and Planetary Science Letters, 222(3/4): 729-740

Ladd C C, Foott R. 1974. New design procedure for stability of soft clays. ASCE J Geotech Eng Div, 100(GT7): 763-786

Lu Z, Jenkyns H C, Rickaby R E M. 2010. Iodine to calcium ratios in marine carbonate as a paleo-redox proxy during oceanic anoxic events. Geology, 38: 1107

Machel H G, Mountjoy E W. 1986. Concepts and models of dolomitization: A critical reappraise. Earth Sci Rev, 23: 175-222

Magoon L B, Dow W G. 1994. The petroleum system-from source to trap. AAPG Memoir, 60: 3-24

Mogi K. 1966. Pressure dependence of rock strength and transition from brittle fracture to ductile flow. Bull, Earthquake Res Inst, Japan, 44: 215-232

Nygård R, Gutierrez M, Bratli R K, et al. 2006. Brittle-ductile transition, shear failure and leakage in shales and mudrocks. Marine and Petroleum Geology, 23(2): 201-212

Rooney A D, Selby D, Lewan M D, et al. 2012. Evaluating Re-Os systematics in organic-rich sedimentary rocks in response to petroleum generation using hydrous pyrolysis experiments. Geochimica et Cosmochimica Acta, 77(2): 275-291

Selby D, Creaser R A, Fowler M G. 2007. Re-Os elemental and isotopic systematics in crude oils. Geochimica et Cosmochimica Acta, 71(2): 378-386

Shen J J, Papanastassiou D A, Wasserburg G J. 1996. Precise Re-Os determinations and systematics of iron meteorites. Geochimica et Cosmochimica Acta, 60: 2887-2900

Smoliar M I, Walker R J, Morgan J W. 1996. Re-Os ages of group ⅡA,ⅢA,ⅣA, and ⅣB iron meteorites. Science, 271: 1099-1102

Tissot B P, Welte D H. 1978. Petroleum Formation and Occurrence—a New Approach to Oil and Gas Exploration. Berlin, Heidelberg, New York: Springer-Verlag. 1-538

# 第四章　海相碳酸盐岩层系油气勘探技术进展

## 第一节　综合地球物理勘探技术

## 一、碳酸盐岩物理模拟及精细数值模拟

地震模拟技术是研究实际复杂地区地震波传播的一种重要手段。通过该技术可以了解地震波在储层中的传播规律，指导油气储层的采集设计，检验储层反演方法的正确性。地震模拟分为物理模拟和数值模拟。

### （一）碳酸盐岩储层物理模拟

#### 1. 模型制作

地震物理模型技术是一种利用振动波在模型介质内传播的过程了解地震波传播的基本特性和规律的探测方法。目前地震物理模拟技术中的振动波为超声波，它测量的基础是介质声学量的测量。超声波在介质中的传播过程和传播规律与地震波在岩层（弹性介质）中的传播过程与规律在频率上有差异，但其物理机制是相同的。超声波在物理模型内传播符合弹性波的传播规律。所以对实验室中物理模型中的弹性波进行测量，并对波形特征进行分析，能够模拟野外地震勘探，从而达到揭示岩层内部地震波传播规律的目的。

为了模拟碳酸盐岩溶洞型储层，开发了具有孔渗特性的硅酸盐水泥复合材料。根据碳酸盐岩的结构特征以及地震物理模型材料的制作要求，选择具有孔渗结构的无机工程材料硅酸盐水泥作为制作模型的基础材料，通过添加功能材料及有机添加剂来改变材料的声波传播速度和材料塑性，达到模拟不同地层速度的实验要求，从材料速度方面来研究模型材料的配方，最终形成速度梯度。

在储层内部刻画不同形态的溶洞模型时，选择了均匀度、透声性都非常好并且易于加工的有机玻璃作为底层模型材料，预先设计好溶洞的形态，然后在有机玻璃上雕刻成型。

利用聚氨酯复合材料制作好增韧模型材料后，把样品放在压力机上进行压裂，可以根据裂缝要求，选择不同韧性的复合材料，制作不同的裂缝簇，压裂时需控制压裂速度，防止压机速度过高而无法控制裂缝簇的形态。通过人工切割的新工艺得到高、低速裂缝模型。

**2. 物理模型采集**

常规的地震物理模型测试手段使用压电式超声波探头来接收信号，这是一种接触式测量，其测量效率较低，真实性和重复性较差，在对一些模型进行检测时耦合效果不好或者根本无法耦合。激光检测是一种先进的非接触测量方法，其测量精度高、效率高、重复性好，可方便地应用于物理地质模型检测。在碳酸盐岩储层物理模拟研究过程中，研究人员成功研制了一种非接触式激光激发、接收系统，并成功进行了固地地质模型的超声波连续采集，取得了比较好的效果。激光超声波法是利用超声波来产生振动，用激光接收实现材料特性和缺陷检测的技术。图 4-1 左图是实验室固体地震物理模型超声发射-激光接收的示意图，右图是用激光接收到的模型表面产生振动信号的波形图。它将模型表面的振动信号（位移或速度）转换为电信号，然后送给计算机进行分析处理。

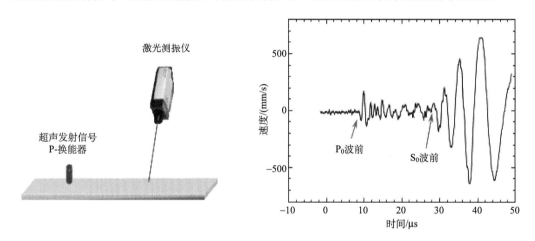

图 4-1　超声发射-激光接收地震物理模型实验示意图

在碳酸盐岩储层物理模拟研究中，设计了自动连续测量系统的硬件架构和连续自动测量流程，加工了专用激光头夹具，开发了专用软件。使得激光头可根据需要在 X、Y、Z 三个方向上连续运动，并在运动过程中进行多点连续测量。非接触式激光激发、接收的物理实验采集系统可以对固地地质模型的超声波进行连续、准确采集，使得物理模拟效率大幅提高。

**3. 碳酸盐岩储层物理模拟分析**

从物理模拟叠加和偏移成像结果可以看出,溶洞的绕射能量随其尺度减小逐渐减弱,当溶洞尺度小于 $\lambda/20$ 左右时，从地震反射波形上基本不能直接分辨，用常规处理无法成像。溶洞尺度 20 m 以上的"洞"可以形成串珠，并且溶洞尺度越大，在剖面上"串珠"越长，在横向范围越大。溶洞直径大于 80 m 的溶洞绕射信号出现了明显的顶、底反射现象，且溶洞底的反射能量大于顶的反射。

从裂缝区底界面的反射记录可以看出裂缝介质中的纵波速度呈现出方位各向异性特征。波速在平行裂缝方向最大，在垂直裂缝方向最小。当裂隙中含气时，振幅方位各向异性最强；当裂隙中含饱和流体时，振幅方位各向异性程度最弱；而裂隙中含部分饱和流体时，振幅变化幅度则在两种模型之间。地震物理模拟实验及数据分析表明，利用频率相位特性、频率相位衰减特性和主频的频率振幅走势可以综合定量刻画裂缝异常体的规模与形状，识别不连续异常体。

## （二）碳酸盐岩储层精细数值模拟

地球物理领域波动方程的数值模拟方法主要有三种：有限差分法、有限元法、伪谱法。其中有限差分法是目前应用最广泛的方法。该方法采用可变网格技术，即在同一个速度模型中，对需要精细剖分的部分采用较细的网格，而在速度均匀或变化缓慢的地方采用尺寸较大的网格，这样做既保证了模拟的效率，又提高了模拟的质量。

### 1. 裂缝介质中的地震波模拟及分析

通过垂直裂缝的数值模拟研究工作，取得了不同充填物以及不同裂缝密度的垂直裂缝的地震响应特征。当裂隙中含气时，振幅方位各向异性最强；当裂隙中含饱和流体时，振幅方位各向异性程度最弱；而裂隙中含部分饱和流体时，振幅变化幅度则在两种模型之间。不同的裂隙填充物引起的反射 P 波振幅与速度方位各向异性程度也不相同，振幅的各向异性程度远大于速度的各向异性。

当裂隙密度不断减小时，无论含气裂隙还是含饱和流体裂隙，其底板反射 P 波的振幅及速度大小都逐渐接近背景基岩的反射 P 波特性，同时两种模型的振幅及速度的方位各向异性程度都逐渐减小，其区别在于，含气裂隙振幅不断增加，而含饱和流体的振幅则不断减小。当裂隙密度增加时，速度和振幅的方位各向异性程度相应增加。含气裂隙的振幅在测线与裂隙走向平行时，随裂隙密度的变化最大；而含饱和流体裂隙的振幅变化则相反，在测线与裂隙走向垂直时，裂隙密度的不同引起的变化最大。

当裂缝在界面顶端时，不同倾角的裂缝呈现不同的地震响应，倾角越小的裂缝响应越明显，响应范围较大。当裂缝在界面底面时，地震响应稍弱，不同倾角裂缝地震响应差异不太大。

### 2. 溶蚀孔洞储层的数值模拟及分析

用变网格、变步长的有限差分法模拟地震波在不同模型中的传播，总结每个模型参数对应的地震响应特征。由孔洞发育带产生的散射波主频高于地震子波主频。缝洞越向纵向延展，散射波主频提高得越多。缝洞中裂缝越多，其散射波的频带越宽。不同的尺度情况下，各道的散射波能量分布有所不同，随着缝洞尺度在纵向上的拉伸，其散射波的能量向中间道聚集。填充气体时散射波的主频接近地震子波主频，但远低于填充液体情况下的反射波主频。在频率空间域能量分布情况上，填充气体时能量分布趋向于向中央聚集。

### 3. 礁滩储层的数值模拟及分析

首先构建地质模型对应的数值模型，然后采用变网格、变步长的有限差分对数值模型进行声波模拟。和物理模拟结果一样，生物礁结构在数值地震剖面上整体也呈丘状凸起。但是和物理模拟相比，礁后只有一个相对较大的滩显示比较明显，而另外两个尺度相对较小的滩则不明显。这主要是因为物理模拟震源的主频高、分辨率高，较小的滩也可以呈现出来。而数值模拟中，震源的主频相对较低，因此较小的生物滩显现不出来。此外由于数值模拟中模型周边采用 PML 吸收边界条件，数值模拟结构的偏移剖面上的噪声比物理模拟剖面上的噪声要明显小很多，所以数值模拟的成像质量比物理模拟的高。

# 二、复杂地区的地震成像技术

中国海相碳酸盐岩地区油气地球物理勘探中面临的地质特点可以概括为"三个复杂"：复杂地表、复杂构造、复杂储层。"复杂构造、复杂储层"代表着复杂的勘探对象，而"复杂地表"则代表着恶劣的勘探条件。恶劣条件下对复杂对象的勘探，对地球物理勘探方法技术及其装备提出了更高的要求。

"三个复杂"给地球物理勘探技术带来的主要问题包括：难以获得有效的地震资料或地震资料信噪比低甚至极低；常规地震数据处理技术难以获得有效的地震成像结果，成像不清晰、不准确，无法应用于地质构造解释；地震资料的信噪比、分辨率、保真度、成像精度不高，难以用于储层预测精细描述、流体识别等。解决以上问题需要大力发展地球物理勘探新技术，开展一系列的基础理论与机理性研究，努力争取勘探技术的进步与突破。

## （一）碳酸盐岩地层地震成像影响因素分析

### 1. 有效波场能量

地震资料高保真处理，简单说来就是消除表层条件变化对振幅和子波的影响，使得地震处理成果能够比较真实客观地反映地下地质现象的变化。

南方海相碳酸盐岩油气区的地震地质特点造成地震资料信噪比低，有效波能量弱，使得地震采集面临很大的难题，究其原因为：①山地表层地质结构复杂；②地震激发接收因素不一致；③近地表干扰波发育、能量强，深层有效波能量弱。这需要我们不断改进相应的技术对策。

在地震资料处理过程中，要重点做好地震振幅一致性处理，消除地表变化对反射波振幅、相位、频率和波形的影响，突出资料的地震响应特征，以保证反射波的振幅特征能真实地反映地下岩性和构造的变化。在努力获得高品质成果的同时，做好保真处理和突出资料的含油气地震响应特征应是一个重点。在预处理中，一般应用球面扩散补偿、弱能量道补偿和地表一致性振幅补偿等技术相结合，消除地表的变化以及采集因素不同引起的振幅变化，努力实现振幅一致性处理。

在我国南方山地等复杂地表条件下，地震勘探记录的信噪比低、消除表层影响困难是最突出的两个问题，而它们均与地形起伏、表层地质结构复杂有直接的关系。复杂的地形和地质条件给地震数据采集、资料处理和解释提出了严峻挑战，剧烈起伏地表引起的地震波的地表散射和面波交织在一起，形成了非常强而复杂的地表干扰波，地下反射波被严重扭曲，给地下成像造成极大困难。要从根本上解决这些问题，必须首先从三维角度认识地形起伏、地表岩性变化情况下地震波传播的有关规律。

我国碳酸盐岩地区地质历史时期经过多期构造运动和长期的风化及水化学作用，裂缝、溶洞比较发育。由于碳酸盐岩中的裂缝、溶洞储集体具有强烈的非均质性，目前碳酸盐岩孔、缝、洞储层地震勘探遇到的困难，归根结底是对这类复杂介质产生的地震波传播特征还没有本质性的认识。而介质的复杂性决定了该类介质中的地震波传播没有解析解。

### 2. 信噪比分析

低信噪比地震数据给各处理环节和成像带来极大的问题。因此，有人把低信噪比列为地震勘探的头号问题是有道理的。当前，对复杂地区地震资料的低信噪比数据产生的机制不十分清楚，一般认为主要由地表的剧烈起伏变化引起。因此，应该用非水平地表情况下的基于模型的弹性波波场外推方法来消除。前人已经使用过波场深度外推去除噪声的方法。但是，地表速度模型未知，而且非水平地表弹性波成像的数值模拟问题也没有从理论上根本解决。

针对不同类型的干扰波，在认真做好噪声分析的基础上，重点要进行叠前、叠后去噪研究，采用多域、多去噪方法联合的技术方法有效地压制噪声，不断提高地震资料的信噪比。

众所周知，压制噪声的最好方法是同相叠加，因此我们认为应该充分利用来自同一个菲涅尔带的反射来进行同相叠加压制噪声。共反射面元（CRS）叠加是很流行的做法，但是 CRS 叠加的优化数值计算非常费时，对于数据是否来自同一个菲涅尔带内也没有很好的判断方法，剖面上不同倾角的同相轴交叉会引起倾角选择效应。CRS 叠加的思路是正确的，但实现方法需要改进。正确思路是：在成像空间中利用来自同一个菲涅尔带的反射的同相叠加性质，利用投影的方法进行叠前时间偏移，把来自同一个菲涅尔带的反射叠加在一起。同时要考虑地下反射界面的形态。

### 3. 预处理质量

地震资料处理以高信噪比、高保真度、高分辨率和高速度场精度为目标。处理项目组人员要参与地震资料采集阶段工作，对三维地震原始资料做认真分析，及时了解三维地震原始资料情况，为后期地震资料的预处理奠定基础。

地震预处理包括地震处理技术流程建立与关键技术参数测试，其中研究内容包括：表层静校正技术、叠前、叠后去噪技术、振幅补偿技术、提高分辨率技术等。处理中要求叠前预处理流程、参数合理，为后期地震成像处理提供高信噪比的叠前道集、偏移所需的速度资料和初步的偏移成果资料等。

应加强地震处理过程中的质量监控，保证处理中的每一步流程必须采用合理的技术方法进行质量检测，以确保结果的可靠性和准确性，选择和确定符合地质目的要求的处理参数流程方案。每一步作业完成后，要抽取适当数量的中间成果显示，分析处理效果，同时根据具体资料分析存在的问题，提出和确定下一步解决问题的处理技术方案。

对于我国南方碳酸盐岩地区，因地表复杂，噪声干扰严重，在进行叠前偏移前得到高信噪比的地震叠前资料一直是预处理追求的主要目标之一。图 4-2 是地震单炮记录去除噪声前后的效果比较。

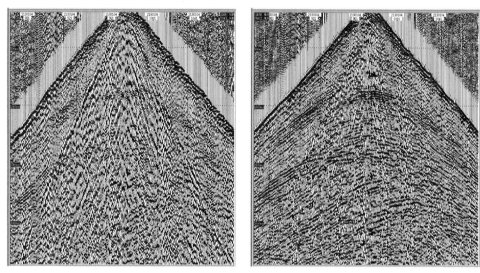

图 4-2　　地震单炮记录去除噪声前（左图）后（右图）的效果比较

**4. 速度建模精度的影响**

地震波传播速度是地震勘探中最重要的参数之一。速度贯穿于地震数据采集、处理和解释的整个过程，从基于模型照明分析的观测系统优化与照明补偿，到常规叠加处理、叠后（前）时间（深度）偏移，再到时深转换、地层压力预测及岩性与储层刻画等。速度分析的结果不仅影响着成像效果，更重要的是影响着成像与解释结果的可靠性。特别是在油气勘探地质条件十分复杂的情况下，普遍认为叠前偏移，尤其是叠前深度偏移是提高复杂地区地震成像质量的一种非常有效的手段。而叠前偏移对宏观速度模型十分敏感，成像质量的好坏和可信度与偏移速度模型的精度密切相关，所以速度模型构建与偏移成像方法同等重要，目前它是地震成像方面一个重要的研究内容。

# （二）地震成像方法

地震偏移的本质是使倾斜反射归位到它们真正的地下界面位置，并使绕射波收敛，以此提高空间分辨率，得到地下界面的真实地震图像。

随着勘探与开发要求的不断提高，地震勘探越来越关注复杂碳酸盐岩地区的精确成像。复杂碳酸盐岩地区精确成像的难题主要表现为：地表复杂（山地、沙漠等），地层倾角大，纵横向速度变化剧烈，断层发育，目的层埋藏深等。地震偏移技术正是为了满足这一需求而不断发展和完善的。通过对比与分析各种偏移技术的优缺点，可以正确地选择偏移方法，以便提高地震数据成像的精确度。目前，三维叠前时间偏移技术比较成熟，而叠前深度偏移技术也在发展中逐步趋于完善。可以预期，深度偏移技术在未来将会有更大的发展，对于提高复杂构造的成像精度和勘探效益，必将发挥更加重要的作用。

常规时间偏移假设地下地层比较平坦，射线路径弯曲有限，对简单地质构造成像效果较好。对于复杂构造精确成像，需要使用深度域成像，因为深度偏移允许射线在传播中发生弯曲，允许介质存在横向速度变化。只要能求准地下速度场分布规律，了解射线路径的弯曲方式，即可求准地下反射体的准确位置。

按照一般的分类，叠后偏移包括有限差分偏移、克希霍夫积分法偏移和频率-波数域波动方程偏移等方法。

有限差分波动方程偏移是求解近似波动方程的一种数值解法，近似解能否收敛于真解，与差分网格的划分和延拓步长的选择有很大关系，特别当地层倾角较大、构造复杂时，网格剖分直接影响着近似解的精度。一般而言，网格剖分越细，精度越高，相应的计算量越大。另外，所采用的近似波动方程的级数越高，求解的精度越高。但是，用有限差分法求解高阶偏微分方程存在着不少实际困难。与其他两种偏移方法相比，有限差分法在理论和实际应用上都比较成熟，输出偏移剖面噪声小。由于采用递推算法，在形式上能处理速度的纵横向变化。缺点是受反射界面倾角的限制，当倾角较大时，产生频散现象，使波形畸变，另外，它要求等间隔剖分网格。

克希霍夫积分法偏移建立在物理地震学的基础上，它利用克希霍夫绕射积分公式把分散在地表各地震道上来自同一绕射点的能量收敛到一起，置于地下相应的物理绕射点上。该方法适用于任意倾角的反射界面，对剖分网格要求灵活。缺点是难以处理横向速度变化，偏移噪声大，"划弧"现象严重，确定偏移参数较困难，有效孔径的选择对偏移剖面的质量影响很大。

与有限差分法和克希霍夫积分法相比，频率-波数域波动方程偏移不在时间-空间域，而是在与之对应的频率-波数域进行。它兼有有限差分法和克希霍夫积分法的优点，计算效率高，无倾角限制，无频散现象，精度高，计算稳定性好。缺点是不能很好地适应横向速度剧烈变化的情况，对速度误差较敏感。

三维叠前深度偏移方法主要采用克希霍夫积分法，它的优点是计算效率高，对野外观测无任何限制，也就是野外适应能力强，且能较好地适应大倾角偏移，具有抗假频能力。当然，该方法也存在诸多的缺点，如：偏移结果降频严重，实现保幅偏移较难。使用宏观地质模型决定了它不适合研究地质构造细节。

最新发展的地震波叠前逆时偏移是基于波动理论的深度域偏移方法，是现行各种偏移算法中最精确的一种成像方法。该算法采用全波场波动方程（双程波动方程），通过对波动方程中的微分项进行差分离散实现数值计算，对波动方程的近似较少，因此不受构造倾角和偏移孔径的限制，可以有效地处理纵横向存在剧烈变化的地球介质物性特征。

其主要过程包括：炮点波场向下正传，检波点波场向下反传，以及正传波场与反传波场利用互相关成像条件在地下点成像。

对于逆时偏移，波场传播是允许双程的，对于炮点既保留正传向下的波场，也保留反传向上的波场；对于检波点波场来说，只是做简单的逆时反传，保留全部波场，不做任何处理，这样就可以对那些入射波场向上传播的特殊波（比如回转波、棱柱波、多次波）成像，克服常规波动方程成像所存在的地下地层倾角限制，十分有利于复杂构造，甚至反转构造的成像。逆时偏移成像关键参数是孔径与成像差分网格大小的选择。

在山前带复杂地区（天山亚带），由于逆时深度偏移解决了多值走时问题，因而可以在复杂介质中精确成像。从逆时深度偏移结果分析，经过与常规积分法深度偏移对比，发现盐下中深层目的层构造形态归位合理，各反射层具有真实的横向能量变化，层间构造信息比较丰富，深度剖面比较真实地反映了本区地下构造形态。说明盐下 T30、T33 地层是一组向南上倾类似单斜构造的地层，在固 1 井位置为局部回倾，非构造高点部位。图 4-3 为逆时偏移与常规积分法叠前深度偏移剖面对比。

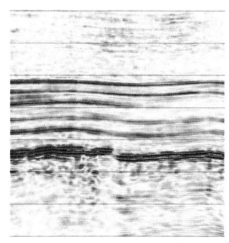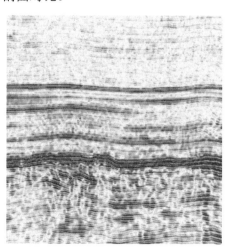

图 4-3　联络线方向积分法叠前深度偏移（左）与逆时偏移（右）剖面对比

根据散射理论，反射波可视为绕射波叠加的结果，因此，基于绕射理论的成像方法更具有普遍适应性。叠前时间偏移方法的出发点是表达地震波传播旅行时的双平方根方程，对双平方根方程做不同的变形，结合波动理论可以导出不同的叠前时间偏移方法。Banacroft 和 Geiger（1994）给出的等效偏移距方法是叠前时间偏移方法中的一种，在偏移过程中，该方法直接应用双平方根方程，将共中心点（CMP）道集映射到共散射点（CSP）道集，继而在 CSP 道集上采用克希霍夫积分实现成像。从运动学角度看等效偏移距方法没有受层状介质模型（反射界面）假设限制，因此更适合绕射波成像。

## （三）碳酸盐岩地层地震波速度建模方法

### 1. 近地表速度建模

近地表速度建模是在地震勘探中利用必需的观测设备和相应的观测方式获得近地表

地球物理信息研究表层结构的过程，又称为表层结构调查，简称表层调查。浅层折射法是常用的近地表调查方法，它适合于地形较平坦、速度从浅到深增加的层状介质地区。该方法具有简单易行、成本低等优点，但解释结果可能存在多解性。另一种常用方法是微地震测井法，即通过井中激发、地面接收，或地面激发、井中接收，或井中激发、井中接收方式采集地震波信息，求取近地表地球物理参数的方法，简称微测井，也包括微垂直地震剖面（VSP）测井。微地震测井法常用于地形起伏剧烈、地层速度反转或存在薄互层等表层结构复杂的地区。相对于浅层折射法，微地震测井法的调查精度高，但操作工艺复杂、施工效率低、成本高。小反射法利用地震反射波获取近地表信息，也称为浅层地震反射波法，一般被用来计算基准面静校正量。利用地震直达波和地震折射波初至测定风化层（低降速带）速度和厚度及高速层速度的方法调查深度浅、排列长度短，被称为小折射法。

层析反演是指在地震数据处理时，依据图像重建原理由地震数据重现地球内部二维或三维地质结构图像的过程。地震波初至波旅行时层析成像在近地表速度建模中广泛使用，它利用地面某点放炮在另一点接收的地震资料初至波来反演炮点、接收点之间近地表地震波速度或地质构造。地震层析成像又可以分为网络模型层析成像、块状模型层析成像和层状模型层析成像等。层状模型层析成像将模型划分成许多层，通常允许层内速度横向变化，反射波层析成像常常使用这类模型。实现层析成像的算法有许多，主要包括反投影技术、代数重建技术、联合迭代重建技术、共轭梯度最小平方法、最小平方正交分解法、最大熵法等。

### 2. 叠前时间偏移速度建模

建立正确合理的偏移速度场是三维叠前时间偏移处理的关键。为了得到较可靠的偏移速度场，在处理中采用均方根速度场迭代分析方法来建立偏移速度模型。主要步骤包括偏移速度模型建立、偏移速度模型优化、偏移速度模型的质量控制。叠前时间偏移质控关键是对速度模型的质控。判断速度模型精度的标准是检查共成像点（CIP）道集是否拉平。如果道集不平，则再进行叠前时间偏移、速度分析循环迭代。当 CIP 道集基本拉平、偏移剖面归位合理时，可以进行数据体偏移。

图 4-4 为主测线方向叠后时间偏移剖面和叠前时间偏移剖面对比。从剖面上看到，叠前时间剖面的浅、中、深层信噪比较高，成像效果较好。

### 3. 叠前深度偏移速度建模

三维叠前深度偏移是解决复杂构造成像的最有效方法之一，同时，它也对速度建模提出了很高的要求，其成像结果完全受速度模型影响与控制。深度域速度建模技术具体方法如下：①通过处理解释相结合，利用叠前时间偏移数据体建立构造模型；②以地震资料精细处理道集成果为基础，利用叠前时间偏移建立的速度场进行转换得到深度域初始速度模型，做初始速度的目标线叠前深度偏移；③基于构造模型，利用目标线叠前深度偏移得到的共反射点成像道集做沿层的层析法速度模型优化；④在此基础上，利用最终速度模型开展全方位叠前深度偏移及高精度逆时偏移。

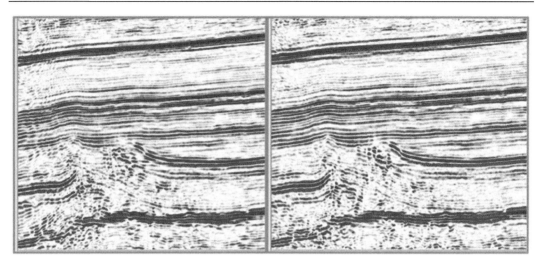

图 4-4　主测线方向叠后时间偏移剖面（左）和叠前时间偏移剖面（右）对比

全波形反演（FWI）是一种直接基于波动方程，以地震波形为反演依据，自动化的高精度速度反演技术。反演结果精度高（不仅有速度场的长波长分量还有短波长分量），能更好地满足现代油气勘探开发的需要。FWI 的速度模型更为精细，细节更清楚，对火成岩及其下部地层的刻画也更为准确，该方法是速度建模的重要方向。

# 三、碳酸盐岩储层预测技术

围绕海相碳酸盐岩礁滩型、裂缝型储层，通过岩石物理分析、地震波场模拟分析等研究不同沉积环境及围岩条件下的地震响应，从机理上弄清地震属性间的变化响应关系。以岩石物理测试及地震属性响应波场特征关联研究为基础，通过对储层沉积环境及沉积相带进行构造运动学分析和叠后敏感属性分析，研究礁滩储层的发育分布规律。以断裂与裂缝形成机制为线索，开展几何地震属性、不连续性、叠前各向异性为基础的敏感属性分析，预测裂缝发育带的展布。通过地震叠前叠后的反演，寻找礁滩、裂缝中有效储层的敏感参数组合，建立碳酸盐岩储集体及流体识别技术。

## （一）裂缝储层地球物理预测技术

### 1. 不连续性检测裂缝发育带技术

地下裂缝的生成与断裂系统密切相关，尤其是高角度构造裂缝往往与断裂系统相伴生，并且裂缝的方位往往与主断裂的走向有很好的一致性，因此，研究并开发断裂系统识别的相关数据体，从地震资料出发识别出可靠细致的断裂系统，对于寻找裂缝性油气藏有重要的指导意义。地震相干体作为一种有效的地震属性常用于不连续地层边缘的检测，如河道、断层、尖灭，甚至裂缝。Skirius 等（1999）利用相干体检测北美及沙特阿拉伯波斯湾碳酸盐岩中的断层和裂缝，Luo 和 Evans（2001）给出了利用振幅梯度在沙特阿拉伯波斯湾碳酸盐岩区描述裂缝的几个实际例子，振幅变化率异常也成为我国新疆塔河油田非均质储层钻探的首选目标（李宗杰和王勤聪，2002）。基于多道数据协方差矩阵本征值的相干算法更加稳健且对数据噪声抑制更有效，而且不降低相干测量值。

### 2. 叠前 P 波方位各向异性裂缝预测

影响方位振幅及振幅随偏移距变化（AVO）的因素很多，研究表明除炮检距和方位分布外，较敏感的还有采集偏差、地下构造的变化、目的层基质纵横波速度比、上覆层非均匀性等因素。在理论上虽然只需三个方位数据就可求解与裂缝发育方向及强度相关的调谐因子，但求一个满足全方位超定方程的 $n$ 阶范数合解，能最大程度上抑制叠前道集上的噪声的分布，同时应结合储层特征的分析及正演模拟进行有效的应用。

P 波通过垂直裂缝体后，与均匀介质相比，表现为振幅降低、速度减小、频率衰减、时差变长等综合响应特征。裂缝体反射 P 波表现出很强的方位各向异性，P 波反射振幅及旅行时与测线和裂缝方位有关，测线与裂缝平行时振幅最强、旅行时最短；随着测线与裂缝夹角的增大，振幅逐渐减弱、时间逐渐变长；测线与裂缝方向垂直时，振幅最弱、时间最长。整个反射同相轴呈波浪形，裂缝对 P 波的响应影响主要取决于裂缝方位与观测测线走向之间的夹角，其振幅和速度曲线近似周期为180°的正余弦曲线。

裂缝体 P 波反射振幅在不同方位角上表现为随入射角/偏移距的增加而减小，垂直于裂缝方位的反射振幅随入射角/偏移距的衰减率最大，而平行方向最小。一般振幅随偏移距/偏移距和方位角的变化（AVO/AVOA）在入射角范围为 12°～30°或偏移距与勘探深度之比范围为 0.5～1.2 内时，可作为裂缝检测的工具。

叠前实际资料检测裂缝前期常规地震保幅处理工作主要包括道编辑、带通滤波、去噪、真振幅恢复、静校正、速度分析、剩余静校正、地表振幅一致性补偿、叠前反褶积及动校正等。为适应当今非全方位大偏移数据、叠加次数偏低、叠前信噪比低、能量不均匀等特征，开发了一系列适应性处理的关键处理技术。

裂缝分析阶段，考虑两种方法：①采用 Wright（1984）方位各向异性介质具有水平对称面（HTI）条件下的反射系数方程，通过在固定入射角下地震参量随方位的变化，或沿特定方位下获得的 Shuey 近似式，利用三角近似式的最小平方拟合法对方位叠加道数据进行计算，得到作为时间函数的 $A$、$B$ 和 $\varphi$，其中 $B/A$ 表示去除基质反射后裂缝相对发育强度，$\varphi$ 表示该点裂缝发育的总体平均方位。模拟量初步选为振幅能量、AVO 梯度因子等；②利用 HTI 方程在笛卡儿坐标下的极化椭圆方程，通过振幅能量、AVO 梯度因子椭圆拟合求扁率及长轴走向，扁率表示裂缝发育密度，长轴走向表示裂缝延伸的总体走向。两种方法都利用足够多的方位道集构成超定方程，求得最大满足有误差拟合样本的最小二乘解，从某种程度上代表裂缝的整体发育趋势。

## （二）礁滩相储层地球物理预测技术

### 1. 基于 Gassmann 优化方法的地震孔隙度预测技术

Zimmerman（1986）和 Kachanov（1992）等指出孔隙形状是影响岩石弹性性质的很重要因素，但是地下岩石的孔隙形状复杂，几乎不能用规则的几何形状来描述，即使是近似的描述，也会造成较大的误差。为了研究它们对岩石弹性性质的影响，构建了岩石孔隙结构参数，然后利用测试数据来分析孔隙结构的变化规律，从而找到影响弹性性质的主要因素。利用构建的岩石孔隙结构参数，讨论其在碳酸盐岩中的变化规律，并应用基于 Gassmann 方程优化方法进行储层参数反演。基于 Gassmann 方程优化方法的孔隙度预测利用基质压缩系数、孔隙结构参数体、纵横波速度、密度体计算孔隙度，实现具体步骤如下：①求取基质压缩系数；②求取井中（或岩样）孔隙结构参数；③获取孔隙结构参数与其他弹性参数关系式；④获取孔隙结构参数数据体；⑤求取孔隙度体。

图 4-5 为元坝 12 井和元坝 9 井孔隙度预测剖面，预测结果与实测孔隙度吻合较好，预测精度较高。图 4-6 为长兴组浅滩储层孔隙度切片，从图中可以看出，浅滩岩性圈闭特征较明显，元坝 12 井区浅滩岩性圈闭物性最好，元坝 123 井区浅滩岩性圈闭次之，元坝 224 井区浅滩岩性圈闭稍差。

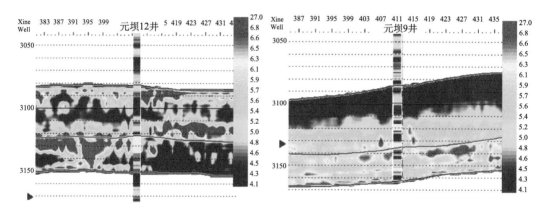

图 4-5　基于 Gassmann 方程优化方法的孔隙度预测剖面

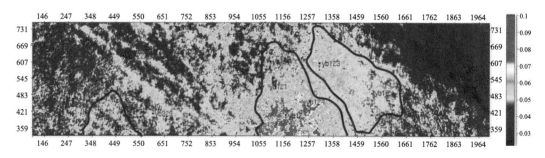

图 4-6　元坝南部长兴组浅滩储层基于 Gassmann 优化方法孔隙度预测平面分布图

### 2. 多尺度地震多属性反演

采用振幅类、频率类、相位类、吸收衰减类、波形类等十余种属性可进行地震相分析，结合钻井、测井及区域地质资料，可进行沉积相带的精细划分，指导精细储层预测。

依据露头和钻井资料，川东北地区长兴组在开江梁平陆棚的东西两侧均发育生物礁滩，陆棚东侧的普光地区礁滩与西侧的元坝地区礁滩都具有丘状外形和块状内部构造，故利用地震资料刻画其宏观展布是一样的。由于生物礁具有与围岩不同的特殊结构，识别的主要标志体现在其外部反射结构、内部反射特征和波形的差异方面。利用生物礁的结构和波形与围岩的差异，可以依据长兴组顶、底界以及内部波形特征开展地震属性分析，结合钻井进行沉积微相划分，圈定生物礁滩分布的平面展布特征。依据生物礁滩与围岩岩性之间的差异，利用分频、相干体技术和属性分析亦能精细刻画生物礁滩内部结构和物性的差异。从分频属性、相似体属性切片图和相干体切片等属性图上不仅能勾画出生物礁滩发育的范围，而且能清晰地看出其内部结构和物性的差异。在实际应用中，根据鲕滩储层地震异常特征，由速度差形成的以振幅为代表的能量类参数可以有效地将本区鲕粒白云岩储层与围岩区分开，在平面上可以清晰地划分出储层相带发育的边界和有利储层的分布范围。

## 四、碳酸盐岩储层流体地球物理识别技术

### （一）气水识别敏感性分析

通过碳酸盐岩储层岩石物理学研究得知，在碳酸盐岩中，泊松比参数主要反映岩石的疏松致密程度，一般泊松比越大，岩石越疏松。但是，当地层饱气或是饱液时，随着孔隙度的增加，泊松比都会降低，因此，泊松比可以直接用于储层流体预测。同时，当岩石含有流体时，其等效速度降低，从而导致拉梅系数降低（含流体和不含流体的相同岩性的岩石的拉梅系数是不同的），拉梅系数也可以反映流体。流体识别因子 $\lambda\rho$ 综合利用密度与拉梅系数，可直接用于储层流体预测。通过饱水和饱气碳酸盐岩的流体识别能力值计算可知，元坝地区深层碳酸盐岩储层可用于气、水识别的流体敏感因子按敏感度由大到小依次为：HSFIF、$\rho f$（$C=3.028$）、OCFIF（$\lambda\rho \cdot \mu\rho$）、$\lambda\rho$ 等。高灵敏度流体识别因子 HSFIF 综合考虑纵横波阻抗、泊松比、密度等参数的影响，对流体的敏感性最高。

### （二）低频伴影分析

地震低频伴影（low frequency shadow）是指油气藏正下方的地震低频强反射能量，该名词的出现最早可追溯到二十多年前 Taner 等（1979）的文章，后来又作为词条出现在 Sheriff（1999）主编的勘探地球物理百科词典中。Taner 等人是在讨论地震复数道分

析中的瞬时频率时，提到地震低频伴影的，他指出在含气砂岩、凝析层、油层以及致密岩层裂缝带的正下方，经常可以看到地震低频伴影，但是这种现象是经验性的，有多解性，而且产生地震低频伴影的物理机理不清楚。后来，Ebrom（2004）的研究指出了产生含气层地震低频伴影的 10 个可能的影响因素。Ebrom 本来希望将地震低频伴影作为含气层的直接指标，并且通过对低频伴影的定量化处理来识别有工业价值和没有工业价值的含气层，但因地震低频伴影的机理不清楚，影响因素较多，因此定量化识别的目标至今未能实现。然而，地震低频伴影作为油气层识别的一个重要标志，其作用和意义仍然是不可忽视的。目前最普遍的看法是，由于油气相对不含油气的围岩具有对地震波的较强吸收作用，且频率越高吸收越强，因此，在含流体正下方往往保留有低频强能量，而在同样部位中高频能量弱或者没有，这就是低频伴影现象。

由于流体有黏滞性，孔隙有散射，最终会导致介质含流体后，吸收作用增强，地震波振幅会减弱，频率降低，同时会发生时间的延迟，这是低频伴影产生的基础。低频伴影现象受储层厚度影响，对于薄储层的含气性识别难度较大。

## （三）频率衰减梯度含气性分析

为了研究地震波频率衰减与地层中油、气、水赋存环境的相关性，国内外展开了一系列的实验研究和数值模拟：Klimentos 和 McCann 1990 年研究了砂岩中纵波的衰减与孔隙度、黏度和渗透率之间的关系，Jones（1986）研究了岩石中依赖于孔隙流体和频率波的传播，王大兴等 2006 年进行了地层条件下砂岩含水饱和度对波速及衰减影响的实验研究，席道瑛等 1997 年研究了饱和多孔岩石的衰减与孔隙度和饱和度的关系，尹陈等（2009）利用弥散系数波动方程定量研究了频率衰减的机制等。影响地震波频率的因素较多，如埋藏深度、地层压力、地层温度、地震波自身的频率、孔隙结构、岩石的类型、孔隙内流体的饱和度、孔隙内流体的成分、应变振幅等。诸位学者的研究发现，埋藏深度、岩性及流体成分等是影响频率成分的主要内在因素。但在地层结构相对较为稳定，纵横向岩性稳定的条件下，频率衰减主要由流体性质引起。

频率吸收衰减特征是频谱分析技术中的一种重要属性特征。频率吸收指地震波在地下地质体中传播总能量的损失，是地下介质固有的本质属性。引起地震波吸收衰减的因素主要是介质中固体与固体、固体与流体、流体与流体界面之间的能量损耗。黄中玉等（2000）指出，理论研究和实际应用均表明，在孔隙发育，充填油、气、水（特别是含气）时，地震波反射吸收增加，高频吸收加剧，含有油气的地层吸收系数可能比相同岩性不含油气的地层高几倍甚至几十倍。在频率属性中，频率衰减梯度是一种对储层识别比较敏感的属性。频率衰减梯度属性是指在时频谱分解基础上的高频端振幅谱包络的线性拟合频率。

总之，本节总结碳酸盐岩储层的岩石物理特征和基本地震响应特征，通过岩样物理属性的测试与分析，探讨碳酸盐岩岩石物性的特殊性，提出以岩石物理分析研究和地震正演模拟技术为基础，通过以叠前弹性参数反演技术、地震属性提取和优化技术、吸收因子分析技术为主干的碳酸盐岩储层地震储层预测技术，为相似地震地质条件下的多元信息储层综合预测提供了可供借鉴的思路和方法。

# 第二节 油气井井筒关键技术

海相油气藏埋藏深,地层具有高温、高压、岩性复杂、古老坚硬等特征,对于钻井、压裂等井筒技术带来巨大挑战。"十二五"期间,聚焦四川盆地和塔里木盆地海相碳酸盐岩油气勘探开发重点区域,攻关形成了油气井优快钻井技术、超深水平井钻井技术、储层深度酸压技术等关键井筒技术,解决了钻井机械钻速慢、复杂事件多、储层钻遇率低及酸压效果不显著等问题,缩短了钻井周期,提高了井筒质量和压裂改造有效率。

# 一、油气井优质快速钻井技术

油气井井筒是通过钻井形成的通往油气储层的通道,但海相碳酸盐岩油气藏埋藏深,在钻达储层的过程中会钻遇一系列坚硬地层、缝洞型地层、水敏性地层等复杂地层,带来机械钻速慢、漏失及井壁失稳复杂事件多、钻井周期长等技术难题,因此,钻井提速提效是超深海相油气井钻井关键任务。本节主要介绍塔里木盆地、四川盆地超深海相油气井优质快速钻井技术。

## (一)基于地层不确定性的井身结构优化设计方法

塔里木盆地、四川盆地超深地层地质环境复杂,以海相碳酸盐岩为主,地层信息预测准确度低、不确定性强,致使超深油气井井身结构设计难度大。针对该难题,建立了考虑地层信息不确定性的含可信度的地层三压力描述方法,以此确定钻井液安全密度窗口、优化设计井身结构,并提出了四川盆地、塔里木盆地重点区域的超深井的井身结构系列。

### 1. 考虑地层信息不确定性的含可信度的地层三压力描述方法

海相碳酸盐岩地层孔隙压力、井壁坍塌压力、地层破裂压力等地层三压力钻前预测方法还不成熟,很难给出准确的地层三压力剖面,使得地层压力信息的认知存在不确定性。鉴于此,引入概率统计基础理论,完善常规地层三压力预测方法,形成考虑地层信息不确定性的含可信度的地层三压力预测方法。

首先对压力预测过程中所使用的模型及其参数的不确定性进行分析,利用概率统计理论确定各参数的分布状态,然后采用理论计算或 Monte Carlo 方法计算出每一深度处的地层压力概率分布。将不同深度处相同累积概率的值连接起来,得出具有可信度的地层压力剖面。而可信度定义为两累积概率差值的绝对值,含义为地层孔隙压力梯度值落在累积概率 $j_0$ 和 $j_1$ 时的地层孔隙压力梯度值之间的概率,即

$$|j_0 - j_1| \times 100\%$$

　　筛选出伊顿法、Philiipon 和有效应力法联合计算地层压力，通过不同深度处的压力计算，建立地层压力的概率密度分布函数。通过概率统计理论定量分析地层各压力的不确定性因素，使其不再是单一的数值，而是具有概率统计信息的区间。可信度越大，得出的地层孔隙压力梯度区间越大，其不确定范围越大；反之，虽然压力梯度的不确定范围缩小，但其可信程度也随之降低。地层孔隙压力的异常高压程度越剧烈，其压力区间也越大。

　　通过对具有层速度值的每一深度处的地层孔隙压力进行计算可得到每一深度处的地层孔隙压力累积概率分布，最后再把不同深度处相同累积概率值的地层孔隙压力数据连接起来，即得到含有可信度的地层孔隙压力剖面。按照该方法建立的地层三压力剖面不再是一条单值的压力曲线，而是根据可信度要求不同由压力上下边界线组成的压力带，图 4-7 为某井可信度为 90% 的地层孔隙压力剖面。在含可信度地层三压力剖面的基础上，进行安全钻井井筒压力平衡约束条件构建，以此来确定含可信度的钻井液安全密度窗口，如图 4-8 所示。

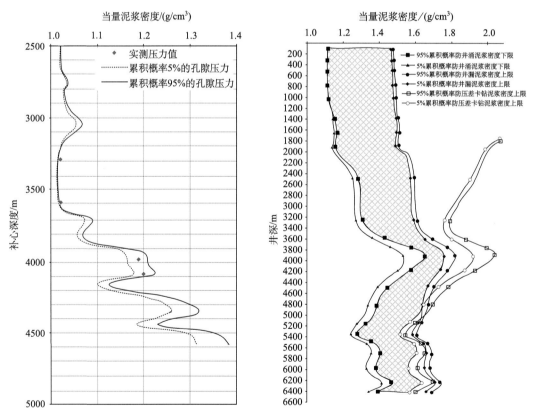

图 4-7　可信度为 90% 的地层孔隙压力剖面　　图 4-8　可信度为 95% 的安全钻井液密度窗口

## 2. 基于地层不确定性的套管层次与下入深度确定方法

　　根据井筒压力平衡准则，针对井涌、井壁坍塌、钻进井漏、压差卡钻、发生井涌后的关井井漏等五种钻井工程风险类别进行评判，并采用数理统计理论进行工程风险概率评价，进而系统评价不同井身结构方案在实施过程中某种工程风险可能在某一井深发生的概率大小，按此分析结果来确定套管层次及下入深度，并可以指导钻井施工措施的制定。

**3. 油气井套管柱安全可靠性分析方法**

基于结构可靠性理论和随机理论，进行套管抗外挤强度和抗内压强度失效风险评价，得出不同载荷条件下套管失效概率，以及安全系数与套管失效概率之间的对应关系，为套管柱设计安全系数的选取提供依据。

**4. 重点区域优化设计后的井身结构系列**

1）塔河油田盐下井井身结构

塔河油田托普台、艾丁等区块的部分地区石炭系盐膏层发育，需高密度钻井液抑制蠕变，而二叠系火山岩地层承压能力低，二者之间矛盾突出。基于地层不确定性的井身结构优化设计方法提出了盐下井五级长裸眼穿盐井身结构（表4-1）。该井身结构具有以下优点：缩短了上部大井眼长度，有利于提高机械钻速；火山岩地层和盐膏层分别封隔，避免了钻井过程中的漏失、坍塌，有利于安全钻穿盐膏层。

**表4-1 塔河盐下井五级长裸眼穿盐井身结构**

| 开次 | 钻头外径/mm | 套管外径/mm | 说明 |
| --- | --- | --- | --- |
| 表层 | 660.4 | 508.0 | 封隔第四系松散土层 |
| 一开 | 444.5 | 339.7 | 钻至2600 m左右，封固新近系库车组、康村组欠压实、易水化膨胀的地层 |
| 二开 | 311.2 | 244.5 | 钻至进入膏盐层顶部1 m，套管封固盐上地层，悬挂后回接 |
| 三开 | 215.9 | 206.4 | 钻至进入巴楚组下泥岩段20 m左右，采用钻后扩孔工艺，扩后直径盐层段大于279.4 mm |
| 四开 | 165.1 | 142.9 | 封隔奥陶系风化壳以上的泥岩段 |
| 五开 | 114.3 | — | 裸眼完井 |

2）麦盖提地区井身结构

麦盖提地区古近系发育膏岩层和高压盐水层，需要提高钻井液密度防止膏岩层蠕变缩径和高压盐水层溢流，但会导致上部地层和下部沙井子组低承压地层发生漏失。前期由于无法有效封隔多压力系统，导致多口井在育膏岩层段发生套管挤毁现象。采用地层不确定性的井身结构优化设计方法优化了套管层次及下深，并校核了膏岩层的套管强度，确定了合理的井身结构（表4-2）。麦盖提地区后期部署井采用优化设计后的井身结构，全部安全钻穿古近系盐膏层，未再出现套管挤毁问题。

表 4-2　麦盖提地区井身结构

| 开次 | 钻头直径/mm | 套管外径/mm | 说明 |
|---|---|---|---|
| 表层 | 660.4 | 508 | 导管 |
| 一开 | 444.5 | 339.7 | 封隔第四系与新近系上部地层 |
| 二开 | 311.2 | 244.5+265 | 钻至古近系底界以下（进入沙井子组顶部及时中完，视膏泥岩蠕变情况选择下入不同尺寸厚壁套管） |
| 三开 | 215.9 | 177.8 | 卡准地层，进入鹰山组 2 m，下入 $\Phi$177.8 mm 尾管，与技术套管在古近系重叠 |
| 四开 | 149.2 | — | 裸眼完井 |

3）川东北地区非常规井身结构

针对川东北地区异常复杂的地质条件，提出了一套非常规井身结构（20″、16″、11 $\frac{3}{4}$″、8 $\frac{5}{8}$″、6 $\frac{5}{8}$″、4 $\frac{3}{4}$″），见表 4-3。具体方案为：导管有效封住表层疏松层和水层；一开用 $\Phi$342.9 mm 钻头开钻，使用空气钻井至下沙溪庙组上部 3400 m 左右中完，下 $\Phi$298.45 mm 套管到下沙溪庙组上部，封隔上部的低承压层和上沙溪庙组底部的坍塌层，为同一裸眼钻穿千佛崖组、自流井组、须家河组做准备；二开使用 $\Phi$266.7 mm 钻头钻进，钻达须家河组底部二开中完，下 $\Phi$219.07 mm 套管封隔高压地层；三开用 $\Phi$187.33 mm 钻头开钻，钻至嘉陵江组一段底部中完，采用 $\Phi$168.28 mm 尾管；四开采用 $\Phi$139.7 mm 钻头钻至设计井深，采用 $\Phi$120.65 mm 尾管完井。

表 4-3　川东北地区新型非常规井身结构

| 开次 | 井眼直径/mm | 套管外径/mm | 套管下深/m | 说明 |
|---|---|---|---|---|
| 导管 | 479.42 | 406.4 | 300 | 有效封住下白垩统疏松层和水层 |
| 一开 | 342.9 | 298.45 小接箍 | 3400 | 采用空气钻井提速，封下沙溪庙组 |
| 二开 | 266.7 | 219.07 小接箍 | 4770 | 封须家河组高压地层 |
| 三开 | 187.33 | 168.28 | 尾管 4600～6290 | 封嘉一段 |
| 四开 | 139.7 | 120.65 | 尾管 6140～6887 | 封井底长兴组 |

## （二）复杂地层钻井提速配套技术

### 1. 高效破岩工具

结合坚硬地层的岩石力学特性及破岩理论，研发了特种孕镶金刚石钻头，研制了旋冲射流冲击器、水力增压器等提速工具。

### 1）刀翼式孕镶金刚石钻头

孕镶金刚石钻头是一种自锐性钻头，以微剪切和研磨联合作用方式破碎岩石，用于钻进深部致密难钻地层和研磨性高的软硬交错地层，是深井高研磨性、高抗压强度、高温地层提速的有效技术。

塔里木盆地麦盖提地区二叠系火山岩发育，地层岩石研磨性强、可钻性差，常规钻井方式下牙轮钻头和 PDC 钻头使用寿命短、进尺少、机械钻速低。前期使用进口涡轮钻具+孕镶金刚石钻头复合钻进，机械钻速提高，作业时间缩短，取得了显著成效。国外孕镶金刚石钻头价格昂贵，复配涡轮钻具作业风险高，国内孕镶金刚石钻头现场应用易出现孕镶层耐磨性差、钻头中心磨损、本体强度不足等问题。

针对火山岩地层特征进行了特种孕镶钻头胎体合金粉末、钻头结构、水力流道及防卡优化设计，研制出刀翼式孕镶切削块结构的金刚石钻头，能够在保持钻头长寿命的同时显著提高机械钻速，突破了胎体烧结和二次镶嵌工艺两大关键技术。

胎体预合金粉末研究首先要确定合金粉末的基本成分，要使两种材料牢固地黏结在一起，从微观上看，两种材料表面上的原子必须要相互作用成键，成键能力越强，黏结得越牢固。在烧结过程中，熔融态的黏结剂仍保留有序结构，与金刚石晶面充分接触，能与金刚石实现化学冶金结合，同时所选择的黏结剂材料在烧结时对金刚石的浸蚀作用小。适量的稀土元素添加可提高钻头的抗弯强度高达 30%～50%，硬度提高虽然只有10%～15%，但是均匀性得到了明显改善；同时提高了胎体材料对金刚石的把持能力，使得金属胎体/金刚石复合材料的强度、耐磨性及黏结性能得到提高。

在烧结过程中，熔融态的黏结剂仍保留有序结构，与金刚石晶面充分接触，能与金刚石实现化学冶金结合，同时所选择的黏结剂材料在烧结时对金刚石的浸蚀作用尽可能小。遵循上述基本原理，研制了胎体新配方并优化了烧结工艺，通过胎体力学性能测试，测试了不同烧结工艺条件下的硬度、抗冲击韧性、抗弯强度，进而得到各种胎体配方时的最佳烧结工艺。

### 2）旋冲射流冲击器

常规旋转破岩钻井技术基础上，在钻头上方连接液动射流式冲击器，冲击器内的冲锤对钻头施加高频冲击，通过冲击作用造成钻头齿下岩石强应力集中，使岩石塑性降低，脆性增加，并迅速产生脆性破坏坑，提高了破岩效率。随着岩石脆性与硬度的增大，旋冲破岩效果更显著。通过对麦盖提深部硬地层岩石的可钻性、硬度或抗压强度的调研，结合工区钻井实际情况，开展了射流冲击器配合 PDC 钻头的理论与试验研究，论证了射流冲击器与钻头配合使用的可行性。

合金射流元件损坏最多的情况是侧板的侧翼根部折断，硬质合金材料虽具有硬度高、耐磨、强度和韧性好、耐热、耐腐蚀等性能，但其脆性也尤为突出，尤其是在销钉孔密集的情况下。加工过程需要严格控制加工质量和加工精度，加工质量稍有偏差就容易产生隐形裂纹，射流元件在冲击器高频率、大冲击功的反复冲击下容易产生碎、断等问题，导致整个元件停止工作。高压流体从上部进入射流元件后，对侧板产生挤压力，静态时，两侧板的平面高度一致，上下两块底板把侧板紧紧压住，但元件受力后，不可避免产生一定的变形，导致底板对某块侧板的压紧力不够，从而使该侧板侧翼的受力结构成为典型的悬臂梁结构，在流体压力 $P$ 的作用下，形成图 4-9 所示力矩 $M$，容易在根部出现强度问题。由此，一方面对射流元件结构进行优化，加固了射流元件根部，优化了销钉孔布局，并减少了应力集中的销钉孔数量，提高了元件侧翼的强度；另一方面加大了射流元件侧翼根部宽度，提高了侧翼强度（图 4-9）。

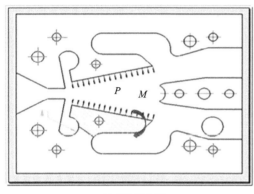 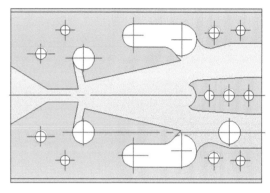

(a) 元件受力图          (b) 元件优化图

图 4-9　旋冲射流冲击器元件图

通过液动射流冲击器整机结构优化设计，实现运动副之间采用金属螺旋槽非接触密封，研制出冲击器轴向顶紧机构及新型防空打机构，进一步优选了冲击器整机加工材料及表面处理方式。在射流元件合金表面涂活化剂，连接侧翼、劈尖和底板后，放入压力炉加温，可促使接触面的硬质合金材料活化，两个零件之间产生材料晶相置换，冷却后，两零件连接处就变成一个整体。增强了射流元件的整体强度，大大提高了射流元件的使用寿命。改进射流元件加工工艺，使射流元件工作稳定性和工作寿命进一步提高。

根据不同地层的岩石力学特性，结合冲击器结构参数、水力参数与性能参数关系分析，研制出冲击器以及配套工具和部件。进行冲击器室内启动和性能测试实验，确定出冲击器的结构参数和性能参数。依据西北地区深部井段的地层岩性分析，结合配套冲击器钻头的特性，确定冲击器输出的冲击力合理值为 40～80 kN，三开井段排量一般为 26～30 L/s，通过对比分析预测结果，综合考虑缩短行程对换向稳定性的影响，选择冲击器活塞行程为 15 mm，锤重为 45 kg，分流孔直径为 9 mm。

3）水力增压器

在钻井过程中，钻柱的受力状况和工作环境异常恶劣，是一个极其复杂的动力学系统，保证钻柱的安全、提高钻柱系统的工作寿命变得尤其重要。钻柱的振动中纵向振动是危害最明显、发生最频繁的振动形式。钻柱沿波形井底旋转所引起的纵向振动和动载通常是钻柱受力与疲劳破坏的重要因素。钻柱的纵向振动常常使钻压不能均匀地加在钻头上，钻头因钻压的剧烈振荡跳动而跳离井底，产生冲击载荷又使钻头轴承和镶齿过早地被破坏。

井下钻柱水力增压装置利用钻井过程中钻柱纵向振动所引起的井底钻压波动作为能量来源，通过钻柱的纵向振动带动井下柱塞泵的柱塞上下运动，利用钻压波动压缩钻井液使之增压并通过钻头上的特制喷嘴产生超高压射流，从而提高钻速。

通过室内实验模拟分析，对于 311.1 mm 井眼、228.6 mm 钻铤、钟摆钻具，当实际钻压为 178.9 kN，转速在 70～120 r/min 之间变化时，实际钻压波动值在 80～240 kN 之间，有时最大钻压值可以达到 400 kN。转速在 70～120 r/min 之间变化时，公转频率与自转频率的比值约等于 2.8。实际测量证明转盘每转动 1 圈，钻具会发生 3 次纵向振动，即钻具纵向振动的频率是转盘转速的 3 倍。

实验研究表明：①在喷嘴直径、喷射角度、喷距一定的情况下，射流压力越高对岩石的冲蚀体积越大；②在喷嘴直径、喷射角度、喷嘴移动速度一定的情况下，随着射流压力的增加，最优喷距增加明显，射流压力为 100 MPa、125 MPa、150 MPa、175 MPa 和 200 MPa 时最优喷距分别为 4.5 mm（22.5 倍喷嘴直径）、5.0 mm（25 倍喷嘴直径）、6.0 mm（30 倍喷距）、6.2 mm（31 倍喷距）和 6.5 mm（32.5 倍喷距）；③在本实验条件下，最佳破岩喷射角在 13° 附近为最优；④超高压淹没射流的最经济破岩压力在 150 MPa 左右，在此压力下破岩消耗功率和破岩体积之间达到了最优组合。

在模拟试验、仿真分析基础上完成了井下增压器关键部件强度校核，超高压缸体、喷射钻头、连接机构制造，设计并加工了 $\Phi$177.8 mm（适用于 $\Phi$215.9 mm 井眼）和 $\Phi$228.6 mm（适用于 $\Phi$311.1 mm 井眼）井下增压装置（装配图如图 4-10 所示）。

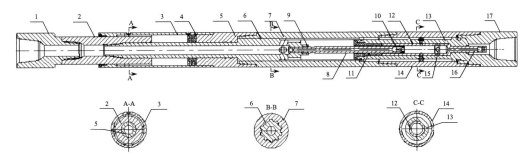

图 4-10　水力增压器设计装配简图

1. 上部转换接头；2. 弹簧上封堵接头；3. 弹簧外筒；4. 弹簧；5. 弹簧下封堵接头；6. 中心轴；7. 花键外筒；8. 活塞轴；9. 锁紧螺母；10. 进水阀；11. 密封总成；12. 增压缸；13. 增压缸扶正筒；14. 增压缸外筒；15. 出水阀；16. 高压流道；17. 下部转换接头

### 2. 钻井提速工艺

川东北地区多个构造气体钻井实践证明，气体钻井、高压喷射钻井比常规体钻井方式机械钻速提高 2～5 倍甚至 10 倍以上。

1）气体钻井

气体钻井主要的技术优势在于：井底压力的大幅度降低，减少了"压持作用"，使钻头继续切削新岩石而不是碾压已破碎的岩屑,破岩效率更高。气体钻井的应用有一定适用范围和条件,地层的稳定性、出气、出水、出硫化氢情况是决定空气钻井技术能否正常应用的重要前提条件,需要结合区域地质特点进行综合分析。泥浆钻井条件下,井壁坍塌是岩石力学与泥浆化学耦合作用的结果。岩石受到泥浆性能及渗流的作用,靠近井壁的岩石吸水后软化,应力向内转移,坍塌从井壁内部发生,有周期性的坍塌现象。气体钻井井壁岩石不与地层发生化学作用(不产水)时,井壁坍塌是纯力学原因造成的。此时在井壁上岩石受力最大,井壁坍塌从井壁内表面发生,井壁破坏后形成新的形状,应力状态重分布,直至形成稳定的井眼。在高地应力区实施气体钻井,井眼周围岩石破坏形成破坏区(小)和损伤区(区域大,存在大量裂缝),由于岩石具有一定的残余强度和拱形压持效应的存在,三向力作用下岩石破坏后仍然承受一部分载荷,破坏的岩石不会塌入井中(图 4-11)。按照气体钻井井眼临界塑性(损伤)理论,气体钻井井眼稳定有一个临界的塑性状态,超过这个临界状态井眼失稳,在这个临界状态以内是安全的。可依据临界塑性状态时的井眼内支撑力的计算结果来判断气体钻井井壁是否稳定。

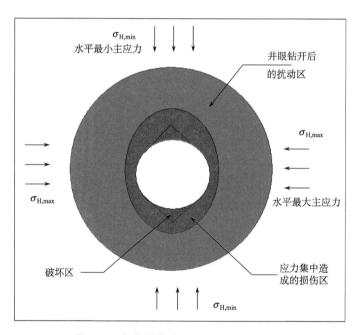

图 4-11　气体钻井井眼围岩损害区示意图

确定最小注入气体体积流量 $Q_{go}$ 时,需要计算钻屑在气体中的终了沉降速度 $V_{SL}$ 和输送速度 $V_{tr}$,利用最小携屑速度法得到的岩屑终了沉降速度方程为

$$V_{SL} = \sqrt{\frac{4gD_S(\rho_s - \rho_g)}{3\rho C_D} \cdot \frac{\Psi}{1 + D_S/D_H}}$$

式中,$V_{SL}$ 为终了沉降速度,m/s;$D_S$ 为钻屑的当量直径,m;$D_H$ 为流道的水力直径,m;$\rho_g$ 为气体密度,kg/m$^3$;$\rho_s$ 为钻屑密度,kg/m$^3$;$\Psi$ 为球形度;$C_D$ 为钻屑滑脱系数(页岩、石灰岩的 $C_D = 1.40$,砂岩的 $C_D = 0.85$);$g$ 为重力加速度,m/s$^2$。钻屑输送速度

$V_{tr}$ 取决于气体钻井机械钻速 $V_m$ 和环空允许（安全）输送的钻屑量。

由气体动力学理论导出能够有效将岩屑从井底携带到地面所需的最小环空速度 $V_g$ 在标准状态（20℃，0.1 MPa）下为 15.24 m/s，单位气体动能 $E_{go}$ 计算方程为

$$E_{go} = \frac{1}{2} \frac{r_{go}}{g} V_{go}^2$$

式中，$r_{go}$ 为标准状况下气体的重度，N/m³；$V_{go}$ 为标准状况下所需最小气体速度，m/s；$g$ 为重力加速度，m/s²。

采用最小动能准则确定气体钻井所需最小注入气体体积流量 $Q_{go}$ 如下：

$$\frac{2.46 \times 12^{-12} S_g (T_s + GH) Q_{go}^2}{V_{go}^2 A} - \left[ \left( P_s^2 + \frac{ab}{a-G} T_s^2 \right) \left( \frac{T_s + GH}{T_s} \right)^{\frac{2a}{G}} - \frac{ab}{a-G} (T_s + GH)^2 \right]^{0.5} = 0$$

式中，$S_g$ 为注入气体的比重；$T_s$ 为大气环境条件下温度，℃；$G$ 为地温梯度，℃/m；$H$ 为深度，m；$Q_{go}$ 为标准状态下气体体积流量，m³/min；$V_{go}$ 为标准状态下所需最小气体速度，m/s；$A$ 为计算井深处的流道横截面积，m²；$P_s$ 为大气环境下压力，MPa。

$$a = \frac{S_g Q_{go} + C D_b^2 S_s V_m + E(S_x Q_x + S_f Q_f)}{26.42 Q_{go}}$$

$$b = \frac{1.59 \times 10^{-12} f Q_{go}^2}{A^2 D_h}$$

式中，$C$，$E$ 为与采用单位有关的常数；$D_b$ 为井眼直径，m；$S_s$ 为固相比重；$V_m$ 为混合物速度，m/s；$S_x$ 为雾化液比重；$Q_x$ 为雾化液体积流速，m³/s；$S_f$ 为地层水比重；$Q_f$ 为地层体积流速，m³/s；$f \div$ 摩阻系数 $= \left[ \dfrac{1}{1.74 - 2\lg\left( \dfrac{2e}{D_h} \right)} \right]^2$；$D_h$ 为有效直径，m；$e$ 为精糙度，m。

### 2）泡沫钻井技术

泡沫钻井技术以均匀稳定的泡沫流体作为钻井循环介质，用于应对特殊自然地理条件以及复杂地质条件。泡沫钻井携水能力强，能够有效解决空气钻井遇到地层出水的技术难题，机械钻速较常规泥浆钻井有大幅度提高。通过泡沫钻井流体不稳定机理分析以及泡沫体系配方设计，形成了抗污染能力强且可回收利用的可循环泡沫钻井技术，拓宽了气体钻井应用领域，降低了大量泡沫排放造成的环境污染，降低了作业成本。

可循环气体泡沫钻井技术利用雾泵将一定配比的泡沫液泵入泡沫发生器，与气体设备所产生的气体相混合，产生均匀的高速泡沫流，经高压立管注入井下。气体泡沫携带岩屑返出地面时，经消泡处理，清除钻屑，然后调整性能使其再次循环发泡。

泡沫性能评价方法采用 Waring-Blender 法，即在常温常压下，用自来水将发泡剂配制成不同浓度的发泡基液，用量筒量取 100 ml 一定浓度的泡沫基液，高速搅拌（>5000 r/min）1 min 后，记录发泡体积 $V_0$ 和泡沫半衰期 $t_{0.5}$。发泡剂加量（浓度）决定泡沫性能，室内对两种发泡剂对泡沫体积 $V_0$ 和泡沫半衰期 $t_{0.5}$ 的影响进行了评价，当发泡剂加量在 0.5%～1.0% 范围时达到最佳性能比（表 4-4）。

表 4-4　12℃时发泡剂加量对泡沫性能的影响

| 发泡剂 | 加量 0.1% | | 加量 0.2% | | 加量 0.3% | | 加量 0.4% | |
|---|---|---|---|---|---|---|---|---|
| | $V_0$/mL | $t_{0.5}$/s | $V_0$/mL | $t_{0.5}$/s | $V_0$/mL | $t_{0.5}$/s | $V_0$/mL | $t_{0.5}$/s |
| S-FOAM | 510 | 471 | 435 | 532 | 476 | 513 | 460 | 525 |
| FMA-100 | 400 | 387 | 413 | 492 | 423 | 517 | 415 | 522 |

| 发泡剂 | 加量 0.5% | | 加量 0.6% | | 加量 1.0% | | 放置 12 h 自然消泡后再发泡（加量 1.0%） | |
|---|---|---|---|---|---|---|---|---|
| | $V_0$/mL | $t_{0.5}$/s | $V_0$/mL | $t_{0.5}$/s | $V_0$/mL | $t_{0.5}$/s | $V_0$/mL | $t_{0.5}$/s |
| S-FOAM | 500 | 561 | 530 | 578 | 520 | 560 | 470 | 502 |
| FMA-100 | 420 | 579 | 510 | 665 | 475 | 716 | 452 | 658 |

室内实验采用异辛醇进行泡沫消泡处理后，通过补加发泡剂的方法，可实现泡沫基液的循环利用。

根据现场施工情况，半衰期需进行灵活调整，因此需要加入稳定剂，提高泡沫的稳定性，延长泡沫半衰期。稳定剂分两类，第一类是增黏性稳定剂，主要通过增加液相黏度来减缓泡沫的排液速度，提高泡沫的稳定性；第二类可提高液膜质量，增加液膜的黏弹性，减少泡沫内气体的透过性，从而增大泡沫的稳定性。

通过对表面活性剂的发泡机理、特性进行研究，提出了两性离子表面活性剂与阴离子表面活性剂配合方法，实现利用调节泡沫复配体系的半衰期来达到发泡→消泡→再发泡的目的。通过调节体系的半衰期，可以实现发泡剂的循环使用，满足可循环钻井液的要求。

3）高压喷射钻井

水射流与机械联合破岩需要选择适当的工作参数，在这两种方式都能发挥最大使用效益的前提下提高破岩效率。高压水射流和机械齿同时作用于岩石上的破碎效率取决于这两种破碎方式各自的效率的贡献。切槽深度随喷射压力的变化关系是一致的，随压力的增加切深呈线性增加，对每种岩石都存在一临界压力 $P_c$，小于此压力时，射流不能对岩石产生切痕。

根据环空流场数值模拟，层流钻井液在环空中部流速高，边缘流速低，导致岩屑被推向井壁并下沉，延缓了岩屑从井底返出地面的时间，甚至一些岩屑根本返不出地面。紊流状态流体质点的运动方向是无规律的，但总的方向是向上的，在横流截面上的流速分布趋于均匀。岩屑不存在翻转现象，一直上升，又由于紊流流速梯度高，岩屑上升速度快，几乎能全部被带至地面。因此，紊流状态下钻井液对环空井壁冲刷作用更大，携岩效果更好，高压喷射钻井过程中应尽可能控制环空流态为紊流。

为满足 35 MPa 高压喷射技术需要，对 D70D 电动钻机进行了高压喷射钻井设备改造，配套额定压力 52 MPa、额定功率 2200 hp[①]的 F-2200HL 钻井泵两台，解决深部地层动力系统不匹配的问题。对钻井泵的上水、出水管线进行了改进。考虑到试验过程中泵压高达 35 MPa，为安全施工，配备全新地面高压管汇、高压阀门组，耐压达到 70 MPa。由于施工泵压高，为防止钻具发生刺漏，引发安全事故，结合现场钻具情况，配套 5″S135 全新钻具钻杆。将两台高速离心机换为中速离心机，解决快速钻进条件下高速离心机负荷重、处理效率低的问题。

## （三）复杂地层井筒强化技术

### 1. 强抑制钻井液技术

为了解决深部地层井壁垮塌、阻卡等难题，研发了新型聚胺强抑制剂和润湿性反转剂，形成了聚胺强抑制钻井液体系，其抑制能力仅次于油基钻井液。

1）新型聚胺抑制剂 SMXJA-1

传统的页岩抑制剂小阳离子属于阳离子型聚合物，存在电性太强、加量不易控制、对钻井液流变性和滤失性影响严重等缺点。为此，进行了新型聚胺强抑制剂 SMXJA-1 的分子结构设计。新型胺基抑制剂考虑了各种官能团的匹配，设计了吸附基团、水化基团和能发挥潜能的官能团，并考虑官能团的空间位阻效应。新型聚胺抑制剂除具有较强的抑制性外，还兼顾水溶性、生物毒性、配伍性、稳定性等多种性能。室内评价试验表明，新型聚胺具有很好的抑制性，并能大幅度提高泥页岩回收率，如图 4-12 所示。

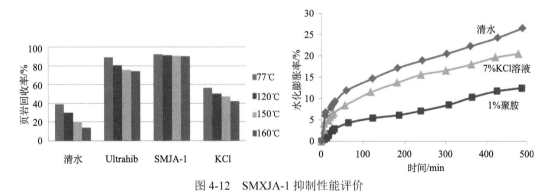

图 4-12　SMXJA-1 抑制性能评价

2）润湿反转剂 SMFZX-1

研发了润湿反转剂 SMFZX-1，该处理剂由多种分子链上密布铵盐型亲水基团和疏水

① 1 hp＝745.7 W

基团的具有表面活性的物质优配增效组成，其亲水基团与泥页岩能强力亲和，优先吸附于泥页岩表面上并完全覆盖，疏水基团向外，分子定向排布在井壁泥页岩的表面，使井壁由亲水性转变为疏水性。

室内评价表明（图 4-13），润湿反转剂的浓度很低时，随着加量的增加，水溶液的表面张力急剧降低，润湿角增加也很快。当达到一定浓度后，表面张力和润湿角的变化趋缓。润湿反转剂能将表面张力降至 40 mN/m 左右，润湿角可以增加到 138°左右，有利于减少泥页岩表面吸水，抑制黏土的表面水化。

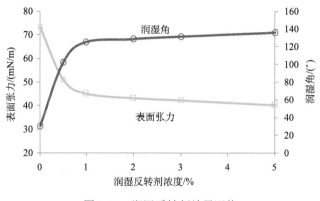

图 4-13　润湿反转剂效果评价

3）强抑制钻井液体系

研发了适用于四川及西北地区安全钻井的强抑制钻井液体系，通过提高钻井液的抑制性和封堵性能，阻止钻井液滤液侵入地层，延长井壁坍塌周期。

四川地区须五段地层强抑制钻井液基本配方：3.0%膨润土+ 0.1%NaOH+ 0.3%MMAP + 3%SMP-1 + 0.3%SP-80 + 3%RH220 +3%SMC +2%DLP-1 +1%SMXJA-1+2%有机硅稳定剂+0.5%SMZXF-1+1.5%随钻封堵剂。

新疆地区二叠系地层强抑制钻井液基本配方：3%～4%膨润土 + 0.3%～0.5%LV-CMC +3%～4%SMP-2 + 2%～3%SMC + 2%～3%SMFF + 2%～3%QS-2 +0.3%～0.5%NaOH +0.5%SMXJA-1 + 0.5%SMZXF-1 +1.5%随钻封堵剂。

针对川西须五段的泥页岩，进行了强封堵强抑制钻井液体系的评价，回收率达到了 95.82%，膨胀率仅 2.1%，表现出优良的抑制性能，现场应用效果良好。在新疆地区二叠系应用，二叠系坍塌压力由 1.28～1.32 g/cm³ 降低到 1.22～1.24 g/cm³，减少了钻井液漏失风险。

**2. 大中型漏失堵漏技术**

针对裂缝、溶洞等大中型漏失堵漏过程中堵漏浆难滞留和易被地层流体"冲稀"的重大工程技术难题，研发了化学触变堵漏技术，该技术由两种核心材料组成，一种是耐高温冻胶，另一种是低密度化学固结堵漏剂。

1）耐高温冻胶

耐高温冻胶 SF-2 为一种含有抗温单体的三元共聚物（图 4-14），烘干粉碎后为白色粉末，溶于水为无色透明液体。SF-2 具有遇高价矿物离子体系黏度变大的特点，与矿物离子反应后可以形成凝胶，起到滞留的作用。

图 4-14　SF-2 成胶形态

2）低密度化学固结剂

为了解决堵漏浆窜浆和难以滞留的问题，需要从堵漏浆的密度和强度方面进行改进。常规水泥浆如果密度降低，强度也会随之降低，达不到堵漏的要求。因此对化学固结堵漏材料进行了改进，研发了低密度高强度空心微米有机材料，以强吸附高强度高价金属离子纳米颗粒作为填充加固材料，以改性聚苯乙烯作为胶结材料，基于紧密堆积理论，优化粒径配比，开发出了低密度高价金属离子纳米化学固结堵漏材料 HDL-D，使用 HDL-D 配置的堵漏浆具有密度低、滞留能力强、抗高温、微膨胀、固结物强度高等特点。

3）化学触变堵漏技术

化学触变堵漏原理是将冻胶 SF-2 挤入漏失通道后，通过化学置换改变地层漏失通道特性，驱走漏失通道中的水，防止后续的固结材料被冲稀，并有利于后续的低密度固结材料滞留、稠化、凝固。

化学触变堵漏在采用 1# 堵漏液不加核桃壳的情况下，可有效堵漏 2 mm 宽的人造裂缝，承压能力可达到 15 MPa。加入与裂缝相适应的核桃壳后，可有效堵漏 3～5 mm 宽的人造裂缝，承压能力也可达到 15 MPa。评价实验采用人造裂缝，实验时先把 1# 堵漏液倒入仪器中，然后倒入 2# 堵漏液，接着打开开关，用膨润土浆开始加压测试其承压能力，结果见表 4-5。

化学触变堵漏技术在新疆奥陶系地层推广应用，堵漏成功率由不足 10% 提高到 82.5% 左右，堵漏作业时间大幅度下降。

表 4-5　化学触变堵漏配方及封堵效果

| 序号 | 裂缝宽度/mm | 1#堵漏液配方 | 2#堵漏液配方 | 1#和2#体积比 | 封堵效果 | |
|---|---|---|---|---|---|---|
| | | | | | 承压/Mpa | 堵漏浆漏失量/mL |
| 1 | 1 | 0.5% SF-2 水溶液 | 50%的 HLD-1 溶液 ＋ 0.3%纤维 | 0.5 | ＞25 | 40 |
| 2 | 2 | 0.5% SF-2 水溶液 | 50%的 HLD-1 溶液 ＋ 0.5%纤维 | 0.5 | ＞25 | 80 |
| 3 | 3 | 0.5% SF-2 水溶液+3%细核桃壳 | 50%的 HLD-1 溶液 ＋ 0.5%纤维 | 0.5 | ＞25 | 170 |
| 4 | 4 | 0.5% SF-2 水溶液+4%细核桃壳 | 50%的 HLD-1 溶液 ＋ 0.5%纤维 | 0.5 | ＞25 | 460 |
| 5 | 5 | 0.8% SF-2 水溶液+5%中细核桃壳 | 50%的 HLD-1 溶液 ＋ 1%纤维 | 0.5 | ＞25 | 730 |

注：总浆量为 1500 mL。

# 二、超深水平井钻井技术

川东北元坝气田地质结构复杂，存在多套压力系统，具有高温、高压、高含硫、易漏失的特点，面临地层可钻性差、储层非均质性强且变化大、定向难度高且轨迹控制困难、井下工具仪器工作环境恶劣等重大钻井技术问题。围绕钻井技术难题，持续攻关研究了钻井工程地质环境精细描述及井身结构优化、高研磨性地层钻头优选方法、高温高压随钻测量仪器及配套工具、硬地层斜井眼裸眼侧钻工艺、水平井摩阻扭矩控制、超深水平井安全钻井、抗高温低摩阻钻井液、超深酸性地层完井技术等关键技术内容，形成了以超深水平井优化设计、钻井综合提速、井眼轨迹随钻测量与控制、井下钻具组合优化与降摩减阻、安全钻井综合评价、高温低摩阻钻井液体系、超深水平型钻头优选、超深水平井完井技术等为核心的超深水平井钻完井配套技术。

## （一）井眼轨迹设计技术

由于井眼超深，摩阻扭矩比常规水平井要大得多，而且超长钻柱的自重也在 200 t 以上，钻具负荷大，接近极限性能，安全风险高。为此，建立了摩阻扭矩预测，采用三维刚杆模型，即在井眼轴线坐标系上任取一弧长为 ds 的微元体 $AB$，并对其进行受力分析，以 $A$ 点为始点，其轴线坐标为 $s$，$B$ 点为终点，其轴线坐标为 $s+ds$，其计算公式如下：

$$\begin{cases} \dfrac{dT}{ds} + K\dfrac{dM_b}{ds} \pm \mu_a N - q_m K_f \cos\alpha = 0 \\[2mm] \dfrac{dM_t}{ds} = \mu_t R N \\[2mm] -\dfrac{d^2 M_b}{ds^2} + K \cdot T + \tau(\tau \cdot M_b + K \cdot M_t) + N_n - q_m K_f \cos\alpha \dfrac{K_\alpha}{K} = 0 \\[2mm] -\dfrac{d(K M_b + \tau M_t)}{ds} - \tau\dfrac{dM_b}{ds} + N_b - q_m K_f \sin^2\alpha \dfrac{K_\phi}{K} = 0 \\[2mm] N^2 = N_n^2 + N_b^2 \end{cases}$$

式中，$T$ 为微元段上的轴向力，N；$K$ 为井眼曲率，rad/m；$M_b$ 为铅柱微段上的弯矩，N·m；$\mu_a$ 为微元轴向力摩阻系数分量；$N$ 为法向载荷，N；$q_m$ 为单元线重，N/m；$K_f$ 为浮力系数；$\alpha$ 为井斜角，rad；$M_t$ 为钻柱所受扭矩，N·m；$\mu_t$ 为微元切向力摩阻系数分量；$R$ 为管柱半径，m；$\tau$ 为井眼挠率，rad/m；$K_\alpha$ 为井斜变化率，°/m，$K_\alpha = \dfrac{\mathrm{d}\alpha}{\mathrm{d}s}$；$K_\phi$ 为井斜方位变化率，°/m，$K_\phi = \dfrac{\mathrm{d}\phi}{\mathrm{d}s}$，$\phi$ 为井斜方位角，°；$N_n$ 为钻柱微元在主法线方向的均布接触力，N/m；$N_b$ 为钻柱微元在副法线方向的正压力，N/m。

摩阻和扭矩的求解核心是侧向压力合力的求解，钻柱屈曲对侧向压力有很大影响。钻柱屈曲时，侧向合力应该叠加附加接触压力的影响：

$$\vec{N} = \vec{N}_0 + \vec{\omega}_n$$

式中，$\vec{N}_0$ 为不考虑钻柱屈曲时钻柱与井壁的接触力，N；$\vec{\omega}_n$ 为钻柱屈曲时的附加接触压力。

采用摩擦磨损试验机（MMW-1 型）测试了不同钻井液环境下钢与钢及钢与不同岩石之间的摩擦系数，利用上述模型对比分析不同轨道剖面和钻具组合下的摩阻扭矩，计算结果见表 4-6。

计算结果显示，井口轴向力最大的工况为起钻，采用刚性钻具组合平均比柔性钻具组合高 6.5%。因此，柔性钻具组合比刚性钻具组合更安全。在其他工况下，采用刚性钻具组合比柔性钻具组合略低，但相差 4%以内。采用刚性钻具组合时的扭矩比采用柔性钻具组合时的扭矩在复合钻进时平均高 1.82%，在倒划眼条件下平均高 48.41%。根据分析结果，双增剖面和三增剖面均比单增剖面更有利于安全施工。综合考虑轨迹调整需要，推荐三增剖面，即"增–稳–微增–稳–增–平"剖面。

**表 4-6 不同剖面、钻具组合力学分析结果**

| 剖面类型 | 钻具组合 | 井口轴向力/kN | | | | | 摩阻/t | 扭矩/(kN·m) | | |
| --- | --- | --- | --- | --- | --- | --- | --- | --- | --- | --- |
| | | 起钻 | 复合钻进 | 下钻 | 倒划 | 滑动钻进 | 起钻 | 复合钻进 | 倒划 |
| 单增剖面 | 刚性钻具组合 | 1761 | 1628 | 1587 | 1692 | 1522 | 76.6 | 6.06 | 5.72 |
| | 柔性钻具组合 | 1867 | 1569 | 1407 | 1635 | 1311 | 80.4 | 6.13 | 6.04 |
| 双增剖面 | 刚性钻具组合 | 1792 | 1624 | 1586 | 1689 | 1520 | 80.6 | 6.01 | 6.10 |
| | 柔性钻具组合 | 1928 | 1569 | 1406 | 1638 | 1304 | 84 | 6.16 | 9.60 |
| 三增剖面 | 刚性钻具组合 | 1767 | 1626 | 1587 | 1690 | 1522 | 85.4 | 6.04 | 5.80 |
| | 柔性钻具组合 | 1869 | 1569 | 1485 | 1643 | 1315 | 87.8 | 6.15 | 10.51 |

## （二）井眼轨迹控制技术

### 1. 随钻定向扩孔技术

塔河油田奥陶系直井底水锥进现象严重，多口油井进入高含水和低产低效期，因此，老井侧钻已成为老井复产、提高最终采收率、增加可采储量的一种强有力开发途径。但在老井侧钻施工过程中，为满足避水要求，不得不将侧钻点上移至泥盆系、石炭系地层，导致斜井段钻遇大段的桑塔木组、巴楚组复杂泥岩，在钻完井以及采油过程中坍塌掉块严重，严重影响了开发的进程。为此，对斜井段不稳定泥岩以管材进行封隔，但由于$\Phi$177.8 mm 套管开窗后只能使用 $\Phi$149.2 mm 钻头钻进，如果以 $\Phi$114.3 mm 套管封隔，则完井尺寸过小，增大了采油及后期改造的难度。而要实现较大尺寸完井，则必须对管材封隔段进行扩孔作业。

定向随钻扩孔作业在国内是首次试验，尤其在 5700 m 井深条件下，在世界范围内也没有先例，无经验可供借鉴。深井条件下，小井眼定向随钻扩孔作业施工的难点主要表现为：①井眼轨迹控制难度大；②对钻具及马达性能要求高；③对扩孔效果的影响因素认识不明确；④循环压耗大，对地面设备要求高；⑤对配套的 MWD 仪器要求高。

根据执行结构和工作原理的不同，随钻扩孔工具分为机械式、液压式和偏心式三类（表 4-7）。机械式扩孔工具由于自身结构特点，不适用于深井小井眼定向扩孔；液压式扩孔工具由于依靠足够的流体压力才能推动扩孔总成进行扩孔，限制了其在深井、高钻井液黏度等情况下的应用；偏心扩孔工具主要依靠工具偏心和离心力实现扩孔，工具可靠性较好，且受井深、井眼尺寸影响较小，可用于深井小井眼扩孔作业。

表 4-7　三类扩孔工具对比分析

| 工具类型 | 机械式扩孔工具 | 液压式扩孔工具 | 偏心式扩孔工具 |
|---|---|---|---|
| 扩孔原理 | 采用重力外推扩孔总成进行扩孔作业 | 液压作用推动扩孔执行机构进行扩孔作业 | 利用钻柱旋转形成的离心力，迫使扩孔总成沿径向外移进行破岩扩孔作业 |
| 典型工具 | TRI-MAX industries 公司 EWD™；Andergauge 公司 Anderreamer™ | Bakersfeild Bit & Tool 公司 Gaugemaster Driller Underreamer™ | BakerHughes 公司；DOSRWD NOV 公司 |
| 优势 | 工作稳定、受井深和钻井液性能影响较小 | 结构简单 | 不必单独钻领眼，可灵活选用牙轮或 PDC 做领眼钻头 |
| 不足 | 井眼扩大有限，小井眼中工具尺寸小、本体强度低，存在安全隐患 | 工作压差较高，在深井、高密度、高黏度钻井液体系中应用受限 | 井斜、方位变化难以预测，扭矩波动幅度大 |

采用 CSDR 系列双心定向扩孔钻头，确保了良好的力学稳定性，在多口定向井中进行扩孔作业都取得成功。该钻头总体设计有领眼段、预扩孔段和主扩孔段，其主要结构特点有：①增加了预扩孔段，减少了主扩孔段和总的偏心载荷，提高了钻头的稳定性；②预扩孔段的刀翼与其扩出的井眼在周向上的接触范围大于 $180°$，限制了其向对称面的移动，实现了扩孔钻井时的力平衡，进一步保证了钻头的稳定性；③双重保径提高了稳定性，保证了扩孔效果。

综合考虑双心钻头的扩孔效果、钻头的冷却和携岩效果以及地面机泵与管线承压能力等因素，对定向随钻扩孔井段水力参数进行了优化计算。根据钻井液性能、地面设备条件对水眼组合和水力参数进行了优化，优化采用四只喷嘴（4×12/32″）。双心钻头定向扩孔作业时，钻头本身存在较大的振动，要确保实现扩孔效果，对配套的动力钻具性能尤其是转速性能要求较高，优选了 $\varPhi$120 mm 可调式单弯螺杆。

定向扩孔钻头为双心钻头，工具面摆放和稳定不易控制，为利于轨迹控制采用滑动为主的钻进方式，尽量不采用复合钻进。为避免钻进中扭矩过大，采取小钻压控时钻进的方式，钻压控制在 10～30 kN，实际钻进时根据工具面稳定情况实时调整，滑动钻进钻时控制在 30 min/m 以上。

**2. 超深水平井工具面稳定技术**

超深水平井采用常规导向钻井技术进行定向钻井施工的过程中，工具面可控性差现象普遍存在，摆工具面耗时 10 h 以上的情况时有发生，而且定向钻进过程中工具面漂移严重且规律性不强，严重影响定向钻井施工效率。目前已完钻或新部署的超深水平井深度都超过 7500 m，钻柱长度大、刚度相对小，积蓄在钻柱上的扭矩释放连续性差，造成反扭角变化范围大且变动频繁，底部定向钻具组合的工具面也随之不断变动，因而难以准确稳定控制。超深水平井井眼深且摩阻扭矩大，井口钻柱送进速度和井底钻具前进速度不同步，造成钻头钻压不均匀，因而钻头扭矩不稳定，而且在定向过程中托压频繁，加大了工具面稳定控制难度。

超深水平井斜井段及水平段井眼尺寸小、排量小，难以保证井眼清洁，井底容易产生岩屑床堆积，同时在高摩阻扭矩条件下，井口工具面调整操作的钻柱扭矩变化难以顺畅传导到底部钻具组合，工具面调整难度大。针对工具面可控性差的关键因素，从三个方面提出了提高工具面稳定性的技术措施。

1）提高工具面调整信号（井口钻柱转角及扭矩变化值）传递有效性

降低摩阻扭矩，改善井眼清洁状况是增强钻具转角/扭矩变化信号传递效率的有效手段。降低摩阻扭矩措施见"井眼轨迹设计技术"一节。改善井眼清洁状况可采用加密短起与划眼等措施，同时加装井下 ECD 参数随钻测量仪器，可实时监控井眼清洁状况，做到工程措施实施时有针对性。

2）降低钻头扭振强度

优选低扭振强度钻头是降低钻头扭振强度的主要解决方案。牙轮钻头需要的扭矩小于 PDC 钻头，因此工具面稳定性更强，但破岩效率低。综合考虑钻井效率与工具面稳定性，制定了组合使用两种钻头的方案，即井斜角小于15°时使用牙轮，井斜角大于15°时使用六刀翼及以上且对称性好的 PDC 钻头。

3）降低"托压"等复杂情况干扰

合理提高定向钻具组合振动强度，可一定程度上降低钻具组合粘卡的发生率，减小"托压"等复杂情况的发生率，有利于工具面稳定。优选螺杆钻具和加装工具面稳定器是有效解决方案。

配套工具面稳定器来提高工具面稳定性的方法在元坝 101-1H 等井进行了应用，制定了工具面稳定控制方案，配套了现场施工措施。

（1）渐进调整工具面。调整过程中，每隔 30°～45°暂停观察一次，根据工具面变化情况逐步稳定操作。

（2）加强钻具短起下。提高钻具短起下频率，以提高井壁光滑度和井眼清洁度，可有效提高工具面稳定性，降低"托压"发生率。

形成的工具面稳定控制技术方案逐步在元坝超深水平井应用，有效提升了常规滑动导向钻井技术的轨迹控制能力，为元坝气田首口全井采用常规导向钻井技术的超深水平井——元坝 272H 井顺利完钻提供了重要技术支撑。

## （三）减摩降阻技术

超深水平井对钻井液润滑性有很高的要求，优选固体、液体润滑剂是提高钻井液润滑性的重要途径之一。润滑剂 SMJH-1、AB338 清洁润滑剂、抗盐极压膜润滑剂、Lube 167 能够明显降低膨润土浆的极压润滑系数。加入 PFL-H、PFL-M 和 Dris Temp（元坝 103H）的实验浆在 160℃/16h 老化后 API 滤失量、HTHP 高温高压滤失量较小。考虑到成本等因素，优选 PFL-H、PFL-M 作为钻井液体系主要的抗高温降滤失剂。结果表明，超深井高密度低黏降阻钻井液密度使用范围较宽，在 1.8～2.3 g/cm³ 之间，流变性、润滑性控制均较为理想。

双效减摩/磨技术是使用金属减摩/磨接头（机械减摩/磨）配合钻井液用润滑剂（化学减摩/磨）实施的同时进行降摩减扭及套管防磨的技术。金属减摩/磨接头采用金属及非金属特种增强复合材料制造，具有表面硬度低、表面摩擦系数低、耐磨损、强度较高的特点。润滑剂由多种抗磨材料在高温下合成，其耐温性可达到 200℃ 以上，含有多种活性基团，能够迅速吸附在钻具和套管表面，形成高强度保护膜，减小表面摩阻系数，从而在钻进和起下钻过程中降低摩阻扭矩及钻具对套管的磨损。

该技术在元坝 103H 井和元坝 272H 井等井进行了试验，减摩/磨接头从五开前扫塞开始下入直至水平段完钻，每一柱钻具钻柱加一只减摩/磨接头。润滑剂含量 2%～3%，从水平段第一趟钻开始陆续加入润滑剂，至完钻时累计加量 2.5%以上。钻井液取样评价结果显示，润滑剂在加入初期对钻井液的配伍性有一定影响。但随着钻进过程的进行，钻井液性能经过不断剪释，润滑剂对钻井液性能的影响越来越小，后续施工中钻井液性能更是变化较小，润滑剂与钻井液的配伍性趋于正常，稳定性好。形成的摩阻扭矩控制方案在后续施工的元坝 1-1H 井、元坝 101-1H 井等八个超深水平井进行了应用，取得了显著效果。

# 三、储层深度酸压技术

地面交联酸携砂压裂工艺技术是一种集酸化和加砂压裂工艺于一体的适合复杂碳酸盐岩油气藏储层改造的酸压技术。国外早在 1980 年就开展了地下交联酸携砂压裂现场试验，但是对地面交联酸研究报道较少。交联酸酸液中的稠化剂通过交联作用形成三维网状结构，从而达到酸液体系增黏的目的，性能优于常规的稠化剂酸。依据交联酸交联发生的位置，可划分为地下交联酸和地面交联酸。地下交联酸交联发生在储层内，而地面交联酸则发生在地面或者井筒内（Zoback et al., 2003）。地面交联酸除了具有地下交联酸所有的优良性能外，功能更全面，具体表现为：①地面交联酸有交联时间与交联程度的可控性和预见性；②地面交联和井筒内交联，适应了不同条件下的泵注技术需求；③地面交联酸拥有耐高温、抗剪切、抗滤失的稳定性，适宜酸压造缝，有较好的携砂能力，尤其在碳酸盐岩储层携砂压裂时，酸岩反应可控缝高，防止脱砂和砂堵现象发生；④具有较高黏度，具有良好缓速性，有利于造长缝，可满足碳酸岩储层深度改造的目的（Brudy and Zoback，1993）。到目前为止绝大多数报道的地面交联酸体系只能满足 120℃地面温度要求，只有少数报道了耐温 150℃的地面交联酸体系（Jarosinski and Zoback，1998；Horsrud，2001）。地面交联酸配合深度酸压工艺，对裂缝型储层的增产、稳产以及高破压储层的有效评价方面，具有重要意义（Khaksar et al.，2004）。

## （一）耐高温地面交联酸体系

### 1. 交联酸体系研发

在酸压施工中，特别是在高温深井情况下，交联酸在管道和储层中的流动过程中都会受到较大的剪切力，要达到较好的增长效果，交联酸液的耐剪切性能起决定性作用。同时，交联酸随温度变化的黏度变化指标通常是重要的性能指标，尤其对于高温深井碳酸盐岩储集层，只有保证酸液体系具有较好的黏温性能及耐温性能，才能顺利完成酸压增产施工。因此，我们采用 RS-6000 流变仪对不同交联酸配方的高温流变性进行了测试。

交联酸配方体系设计及高温流变性能如表 4-8 所示。所选取的体系为在室温下交联后可调挂的体系。其他组分均为 20%HCl +3.0%缓蚀剂 EEH+1.0%助排剂 EEZ+1.0%铁离子稳定剂 EET。评价交联酸体系配方的高温流变性能的实验方法为：不同配方的交联酸在剪切速率 170 $s^{-1}$ 的条件下由常温（25℃）升温至 140℃时的黏度变化情况及在 140℃条件下以 170 $s^{-1}$ 剪切 1 h 的剪切稳定性。

表 4-8 交联酸体系配方优化方案及高温流变性能

| 稠化剂/% | 交联剂/% | 剪切后黏度 |
| --- | --- | --- |
| 0.8 | 2.5 | 剪切 5 min 后黏度 15 mPa·s |
| 0.8 | 3.0 | 高温剪切 1 h 后黏度 46.7 mPa·s |
| 0.8 | 3.5 | 高温剪切 1 h 后黏度 21.6 mPa·s |
| 1.0 | 3.0 | 剪切 30 min 后黏度 22 mPa·s |
| 1.0 | 4.0 | 高温剪切 1 h 后黏度 96.8 mPa·s |
| 1.0 | 5.0 | 高温剪切 1 h 后黏度 34.7 mPa·s |
| 1.2 | 4.0 | 高温剪切 1 h 后黏度 49.6 mPa·s |
| 1.2 | 5.0 | 高温剪切 1 h 后黏度 113.9 mPa·s |

从表 4-8 可以看出，稠化剂与交联剂的浓度与比例对体系的高温流变性能影响很大。稠化剂浓度越高，高温剪切后黏度越大。而交联剂有最佳浓度，交联剂过少或过

多均不利于高温剪切性能，原因在于：交联剂过少，不能完全交联稠化剂，形成的交联体系强度不够；而交联剂过多，则会引起过度交联，交联体系较脆，不耐剪切。

图 4-15～图 4-17 为高温剪切性能较好的三种交联酸配方的高温流变曲线。

其中交联酸的三个配方如下。

配方一：20%HCl+0.8%稠化剂 EVA-180+3.0%交联剂 ECA-1+3.0%缓蚀剂 EEH+1.0%助排剂 EEZ+1.0%铁离子稳定剂 EET。

配方二：20%HCl+1.0%稠化剂 EVA-180+4.0%交联剂 ECA-1+3.0%缓蚀剂 EEH+1.0%助排剂 EEZ+1.0%铁离子稳定剂 EET。

配方三：20%HCl+1.2%稠化剂 EVA-180+5.0%交联剂 ECA-1+3.0%缓蚀剂 EEH+1.0%助排剂 EEZ+1.0%铁离子稳定剂 EET。

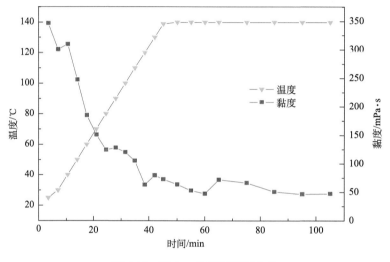

图 4-15　配方一的高温流变曲线

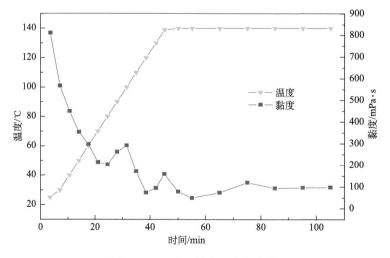

图 4-16　配方二的高温流变曲线

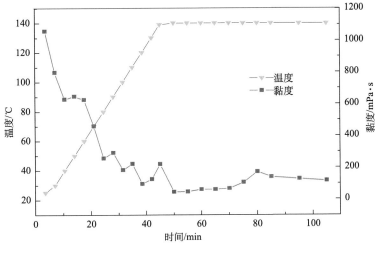

图 4-17　配方三的高温流变曲线

从交联酸的耐温性能及现场施工的成本等方面综合考虑，确定高温酸压用交联酸体系的最佳配方为：20%HCl+1.0%稠化剂 EVA-180+4.0%交联剂 ECA-1+3.0%缓蚀剂 EEH+1.0%助排剂 EEZ+1.0%铁离子稳定剂 EET+0.03%破胶剂 EAB。

**2. 交联酸体系评价**

通过对交联酸体系的研究，得到高温酸压用交联酸的最佳配方，但研制的交联酸性能可否应用于具体的现场施工及能否用于高温储层的酸压，还需要对其进行综合性能评价。

交联酸体系综合性能评价可以分为以下几个方面：延迟交联性能、整体配伍性、耐温抗剪切性能、流变参数、缓蚀性能、缓速性能、对大理石的溶蚀能力、破胶性能等。

## （二）深度酸压技术

**1. 深穿透酸压过顶替研究**

酸压后若立即停泵，近井筒地带裂缝里酸液浓度较高，停泵后，酸液继续滤失，同时通过扩散和对流方式运移到裂缝表面进行反应，使近井筒裂缝的导流能力较强，而远离井筒裂缝的导流能力迅速降低，限制了有效酸蚀距离。深穿透酸压中，使用过量顶替液，不但将井筒里的酸液顶入地层，还能将近井筒地带的酸液顶入裂缝远端，增加活酸作用距离。顶替酸液时，酸液在裂缝里向前流动，同时继续滤失并与裂缝表面反应。随顶替过程进行，酸液浓度逐渐降低，到酸浓度在 3%～5%时，酸液将失去活性，不能再增加酸蚀缝长，因此需要优化顶替液量，使活酸距离最大化。

为研究顶替液量对酸蚀缝长的影响，在保持其他所有参数不变的情况下，改变顶替液量，模拟相应的酸蚀缝长（模拟参数见表 4-9）。

图 4-18 显示酸蚀缝长与顶替液量变化的关系。无顶替液表示仅注入前置液和酸液，

其对应的酸蚀缝长为 142 m。随顶替液量增加，有效酸蚀缝长增加，刚开始酸蚀缝长增加较快，随后增加放缓，顶替到 300 m³ 时，酸蚀缝长基本不增加了。随顶替液量增加，因为滤失和反应消耗的酸液量增加，裂缝中酸浓度逐渐降低，且裂缝中高浓度酸液区域逐渐远离井筒。当顶替液量大于 300 m³ 时，所有酸液失去活性。模拟结果表明过顶替增加有效酸蚀缝长有限（10 m 左右）。过量顶替另一个作用是避免近井筒裂缝过度溶蚀。随着顶替液用量的增加，动态缝长、缝高及缝口导流能力变化不大，有效酸蚀裂缝长度明显增长，顶替液达到 300 m³ 以后酸蚀裂缝增加效果不明显，因此最佳顶替液用量在 300～400 m³。

表 4-9　油藏及流体基础数据

| 参数名 | 参数值 | 参数名 | 参数值 |
| --- | --- | --- | --- |
| 地层温度/℃ | 130 | 泊松比 | 0.23 |
| 杨氏模量 $E$/GPa | 40 | 渗透率/mD | 15 |
| 储层厚度/m | 50 | 油藏压力/MPa | 57 |
| 断裂韧性/MPa·m$^{1/2}$ | 0.6 | 油藏流体黏度/(mPa·s) | 24 |
| 注入排量/(m³/min) | 7 | 裂缝闭合压力/MPa | 112 |
| 隔层应力差/MPa | 1.5 | 前置液(滑溜水)/m³ | 1500 |
| 排量/(m³/min) | 7 | 酸液量/m³ | 700 |
| 酸液类型 | 胶凝酸 | 顶替液量(滑溜水)/m³ | 0～400 |

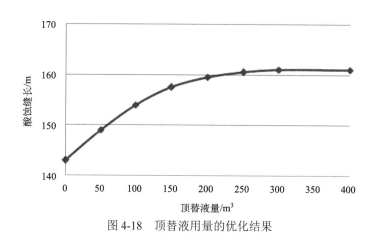

图 4-18　顶替液用量的优化结果

## 2. 深穿透酸压交替注入优化

在塔河油田深穿透酸压中未采取多级交替注入方式，而是前期注入大量滑溜水，后期一次性注入酸液，本节重点研究滑溜水与酸液交替注入对酸液滤失和有效酸蚀缝长的影响。

酸液滤失的本质是酸液在油藏里的流动和反应，用 Frac PT 酸压软件模拟多级交替注入，对比滤失量随注入级数的变化，分析交替注入级数对降低酸液滤失的作用。模拟中前置液注入量恒定为 2100 m³，酸液注入时间固定为 2 h，通过对比酸液滤失量，分析多级交替注入对滤失的影响（具体参数见表 4-10）。多级注入时，前置液注入时按注入量平均分配，酸液注入按时间平均分配；单级注入时，先注入滑溜水，再注入酸液。

图 4-19 和图 4-20 表示多级注入时的酸液滤失量，多级注入时的滤失量比单级注入

**表 4-10　油藏及流体基础数据**

| 参数名 | 参数值 | 参数名 | 参数值 |
| --- | --- | --- | --- |
| 裂缝净压力 | 100 MPa | 酸压缩系数 | $1\times10^{-4}\,MPa^{-1}$ |
| 油藏压力 | 57 MPa | 油藏流体压缩系数 | $10\times10^{-4}\,MPa^{-1}$ |
| 裂缝渗透率 | 30 mD | 基质压缩系数 | $8\times10^{-4}\,MPa^{-1}$ |
| 基质渗透率 | 0.5 mD | 天然裂缝压缩系数 | $8\times10^{-4}\,MPa^{-1}$ |
| 裂缝孔隙度 | 8% | 胶凝酸黏度 | 50 mPa·s |
| 基质孔隙度 | 0.05% | 油藏流体黏度 | 24 mPa·s |
| 裂缝 I 宽度 | 50 μm | 酸浓度 | 20% |
| 裂缝 II 宽度 | 50 μm | 裂缝 I 与裂缝 II 之间的距离 | 2 m |
| 滑溜水量 | 2100 m³ | 酸液注入时间 | 2 h |

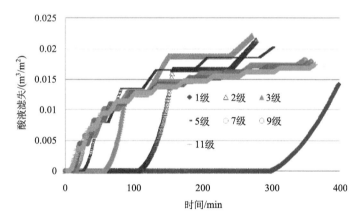

图 4-19　不同注入级数下酸液滤失随时间变化

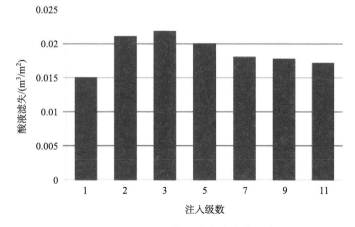

图 4-20　注入级数对酸液滤失的影响

滤失量大，该模拟条件下 3 级注入滤失量最大。多级注入时，相当于提前注入一些酸液，酸溶作用增加孔隙，使滤失液体容易进入油层深部，从而增加酸液滤失。

　　模拟多级交替注入对酸蚀缝长的影响时，多级交替注入的前置液和酸液在每级中平均分配，顶替液最后一次性注入。图 4-21 显示多级注入对酸蚀缝长的影响，多级注入没有增加酸蚀缝长，反而使酸蚀缝长有所降低。多级注入不能降低酸液滤失，另外，滑溜水黏度比酸液黏度低，多级注入不能形成指进，因此，在滑溜水与胶凝酸注入工艺中，使用单级注入较合适。

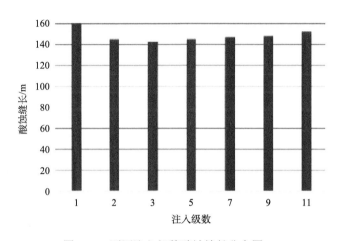

图 4-21　不同注入级数酸蚀缝长分布图

## （三）压裂改造后的微地震评估技术

　　井下微地震监测就是在监测目标区域周围临近的一口或几口井中布置接收排列，进行微地震监测。由于地层吸收、传播路径复杂化等原因，与地面微地震监测相比，井下微地震监测所得到的资料具有微地震事件丰富、信噪比高、反演可靠等优点。因此井下微地震监测适用于超深碳酸盐岩储层的压裂裂缝的监测工作。

　　塔河油田主体区块 A 井进行过深度体积酸压，针对 A 井进行了邻井微地震井下裂缝监测。根据现场微地震信号的信噪比质量，筛选其中信噪比稍高的事件信号进行现场定位处理。定位结果见图 4-22，压裂井和监测井的井口距离是 593.6 m，检波器和压裂裸眼段的空间距离是 600～657 m。从定位的微地震事件分布可知裂缝网络的分布情况，长 155 m，宽 66 m，压裂段北翼裂缝较发育。图 4-22 和图 4-23 红圈内绿色的微地震事件为信噪比相对低的信号定位结果，这些信号需要后续进行重新分析处理。

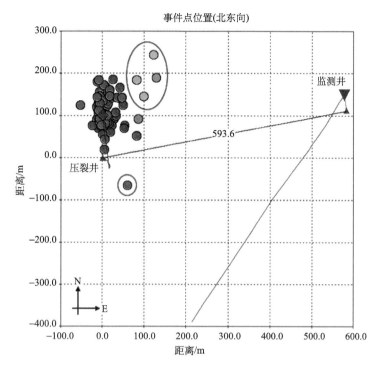

图 4-22　现场微地震事件定位结果

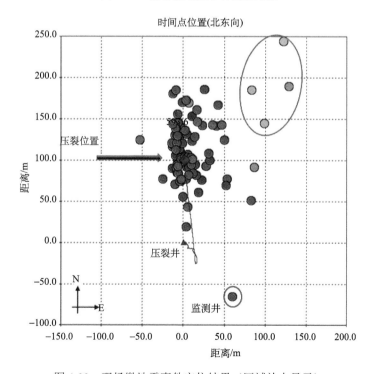

图 4-23　现场微地震事件定位结果（区域放大显示）

# 参 考 文 献

鲍洪志, 路保平, 张传进, 等. 1996. 测井资料分析系统的开发及其在钻井工程中应用. 石油钻探技术, 24(4): 4-6

蔡利山, 胡新中, 刘四海, 等. 2007. 高密度钻井液瓶颈技术问题分析及发展趋势探讨. 钻井液与完井液, 24(增刊): 38-44

蔡利山, 林永学, 田璐, 等. 2011. 超高密度钻井液技术进展综述. 钻井液与完井液, 28(5): 70-77

陈敦辉. 1997. 荆丘地区膏盐层钻井液技术. 钻井液与完井液, 14(2): 41-42

陈世春, 王树超. 2007. 超深水平井钻井技术. 石油钻采工艺, 29(4): 6-10

成海, 郑卫建, 夏彬等. 2008. 国内外涡轮钻具钻井技术及其发展趋势. 石油矿场机械, 37(4): 28-31

邓金根. 1997. 控制油井盐层段流变缩径的泥浆密度的计算方法. 岩石力学与工程学报, 16(6): 522-528

冯定. 2007. 国产涡轮钻具结构及性能分析. 石油机械, 35(1): 59-61

高德利, 狄勤丰, 张武辇. 2004. 南海西江大位移井定向控制技术研究. 石油钻采工艺, 26(2): 1-5

黄根炉, 韩志勇. 2001a. 大位移井钻柱扭转振动顶部扭矩负反馈减振研究. 石油大学学报(自然科学版), 25(5): 32-26

黄根炉, 韩志勇. 2001b. 大位移井钻柱粘滑振动机理分析及减振研究. 石油钻探技术, 29(2): 4-6

黄中玉, 王于静, 苏永昌. 2000. 一种新的地震波衰减分析方法——预测油气异常的有效工具. 石油地球物理勘探, 35(6): 768-773

金衍, 陈勉. 2000. 盐岩地层井眼缩径控制技术新方法研究. 岩石力学与工程学报, 19(增刊): 1111-1114

李红南, 王毅. 2003. 塔里木盆地石炭系与下伏地层构造运动面分析. 石油实验地质, 25(4): 343-347

李志明, 张金珠. 1997. 地应力与油气勘探开发. 北京: 石油工业出版社

李宗杰, 王勤聪. 2002. 塔北超深层碳酸盐岩储层预测方法和技术. 石油与天然气地质, (01): 35-40, 44

刘飞, 付建红, 李真祥, 等. 2008. 深井套管磨损几何力学模型及计算分析. 石油矿场机械, 37(2): 12-15

刘明华, 苏雪霞, 周乐海. 2008. 超高密度钻井液的室内研究. 石油钻探技术, 36(2): 39-41

刘永福. 2007. 高密度钻井液的技术难点及其应用. 探矿工程: 岩土钻掘工程, (5): 47-49

路保平, 鲍洪志. 2005. 岩石力学参数求取方法进展. 石油钻探技术, (5): 44-47

史建刚. 2008. 超深井开窗侧钻技术探讨. 钻采工艺, 31(2): 115-116

宋卫东, 陆丽娟, 等. 1999. 塔里木地区 A 区深部盐层蠕变特征试验研究. 断块油气田, 6(2): 49-52

宿连秀. 1994. 国内外盐层钻井完井技术. 石油钻井工程, 1(2): 67-71

王成岭, 李作宾, 蒋金宝. 2010. 塔河油田 12 区超深井快速钻井技术. 石油钻探技术, 38(3): 17

王大兴, 辛可锋, 李幼铭, 等. 2006. 地层条件下砂岩含水饱和度对波速及衰减影响的实验研究. 地球物理学报, (3): 908-914

王合林, 薛宥堂, 等. 1994. 荆丘地区防止膏盐层挤毁套管的钻井完机完井工艺. 石油钻采工艺, 18(6): 34-39

王秀亭, 汪海阁, 陈祖锡, 等. 2005. 大位移井摩阻和扭矩分析及其对钻深的影响. 石油机械, 33(12): 6-10

席道瑛, 邱文亮, 程经毅, 等. 1997. 饱和多孔岩石的衰减与孔隙率和饱和度的关系. 石油地球物理勘探, 32(2): 196-201

徐朝仪, 董振国, 等. 1997. 塔北深探井厚膏层蠕动地层钻井技术. 钻采工艺, 20(1): 1-5

徐旭辉. 2004. 塔里木盆地古隆起的形成和油气控制. 同济大学学报(自然科学版), 32(4): 461-465

燕静, 李祖奎, 李春城, 等. 1999. 用声波速度预测岩石单轴抗压强度的试验研究. 西南石油学院学报, 21(2): 13-18

杨春和, 陈锋, 曾义金. 2002. 盐层蠕变损伤关系研究. 岩石力学与工程学报, 21(11): 1602-1604

尹陈, 贺振华, 黄德济. 2009. 基于弥散-黏滞型波动方程的地震波衰减及延迟分析. 地球物理学报,

52(001): 187-192

尹光志, 孙国文, 张东明. 2004. 川东北飞仙关组岩石动力特性的试验. 重庆大学学报, 27(8): 121-124

于茂盛, 吴升, 等. 1999. 克拉 201 井盐膏层井钻井液技术. 钻井液与完井液, (4): 30-32

曾义金. 2001. 钻井液密度对盐膏层蠕变影响的三维分析. 石油钻采工艺, 23(6): 1-3

曾义金, 杨春和, 陈锋, 等. 2002. 深井石油套管盐膏岩层蠕变挤压应力计算研究. 岩石力学与工程学报, 21(4): 595-598

张金强, 曲寿利, 孙建国, 等. 2010. 一种碳酸盐岩储层中流体替换的实现方法. 石油地球物理勘探, (3): 406-409

赵金洲, 张桂林. 2006. 钻井工程技术手册. 北京: 中国石化出版社

周延军, 贾江鸿, 李真祥, 等. 2010. 复杂深探井井身结构设计方法及应用研究. 石油机械, 38(4): 8-11, 29

周长虹, 崔茂荣, 马勇, 等. 2006. 深井高密度钻井液的应用及发展趋势探讨. 特种油气藏, 13(3): 1-3

Bakulin A, Tsvankin I, Grechka V. 2000. Estimation of fracture parameters from reflection seismic data-Part I: HTI model due to a single fracture set. Geophysics, 65(6): 1788-1802

Bancroft J C, Geiger HD. 1994. Equivalent offsets and CRP gathers for prestack migration, Expanded Abstracts 1994 SEG International Convention, 672-675

Berenger J P. 1994. A perfectly matched layer for the absorption of electromagnetic waves. J Comput Phys, 114: 185-200

Brudy M, Zoback M D. 1993. Compressive and tensile failure of borehole arbitrarily inclined to principal stress axes: application to KTB boreholes, Germany. International Journal of Rock Mechanics and Mining Sciences, 30: 1035-1038

Castagna J P, Sun S, Siegfried R W. 2003. Instantaneous spectral analysis: Detection of low-frequency shadows associated with hydrocarbons. The Leading Edge, 22(2): 120-127

Ebrom D. 2004. The low-frequency gas shadow on seismic sections. The Leading Edge, 23(8): 772

Heard H C. 1972. Steady-state Flow in Polycrystalline halite at pressure of 2 kilobars, flow and fracture of Rock, Agu, Washington. Geophys Monograph Geophys Union, 16: 191-210

Horsrud P. 2001. Estimating mechanical properties of shale from empirical correlations. SPE Drilling and Completion, 16(2): 68-73

Jarosinski M, Zoback M D. 1998. Comparison of six-arm caliper and borehole televiewer data for detection of stress induced wellbore breakouts: application to six wells in the Polish Carpathians. Stanford Rock Physics & Borehole Geophysics, 64(1): 35

Jones T D. 1986. Pore fluids and frequency-dependent wave propagation in rocks. Geophysics, 51(10): 1939-1953

Kachanov M. 1992. Effective elastic properties of cracked solids: critical review of some basic concepts. Applied Mechanics Reviews, 45(8): 304-335

Khaksar A, Warrington A, Magee M, Castillo D. 2004. Coupled pore pressure and wellbore breakout analysis in the complex Papua New Guinea Fold Belt Region. SPE 88607

King. 1973. Creep in Model Pillars of Sascalchewam Potash. International Journal of Rock Mechanics and Mining Sciences, 10: 364-371

Klimentos T, McCann C. 1990. Relationships among compressional wave attenuation, porosity, clay content, and permeability in sandstones. Geophysics, 55(8): 998-1014

Lisle R J. 1994. Detection of zones of abnormal strains in structures using Gaussian curvature analysis. AAPG Bulletin, 78(12): 1811-1819

Luo M, Evans B J. 2001. Fracture density estimations from amplitude data. SEG Technical Program Expanded Abstracts, 20: 277-279

Ruger A. 1998. Variation of P-wave reflectivity with offset and azimuth in anisotropic media. Geophysics, 63: 935-947

Senseny P E. 1993. Parameter Evaluation for a Unified Constitute Model. Journal of Engineering Material and Technology, 115: 157-162

Sheriff R E. 1999. Encyclopedic Dictionary of Exploration Geophysics (Third Edition). Tulsa: Society of Exploration Geophysicists

Skirius C, Nissen S, Haskell N, et al. 1999. 3-D seismic attributes applied to carbonates. The Leading Edge, 18(3): 384-393

Taner M T, Koehler F. 2012. Velocity spectra-digital computer derivation and applications of velocity functions. Geophysics, 34(6): 859-881

Taner M T, Koehler F, Sheriff R E. 1979. Complex seismic trace analysis. Geophysics, 44(6): 1041-1063

W. 泰拉斯波尔斯基. 1991. 井下液动钻具. 北京: 石油工业出版社

Wawersik W R, Hannum D W. 1980. Mechanical behavior of New Mexico in triaxial Compression Up to 200℃. Journal of Geophys Res, B85: 891-900.

Wright I. 1984. The effects of anisotropy on reflectivity. Expanded Abstracts of 54th Annual International SEG Meeting, 670-672

Zimmerman R W. 1986. Compressibility of two-dimensional cavities of various shapes. Journal of Applied Mechanics, 53(3): 500

Zoback M D, Barton C A, Brudy M O, et al. 2003. Determination of stress orientation and magnitude in deep wells. Intl J Rock Mechs, 40: 1049-1076

# 第五章 海相碳酸盐岩油气区带评价方法与勘探方向

## 第一节 海相碳酸盐岩大中型油气田分布的主控因素

油气勘探实践表明，"源控论"有效地指导了陆相油气勘探和发现（张文佑等，1982）。但是，中国海相碳酸盐岩在多期次构造活动背景下，油气藏经历了复杂成藏与动态调整过程。与陆相断陷盆地相比，除了烃源岩条件外，盖层和保存条件是多期构造活动下油气能否有效成藏的关键制约因素。大量统计和勘探实践证实，斜坡带不仅发育优质烃源岩，而且也是优质储层的发育部位，构造枢纽带作为多期构造演化过程中的相对稳定区域，不仅发育经过改造的优质储集体，而且也是油气聚集的有利区带。因此，斜坡带和构造枢纽带是海相油气聚集的有利单元（金之钧和王清晨，2007）。2011年以来，通过国家重大科技专项、973项目和中国石化-科技部项目联合科技攻关，从油气富集机理上阐明了我国海相碳酸盐岩油气勘探应该遵循"源-盖控烃、斜坡-枢纽控聚"的基本勘探新思路。

多级封盖与保存条件决定了油气资源分布的层系与规模，直接盖层决定了单个油气成藏封闭条件与规模，围绕古隆起的碳酸盐岩风化壳岩溶、斜坡顺层岩溶储层是油气富集的主要区域。以鄂尔多斯盆地为例，其碳酸盐岩储层从盆地中部的靖边气田的上组合（马五段1~4层）的含膏云坪相岩溶储层，向西依次变为中组合白云岩储层和中-上奥陶统礁滩相储层。三套储层的区域盖层为上古生界煤系和泥岩，但是，控制上组合含膏云坪相岩溶储层、中组合白云岩储层和中-上奥陶统礁滩相储层成藏的直接盖层不同。已发现的靖边大气田，其含膏云坪相岩溶储层之上的直接盖层为盆地内优质的石炭系铝土质泥岩盖层，其高效的封闭性决定了成藏封闭条件优越，有利于油气聚集成藏。靖边气田的探明边界与这套铝土质泥岩盖层的分布一致，同时，上古生界煤系和泥岩的区域封盖与有效的保存、区域盖层和直接盖层双重封闭对靖边大气田有效保存起到了至关重要的作用。盆地西部的中组合白云岩储层和西南部的中-上奥陶统礁滩相储层，其直接盖层分别为上古生界煤系、泥岩与致密灰岩，相比靖边气田，由于缺失石炭系铝土泥岩，直接盖层质量相对变差。这一认识也为盆地内不同储层油气资源量的匹配提供了依据。

当然，"多级封盖与保存条件决定油气资源分布的层系与规模"的关键是"源、盖"的动态匹配关系（童晓光和牛嘉玉，1989），即，烃源岩（或者古油藏）的成烃时间要和盖层形成的封闭时间相匹配。塔里木盆地台盆区典型油气田（藏）的解剖研究揭示，台盆区主要含油层系的油气成藏具有"多源供烃、多期成藏、多期改造"的特征，因此，"源-盖"配置及其动态变化对于进一步明确油气富集规律至关重要。宏观上，"源-盖"动态匹配关系的差异决定着不同地区与不同含油层系油气富集程度的差异性（图5-1）。塔北古隆起中-下奥陶统碳酸盐岩为目前台盆区发现的油气最为富集的领域，其"源-盖"时空配置是区内最佳的"源-盖"配置关系。塔北古隆起临近"满加尔"和"阿瓦提"两大供烃中心，塔里木盆地北部地区普遍发育下寒武统玉尔吐斯组、西大山组—西山布拉克组烃源岩，烃源条件优越。塔北古隆起斜坡区中-下奥陶统碳酸盐岩上发育上奥陶统泥质岩盖层，该盖层在加里东晚期（志留-泥盆纪）已具备了封盖条件，在其后的加里东晚期—海西早期构造运动中遭受破坏。古隆起主体部位中-下奥陶统碳酸盐岩上发育石炭系盖层，晚二叠世开始具备封盖能力，在其后的地质历史中，除雅克拉断凸外，石炭系盖层封盖能力持续加强。因此，塔北地区中-下奥陶统碳酸盐岩可以聚集海西晚期以来来自两大"供烃区"的多期供烃。大量的钻井揭示，塔北古隆起主体部位中-下奥陶统碳酸盐岩普遍见储层沥青，这是加里东晚期—海西早期由于缺乏区域封盖条件而成藏破坏的产物。由于塔北地区中-下寒武统膏盐岩盖层整体欠发育，据此推论，寒武系、中-下奥陶统内幕可能仅发育局部碳酸盐岩致密"隔层"封盖，沿深大断裂富集的油气藏是重要的勘探方向。

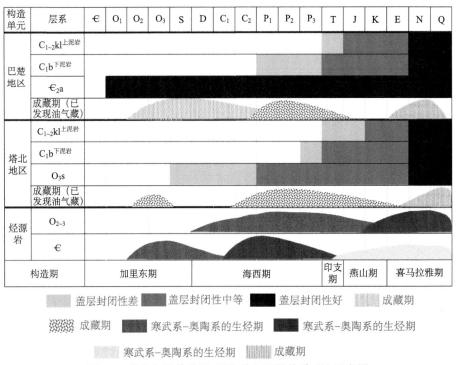

图 5-1　塔北与巴楚地区"源-盖"配置关系对比示意图

　　巴楚地区中-下奥陶统整体油气显示较差，主要是其"源-盖"时空配置关系不佳。空间尺度上，虽然巴楚隆起临近"阿瓦提"供烃区，但与塔北地区比较，本区与长期供烃的"满加尔"供烃区相隔较远，且下寒武统玉尔吐斯组烃源岩欠发育（巴探 5 井、玛北 1 井的钻探证实这一点），油气成藏的"物质基础"较为薄弱。巴楚隆起-麦盖提斜坡西段，中-下奥陶统碳酸盐岩上覆地层为志留-泥盆系，缺乏有效的区域盖层，在巴什托地区针对该层系的钻探结果不佳。巴楚隆起东段，中-下奥陶统鹰山组与上奥陶统良里塔格组之上发育厚度不等的上奥陶统泥页岩盖层，虽然在海西晚期以来具备了良好的封盖条件，但是，喜马拉雅期强烈的断裂活动使油气保存条件变差，推测正是前期针对断裂带部署的钻井未获重大油气发现的重要原因。

　　不同于塔北油气成藏特征，四川盆地海相成藏的特殊性表现为"烃源岩—古油藏—天然气"的过程,特别是古油藏的裂解过程,更是带来了"源-盖"时空配置研究与评价的复杂性,因此,四川盆地中-下三叠统膏盐岩盖层与保存对油气聚集与分布的控制作用尤为明显。

四川盆地烃源岩具有多元生烃和油气转化的特点(图5-2)。下寒武统烃源岩生烃较早,第一次生油一般发生在中、晚奥陶世到志留纪;由于后期的抬升作用,在川西南地区存在很长时期的生烃停滞,第二次生油期为二叠纪到侏罗纪;在川东南地区,由于处于持续埋深区,在二叠纪基本已经进入生气期,早期生成的油气就会运移到圈闭之中,成为后期原油裂解气的气源灶。

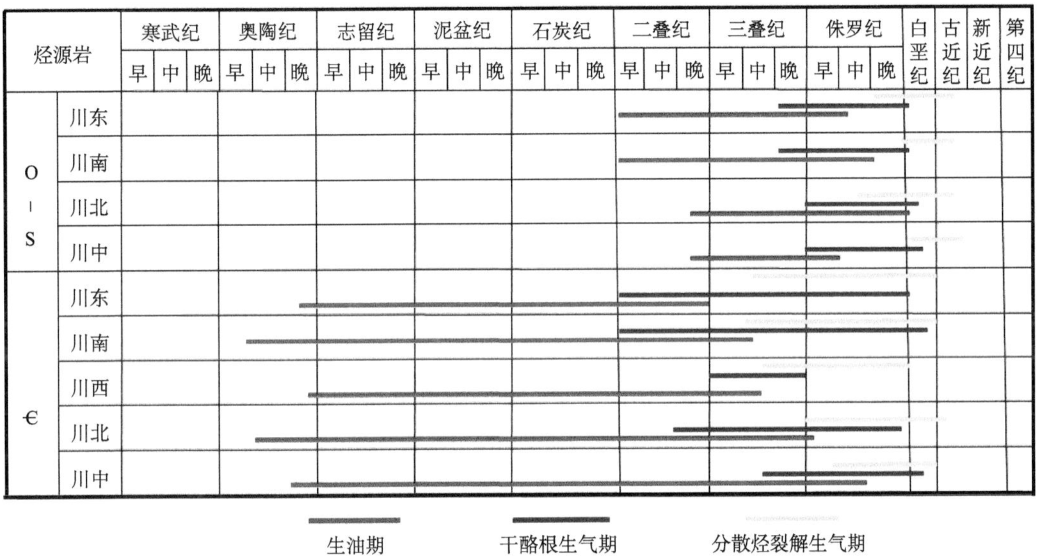

| 烃源岩 | | 寒武纪 | | | 奥陶纪 | | | 志留纪 | | | 泥盆纪 | | | 石炭纪 | | | 二叠纪 | | | 三叠纪 | | | 侏罗纪 | | | 白垩纪 | 古近纪 | 新近纪 | 第四纪 |
|---|---|---|---|---|---|---|---|---|---|---|---|---|---|---|---|---|---|---|---|---|---|---|---|---|---|---|---|---|---|
| | | 早 | 中 | 晚 | 早 | 中 | 晚 | 早 | 中 | 晚 | 早 | 中 | 晚 | 早 | 中 | 晚 | 早 | 中 | 晚 | 早 | 中 | 晚 | 早 | 中 | 晚 | | | | |
| O-S | 川东 | | | | | | | | | | | | | | | | | | | | | | | | | | | | |
| | 川南 | | | | | | | | | | | | | | | | | | | | | | | | | | | | |
| | 川北 | | | | | | | | | | | | | | | | | | | | | | | | | | | | |
| | 川中 | | | | | | | | | | | | | | | | | | | | | | | | | | | | |
| € | 川东 | | | | | | | | | | | | | | | | | | | | | | | | | | | | |
| | 川南 | | | | | | | | | | | | | | | | | | | | | | | | | | | | |
| | 川西 | | | | | | | | | | | | | | | | | | | | | | | | | | | | |
| | 川北 | | | | | | | | | | | | | | | | | | | | | | | | | | | | |
| | 川中 | | | | | | | | | | | | | | | | | | | | | | | | | | | | |

生油期　　　　干酪根生气期　　　　分散烃裂解生气期

图5-2　四川盆地不同烃源岩不同地区的成烃演化示意图

古油藏裂解过程分析表明:志留纪末(广西构造事件抬升剥蚀之前),川东-川东南古油藏中的原油开始裂解生气;至早二叠世末,川中古油藏的东南斜坡部位(窝深1井—威基井以南),原油开始发生裂解生气;中三叠世末,川北古油藏西南部、川中古油藏的边缘,原油处于裂解生气阶段;晚三叠世末,川北古油藏整体进入原油裂解温度窗,川中古油藏除古隆起核部之外,也大范围进入原油裂解生气温度窗,此时,丁山-林滩场和石柱古油藏震旦系原油裂解结束。

四川盆地主力烃源岩生烃结束的时间和构造变形的时间大致相同,都是晚白垩世,由此造成了早期盆地变形弱,油气疏导体系不发育,晚期变形程度强,油气源供给充足的现象。因此,四川盆地油气的分布严格受"源-盖"组合的控制,特别是区域性发育的膏盐岩盖层对下覆油气具有显著的控制作用,现今海相油气藏几乎全部分布在中-下三叠统膏盐岩之下就是有力的例证。同样,在寒武系膏盐岩分布连续的川东地区,储层沥青的显示也揭示了膏盐岩对早期油气分布的控制,通过对川东南丁山1井储层沥青分布和油气包裹体的含油包裹体丰度(GOI)分析,证实了薄层膏盐岩在油气藏形成过程中对流体的封隔作用。尽管丁山1井寒武系膏盐岩连续厚度仅为20 m,但是膏岩上、下储层沥青的面孔率和油气包裹体的GOI相差甚远。在盐下灯影组灯四段和灯二段,储层沥青的面孔率可达8%～9%,下寒武统清虚洞组白云岩晶间孔中沥青的含量也可达2%,属于沥青化的古油藏。而盐上的上寒武统娄山关组，尽管粉晶白云岩和亮晶砂屑白云岩基质孔隙度可达 2.8%～4.5%，但是未见到任何储层沥青的痕迹，储层中油气包裹体的 GOI 值在灯影组灯四段可达 100%，而在膏盐层段仅为 0.2%，由此可见膏盐岩在丁山构造油气成藏过程中，起到了重要的盖层封隔作用。

大量的勘探案例表明，围绕古隆起的碳酸盐岩风化壳岩溶、斜坡顺层岩溶储层是海相油气富集的主要领域（贾承造，2006）。据统计，截至 2013 年底，中西部三大盆地海相碳酸盐岩累计探明地质储量 $47.67 \times 10^8$ t 油当量（图 5-3），其中油田 5 个（均分布在塔里木盆地，均为大中型油田）累计探明石油地质储量 $16.20 \times 10^8$ t；气田 117 个，累计探明天然气地质储量 $3.15 \times 10^{12}$ m³。四川盆地探明气田 112 个，天然气探明储量 $19\,926 \times 10^8$ m³，占总储量的 63%；鄂尔多斯盆地探明气田 1 个，储量 $6910 \times 10^8$ m³，占总储量的 22%；塔里盆地探明气田 4 个，储量 $4636 \times 10^8$ m³，占总储量的 15%。所有探明气田中，大中型气田 38 个，探明天然气地质储量 $3.02 \times 10^{12}$ m³，占天然气探明总储量的 96%，其中四川盆地 33 个，天然气探明地质储量 $1.86 \times 10^{12}$ m³；鄂尔多斯盆地 1 个，天然气探明地质储量 $6910 \times 10^8$ m³；塔里木盆地 4 个，天然气探明地质储量 $4600 \times 10^8$ m³。

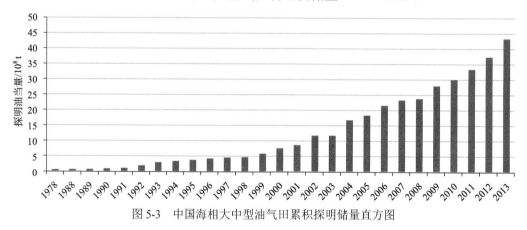

图 5-3　中国海相大中型油气田累积探明储量直方图

从油气分布性质看，大型油气田探明储量对油气探明储量起到重要作用。海相大型油田 3 个，为塔河、轮古、哈拉哈塘，探明石油地质储量 $15.51 \times 10^8$ t，占探明总储量的 96%。截至 2013 年底，中国最大的海相油气田塔河油气田探明油气地质储量已达 $12.6 \times 10^8$ t 油当量，且目前继续保持强劲的储量增长势头。海相大型气田 15 个，探明天然气 $2.69 \times 10^{12}$ m³，占天然气探明总地质储量 85%，靖边大气田以 $6910 \times 10^8$ m³ 的探明地质储量居榜首。

从分布层位看，已探明的油气田统计结果显示，奥陶系探明油气地质储量最高，占据半壁江山。虽然探明油气田数量仅为 7 个（塔里木 6 个，鄂尔多斯 1 个），占总油气田数的 5.74%，但是探明油气地质储量占总量的 58%。其次为二叠系—三叠系气田，包括天然气田 90 个，均分布在四川盆地，但探明地质储量不大，占总量的 25%。寒武系目前仅发现安岳气田，气田规模大，探明地质储量 $4404 \times 10^8$ m³，占总量的 14%，展示寒武系巨大的勘探潜力。震旦系威远气田探明地质储量为 $408 \times 10^8$ m³。

从油气分布的储层成因看，加里东运动不整合面给塔里木和鄂尔多斯盆地的油气勘探带来巨大财富，奥陶系顶部岩溶型储层是最重要的碳酸盐岩储集体，塔里木盆地的塔河、轮古、哈拉哈塘油气田和鄂尔多斯盆地靖边特大型油气田均属此类。四川盆地海相地层发育四个大型不整合面，形成的四套与岩溶作用有关的储层——灯影组、黄龙组、茅口组及雷口坡组也都有油气发现；其次以四川盆地礁、滩相白云岩，安岳寒武系，普光-元坝的长兴组—飞仙关组（$P_2ch$–$T_1f$）等为典型代表。

从油气藏类型看，早期在"源控论"指导下的勘探目标多为简单的构造圈闭，如四川盆地威远气田。中国海相油气盆地的特点决定了构造圈闭规模均以中小型为主，圈闭资源量有限，构造圈闭气藏以小型居多。随着认识的不断提高，勘探技术的进步，越来越多的岩性圈闭、构造-岩性复合圈闭被发现。鄂尔多斯盆地中部大型气田——靖边奥陶系气田即为非构造控制的大型古岩溶古地貌成岩圈闭；塔里木盆地塔河、塔中奥陶系油气藏均属于受大型古隆起、不整合面及岩溶共同控制的构造-岩性复合圈闭；四川盆地长兴组—飞仙关组（$P_2ch$–$T_1f$）和寒武系龙王庙组（$\text{C}_1l$）等气藏则是由构造及台地边缘礁、滩相联合控制的构造-岩性圈闭。

从油气藏盖层性质看，三大盆地油气藏盖层以膏和泥岩占绝对优势，这类盖层塑性大，且随埋深的增大而增大，因此是非常理想的油气封盖层。

塔里木盆地石炭系巴楚组膏泥岩为奥陶系油气藏的优质区域性盖层；四川盆地嘉陵江组和雷口坡组膏盐岩为长兴组—飞仙关组、灯影组、黄龙组（$P_2ch$–$T_1f$、$Z_2dn$、$C_1h$）油气储层的区域性盖层。靖边气田上覆盖层为上石炭统本溪组铝土质泥岩（$C_2b$），基本不含膏盐，但气藏内部直接盖层均为含膏泥岩。虽然膏盐岩或含膏泥岩不是油气保存的必要条件，但起着举足轻重的作用。

从油气分布的构造位置看，中、西部三大盆地海相探明油气储量主要分布在古隆起围斜区和枢纽带，其天然气探明储量占总储量的 56.5%。塔里木盆地海相碳酸盐岩油气全部富集于塔北、塔中及巴楚三个枢纽带。鄂尔多斯盆地中部枢纽-斜坡带控制了奥陶系岩溶储层的分布，也控制了奥陶系岩溶型天然气藏的分布，靖边大气田也属于该枢纽带。四川盆地海相天然气聚集主要集中在乐山-龙女寺、泸州-开江古隆起及围斜区，前者控制了川西南部灯影组（$Z_2dn$）和龙王庙组（$\text{C}_1l$）等气藏，后者则对大川东地区石炭系、二叠系—下三叠统气藏具有明显控制作用。

斜坡带、构造枢纽带成为油气富集区的主要原因是：①该构造单元控制了碳酸盐岩古风化面及斜坡礁、滩型储层的发育；②控制了大型圈闭的形成，即构造、披覆、地层、岩性等单一或复合圈闭；③与生烃凹陷相接，有利于油气通过断裂、不整合面等运移到枢纽-斜坡高势区。因此，在中国复杂的海相碳酸盐岩层系油气的勘探实践过程中，应特别关注斜坡、构造枢纽带，它们是油气探明储量可能增长的区带。

# 第二节　海相碳酸盐岩油气区带评价方法

## 一、评价思路与流程

### （一）评价思路

基于中国海相碳酸盐岩油气成藏特点（康玉柱，2014），碳酸盐岩油气勘探战略选区与评价思路首先是在盆地尺度下考虑"源-盖"条件进行选区，其次是在恢复的斜坡、枢纽发育区进行选带。因此，碳酸盐岩区带评价是以"源-盖"评价为基础，以"斜坡-枢纽"识别区的储层类型综合评价为依据，兼顾工程技术适应程度，进行综合评价，达到统一与优选的目的。实际工作中，要紧密围绕油气勘探生产发展，体现最新研究与勘探成果，服务于油气资源战略及未来油气发展方向。主要体现以下几个原则。

（1）突出碳酸盐岩地层的岩相古地理和岩性体变化以及构造位置变化两大主控因素。岩相古地理、岩性体变化突出沉积体或岩性体的形态、结构、物性的变化；构造位置变化主要是指构造演化过程中相对稳定或有利于流体活动与作用的构造单元等。强调烃源岩动态演化和优质盖层的分布评价，强调"斜坡-枢纽"的形成演化与储集体形成的关系。

（2）突出油气成藏特征的相似性。平面上强调烃源岩、盖层、储集体、油气输导体系与保存条件等的相似性，纵向上强调同一区带内的沉积背景、供烃层系与保存条件和优势聚集方位等因素基本相似。

（3）突出不同区带的碳酸盐岩储层成因类型。按照成因类型可以分为沉积斜坡型区带、构造斜坡型区带、复合斜坡型区带、构造枢纽型区带。在此基础上研究不整合、白云岩储层、鲕粒和团粒浅滩、生物礁、微孔隙储层以及微裂缝储层。

（4）突出工程技术经济条件。由于盆地类型差异，不但有地形高差、交通、施工条件的差别，也有勘探程度的差别。

## （二）评价流程

### 1. "源-盖控烃"选区

"源-盖控烃"选区工作应围绕烃源岩评价、盖层评价以及源-盖匹配关系三方面来进行。由于中国海相碳酸盐岩层系时代老、演化程度高、经历多期构造变动，烃源岩生排烃及盖层封闭性能也随之不断演变，因此，需要从动态角度去评价烃源岩、盖层以及二者之间的动态匹配关系，最终揭示现今"源-盖控烃"有效性。"源-盖控烃"选区工作可以按照三个步骤来开展：第一步，对评价区域内的烃源岩有效性进行分级评价，确定（或预测）各级有效烃源岩的时空分布，如果资料程度许可，尽量模拟计算有效烃源岩生排烃强度及其时空分布；第二步，对评价区域内的盖层封盖性能进行动态分级评价，即评价有效烃源岩大规模生排烃期以来盖层的封盖质量及其时空分布；第三步，根据烃源岩和盖层评价结果，动态评价各级有效烃源岩与各级有效盖层的时空匹配关系，提出"源-盖控烃"选区方案。

"源-盖控烃"选区的关键是在烃源岩品质评价的基础上，进行"源-盖"匹配关系评价。依据有效烃源岩评价等级、烃源岩主生烃期盖层封盖性能评价等级、有效烃源岩和有效盖层时空匹配关系，将"源-盖"匹配关系划分为匹配很好（Ⅰ类）、匹配好（Ⅱ类）、匹配中等（Ⅲ类）、匹配差（Ⅳ类）四种类型（表5-1）。

（1）"源-盖"匹配很好：有效烃源岩生烃潜力很好，盖层封闭性能很好，盖层封闭性形成时间（$T_{盖}$）早于下伏烃源岩主生烃期（$T_{烃}$），烃源岩和盖层现今具备纵向叠置地层组合，空间叠置关系好。

（2）"源-盖"匹配好：有效烃源岩生烃潜力很好或好，盖层封闭性能好，盖层封闭性形成时间（$T_{盖}$）早于下伏烃源岩主生烃期（$T_{烃}$），烃源岩和盖层现今具备纵向叠置地层组合，空间叠置关系好。

（3）"源-盖"匹配中等：有效烃源岩生烃潜力很好或好，盖层封闭性能中等；或者有效烃源岩生烃潜力中等，盖层封闭性能中等—很好。盖层封闭性形成时间（$T_{盖}$）早于下伏烃源岩主生烃期（$T_{烃}$），烃源岩和盖层现今具备纵向叠置地层组合，空间叠置关系好。

（4）"源-盖"匹配差：有效烃源岩生烃潜力中等—好，盖层封闭性能差；或者有效烃源岩生烃潜力差，盖层封闭性能差—很好。盖层封闭性形成时间（$T_{盖}$）晚于下伏烃源岩主生烃期（$T_{烃}$），烃源岩和盖层现今不具备纵向叠置地层组合，空间叠置关系差。

按照以上"源-盖"匹配等级划分原则，将有效烃源岩分级评价及厚度分布图与有效盖层分级评价及厚度分布图进行空间叠合，绘制出"源-盖"匹配关系分级评价时空分布图。依据该图即可优选出"源-盖"匹配很好及好两个等级的区域作为战略选区的重点评价区。

**表 5-1 "源-盖"匹配关系类型划分表**

| "源-盖"匹配关系类型 | 烃源岩等级 | 盖层等级 | "源-盖"时间匹配关系 | "源-盖"空间叠置关系 |
|---|---|---|---|---|
| 很好（Ⅰ类） | 很好 | 很好 | $T_{盖}$早于$T_{烃}$ | 叠置好 |
| 好（Ⅱ类） | 很好 | 好 | $T_{盖}$早于$T_{烃}$ | 叠置好 |
|  | 好 | 好 | $T_{盖}$早于$T_{烃}$ | 叠置好 |
| 中等（Ⅲ类） | 很好 | 中等 | $T_{盖}$早于$T_{烃}$ | 叠置好 |
|  | 好 | 中等 | $T_{盖}$早于$T_{烃}$ | 叠置好 |
|  | 中等 | 很好/好/中等 | $T_{盖}$早于$T_{烃}$ | 叠置好 |
| 差（Ⅳ类） | 很好 | 差 | $T_{盖}$晚于$T_{烃}$ | 叠置差 |
|  | 好 | 差 | $T_{盖}$晚于$T_{烃}$ | 叠置差 |
|  | 中等 | 差 | $T_{盖}$晚于$T_{烃}$ | 叠置差 |
|  | 差 | 差/中等/好/很好 | $T_{盖}$晚于$T_{烃}$ | 叠置差 |

注：$T_{盖}$为盖层封闭性形成时间；$T_{烃}$为下伏烃源岩主生烃期。

**2. "斜坡-枢纽富集"选带**

"斜坡-枢纽富集"选带工作是在"源-盖控烃"选区的基础上，首先进行斜坡和构造枢纽带的识别，然后将斜坡分布区与构造枢纽带分布区进行空间上的叠合，优选出既是斜坡发育区，同时也是构造枢纽区的部位，作为油气勘探战略选区中的油气"富集带"进行重点评价。利用层序地层、沉积相等方法编制岩相古地理图，确定不同地质时期的台地相、台地边缘相、陆棚相、盆地相等沉积单元，识别沉积斜坡。通过计算主要目的层的残余厚度与剥蚀厚度，编制关键构造期的构造演化剖面与古构造图，识别构造斜坡、复合斜坡和枢纽。

# 二、评价技术

不同勘探阶段区带的勘探程度不同，其勘探的目的也有所不同。增储区带目标在于增储和稳产，突破区带目标在于资源准备，准备区带勘探目的在于资源的发现。研究中针对不同勘探阶段的区带，从油气发现概率（风险）和资源战略价值两方面优选关键参数，建立评价指标体系，确立了评价（滚动、增储）区带、预探（突破）区带、区探（准备）区带的三类评价模板。

评价（增储）区带勘探程度高，已有油气田发现，地质评价过程中的不确定因素较少，地质基础资料的置信度较高，在地质风险评价过程中，重点考虑圈闭及储层条件的各向异性对区带含油气概率的影响（其他地质条件概率为1），工程技术风险考虑该区带所采用的一系列工程技术措施的适用性。对于资源战略价值评价，在考虑资源规模、潜力、价值的基础上，将剩余资源规模、资源升级潜力、探明速率以及油气储量的价值等作为对比评价的标准参数（闫相宾等，2010）。

预探（突破）区带勘探程度及地质认识程度中等，因此在地质风险评价中考虑烃源、储层、保存条件、圈闭以及匹配条件等主要成藏因素的相互配置影响，工程风险考虑工程技术难度以及自然地理环境。在资源战略价值评价中，考虑资源的规模、潜力及目标的落实程度以及该区带的勘探战略价值等因素的影响。

区探（准备）区带的勘探程度及地质认识程度低，评价过程中，相关地质资料获取较难，因此勘探中只是重点考虑其油气发现的可能性和资源规模的大小，地质风险评价中着重对油源、保存和配套性进行评价，资源战略价值中考虑油气的资源规模、丰度及勘探战略意义。

## （一）区带风险评价

地质因素的多解性和油气勘探的未知性，将导致油气勘探中存在诸多风险和不确定性。造成风险及不确定性的原因主要有以下几点：①原始数据资料不充分；②存在未知的潜在影响因素；③技术和工艺的重大改革和进步；④ 经济关系和经济结构以及社会政治情况的重大变化。对于油气勘探来说，地质因素和工程技术措施具有不确定性，研究中针对区带的风险评价主要考虑地质风险及工程风险，在油气勘探中应引入概率对不确定性进行表征，来反映油气勘探的风险。

### 1. 地质风险评价

区带评价应着眼于一个油气聚集带或成藏体系来研究它的烃源条件、保存条件和配套史、储层条件、圈闭条件等条件，研究中采用国内外较为成熟的含油气概率方法，进行区带的地质风险评价，内容包括烃源、盖层和保存、储层、圈闭、油气配套史，区带的含油气概率用成藏五种因素发生的各自概率的乘积表示，含油气概率越大，地质风险越低。

$$P = \prod_i^5 P_i$$

式中，$P$ 为区带含油气概率（$0 \leqslant P \leqslant 1$）；$P_i$ 为单项成藏地质条件发生的概率（$0 \leqslant P_i \leqslant 1$）；$P_1$ 为圈闭条件，$P_2$ 为保存条件，$P_3$ 为储层条件，$P_4$ 为油气源条件，$P_5$ 为配套史条件。

　　由于勘探对象和勘探程度的不同，所获得资料置信程度也有差异，因而已有资料对各成藏条件的证实程度就不同，造成不同类型区带的含油气概率的不确定因素有所不同（表5-2），从而影响对成藏条件发生概率的预测。评价（增储）区带、预探（突破）区带和区探（准备）区带由于勘探程度不同，地质风险评价过程中地质风险考虑的因素也有所不同：评价（增储）区带已有油气发现且上报了探明储量，因此地质风险评价中着重考虑圈闭类型及储层类型，其他因素认为已确定存在，地质风险概率为1；预探（突破）区带地质风险评价过程中则因地质认识程度较低，应考虑五种主控成藏因素；区探（准备）区带由于地质资料较少，在含油气概率的评价过程中重点考虑保存、油源和配套史的影响。

表5-2　不同类型区带含油气概率计算考虑的地质参数

| 区带类型 | 评价区带 | 预探区带 | 区探区带 |
|---|---|---|---|
| 地质参数 | $P_1$、$P_3$ | $P_1$、$P_2$、$P_3$、$P_4$、$P_5$ | $P_2$、$P_4$、$P_5$ |

注：其余地质参数风险概率取值为1。

　　在资料置信度分级的基础上，通过选择典型的区带（运聚单元）进行解剖，尽可能多地提取与区带油气成藏条件有关的参数，利用评价结果对每个参数进行因子分析，最终确立参数体系和取值标准。根据油气成藏的基本原理，针对圈闭、保存、储层、油气源、配套史五个成藏要素，借鉴亚洲海洋勘探协调委员会、挪威国家石油委员会标准，确定每个参数的分级标准，建立初步的区带地质含油气赋值评价表（表5-3）。

### 2. 工程技术风险评价

　　在勘探程度相对较低的预探（突破）区带，考虑工程技术适应性的同时，还需要考虑自然、交通等对工程的影响。针对这些影响因素综合考虑工程技术的可靠性（$E$）（表5-4），可由下式表示：

$$E = E_1 \times E_2$$

式中，$E$ 为工程技术可靠性；$E_1$ 为工程技术难易程度；$E_2$ 为自然条件好坏。

### 3. 不同类型区带风险评价

　　在制定勘探部署与投资决策时，考虑风险和不确定性，采用统一准则进行处理，尽量降低对制定勘探决策及勘探战略的影响，最终区带油气发现概率（$P_{油气发现}$）是排除了勘探风险的概率，可表示为

$$P_{油气发现} = 1 - \frac{\sqrt{(1-P)^2 + (1-E)^2}}{\sqrt{2}}$$

表 5-3　地质风险评价（$P$）概率赋值表

| 存在概率赋值区间 | 参数类型 | | | | |
|---|---|---|---|---|---|
| | 圈闭条件（$P_1$） | 保存条件（$P_2$） | 储层条件（$P_3$） | 油气源条件（$P_4$） | 配套条件（$P_5$） |
| [1,0.8] | 钻井和地震资料证实有效圈闭的存在，地震资料的质量好且目测网密度大；根据目标的构造形态、勘探目标的构造形态与邻区同一类型圈闭的构造形态相同 | 钻井、地震等资料证实、油气聚集后圈闭未发生明显的构造变形；钻井、地震资料证实、油气聚集后圈闭有效保存条件与邻区同一类型圈闭的保存条件相同 | 钻井和三维地震资料均能证实有效储层的存在，沉积相模式及地震资料分析也表明储层在各钻井之间分布 | 区内有商业性油气产出；经测试钻井中试具有商业性油气流 | 有足够的钻井、地震、分析资料证实，圈闭在主排经期前或同期形成 |
| [0.8,0.6] | 钻井和地震资料表明有效圈闭可能存在，地震资料质量较好且目测网密度大；三维地震资料稍差，二维地震资料显示的勘探圈闭与同一类型圈闭显示的构造形态相同 | 钻井、地震等资料证实、构造变形明显影响油气聚集后的保存；钻井、地震资料稍差，但其显示的油气聚集后圈闭的有效保存条件与邻区同一类型含油气圈闭的保存条件相同 | 至少有一口井证实有效储层存在；储层区域分布也为地震资料所证实 | 钻井中有油气流显示；实验分析资料有可靠的有效烃源岩，其单位生烃强度大于形成油气藏的下限值 | 根据地震或钻井资料，能在主排经期前或同期形成 |
| [0.6,0.4] | 地震资料的测网密度低，钻井或地震等资料不能证实有效圈闭是否存在 | 钻井、地震资料不能证实油气聚集后的保存条件是否有效 | 钻井和地震资料不能证明有效储层与否 | 按现有资料不能肯定有一定生烃量的烃源岩存在 | 按现有资料不能确定圈闭是否在主排经期前或同期形成 |
| [0.4,0.2] | 地震资料精度不高，构造形态复杂且目测网密度很低；圈闭仅按地表调查确定 | 钻井、地震资料证实，构造活动较强烈，油气聚集后有断裂存在，但其封堵性尚未确认；根据邻区类比，经类聚集后可能未发生被破坏而造成经类的散失 | 沉积成岩模型表明有效储层为储层存在的；区域类比资料有储层存在的证据 | 钻井中有油气显示，但分析表明其成熟度较低；根据地质类比或者理论研究，可能有较好的有效烃源岩 | 钻井、地震、分析资料可能不是主排经期前或同期形成 |
| [0.2,0] | 根据地表调查、地质类比，有效圈闭不存在；钻井、地震等工程资料证实有效圈闭不存在，地震等资料好目测网密度大 | 根据邻区类比，经类比、经类发生散失；钻井、地震等资料证实、油气聚集后圈闭发生强烈的构造变形，或遭受了强烈剥蚀导致经类散失；钻井、地震等资料证实，通过储层的断层活动频繁 | 钻井和地震资料证实有效储层不存在；区域类比资料也不能证实有效储层的存在性 | 钻井及露头未见油气显示；盆地模拟表明烃源岩未成熟；根据区域地质类比研究，无有效的经源岩 | 根据邻区类比，圈闭不可能形成或同期；在主排经期前或同期形成；钻井、地震、分析资料表明，圈闭不可能是主排经期前或同期形成 |

式中，$P_{油气发现}$为最终区带的油气发现概率；$P$为含油气概率；$E$为工程技术适应性。

含油气概率越大，工程技术难度越小、适应性越好，区带的勘探风险越小。

考虑不同类型区带评价的"短板"不同，风险计算选取的参数也有所不同，评价（增储）区带风险计算公式为

$$P_{油气发现} = \frac{\sqrt{(1 - P_1 \times P_3)^2 + (1 - E_1)^2}}{\sqrt{2}}$$

预探（突破）区带风险评价计算公式为

$$P_{油气发现} = \frac{\sqrt{(1 - \prod_{i=1}^{5} P_i)^2 + (1 - \prod_{i=1}^{2} E_i)^2}}{\sqrt{2}}$$

区探（准备）区带的风险评价计算公式为

$$P_{油气发现} = \frac{\sqrt{(1 - P_2 \times P_3 \times P_5)^2 + (1 - E_1 \times E_2)^2}}{\sqrt{2}}$$

表 5-4　工程技术适应性评价赋值表

| 工程技术难度（$E_1$） | 评价值赋值区间 | 地理、交通环境（$E_2$） | 评价值赋值区间 |
|---|---|---|---|
| 目前技术、装备满足目标勘探开发 | [1,0.7) | 现有条件适应地面、气候和环保要求，交通良好 | [1,0.7) |
| 需要改进技术 | [0.7,0.4) | 需要改进地理环境，交通条件差 | [0.7,0.4) |
| 需要完全引进或开发新技术 | [0.4,0) | 现有条件不能适应地面、气候和环保要求，交通困难 | [0.4,0) |

## （二）区带资源战略价值评价

资源战略价值是区带评价优选中的重要组成部分，区带资源战略价值评价的主要参数是剩余油气规模指数、油气资源探明速率指数、资源储量序列指数、单位油气获利指数、勘探战略价值、探井成功率等。将这些多维的数据组合成一个新参数，称之为勘探价值指数 $I_{ep}$（Index of Exploration Potential），定量化表示资源潜力、价值。

### 1. 评价区带资源战略价值参数

1）剩余油气规模指数（$R_m$）

区带剩余资源规模反映了后备资源的储备能力，剩余油气规模指数表示为 $R_m$。

$$R_m = \frac{区带剩余资源量}{类比区带剩余资源最大值}$$

2）油气资源探明速率指数（$R_{vp}$）

资源探明速率反映了储量相对增长的能力，油气资源探明速率是年度新增探明储量与总资源量的比值，以目前勘探较为成熟的济阳拗陷为例，其历史上最高油气探明速率是 1986 年的 0.075，当前是 0.012 左右（Jin et al.，2014），据此可假定极限探明速率为0.1。以此为基础，可采用实际探明速率与极限探明速率的比值（该比值在 0～1 之间变化）参与 $I_{ep}$ 的数据组合。为了消除探明储量的异常值，充分反映当前实际情况，可采用三年滑动平均求取，表示为 $R_{vp}$。

$$R_{vp} = \frac{\text{年度探明储量(三年滑动平均计算)}}{\text{总资源量}}$$

3）资源储量序列指数（$R_{sr}$）

资源储量序列反映的是一个探区当前的控制储量、预测储量、潜在资源量、推测资源量的储备情况。一般认为，资源储量序列（控制、预测、潜在、推测）与下一年度的探明储量目标比值为 2、4、6、8 较为合理，并且倍数越大，资源储备的基础越雄厚，勘探潜力越大。

以合理资源储量序列为参照，根据误差最小原理，通过下式可将资源储量序列比例组合为一个参数：

$$R_{sr} = K_{ca} \times \frac{N_{ca} - 2}{2} + K_{pa} \times \frac{N_{pa} - 4}{4} + K_{ta} \times \frac{N_{ta} - 8}{8} + K_{sa} \times \frac{N_{sa} - 16}{16}$$

式中，$R_{sr}$ 为资源储量序列系数（$0 < R_{sr} < 1$）；

$K_{ca}$、$K_{pa}$、$K_{ta}$、$K_{sa}$ 为累计控制储量、累计预测储量、潜在资源量、推测资源量分别对下年度新增探明储量的贡献率，其和为1，根据合理的比例计算出 $K_{ca}=0.533$，$K_{pa}=0.267$，$K_{ta}=0.133$，$K_{sa}=0.067$；$N_{ca}$、$N_{pa}$、$N_{ta}$、$N_{sa}$ 为累计控制储量、累计预测储量、潜在资源量、推测资源量分别与下年度新增探明储量目标的比值。

由上式可知，控制储量对下年度探明储量的贡献最大，因此，在一定剩余资源量情况下，当 $N_{ca}$ 最大时，$R_{sr}$ 最大。

4）单位油气获利指数（$R_{ti}$）

单位油气探明储量获利能力是指探明的每吨原油或每千立方米天然气在勘探、开发、销售整个过程中扣除勘探开发投资、经营成本费用、各种税金后的净收益。它反映出探明的每吨原油或每千立方米天然气的获利能力，即从勘探开发全过程来反映不同地区间油气价格、储量动用程度、采收率、勘探开发投资、经营成本等方面的差异所造成的单位储量潜在的净收益的差距（图5-4）。研究中主要运用静态法对单位油气探明获利进行计算，根据勘探开发的全过程对单位油气探明储量的总投入（包括勘探开发投资、生产经营成本费用及税费等）和总产出进行分析计算。单位油气获利能力指数是指所要评价的区带的单位油气获利与评价平台中的最大获利的比值，表示为 $R_{ti}$。

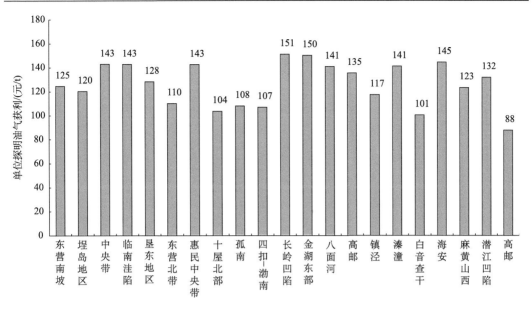

图 5-4　单位油气探明储量收益（油价：2044 元/t）

将资源储量序列指数、剩余油气规模指数、油气资源探明速率指数、单位油气获利指数四项参数都约束在 0～1 之间变化，可组合成勘探价值指数 $I_{\text{ep}}$：

$$I_{\text{ep}} = \frac{\sqrt{R_{\text{m}}^2 + R_{\text{sr}}^2 + R_{\text{vp}}^2 + R_{\text{ti}}^2}}{\sqrt{4}}$$

该指数可反映评价区带的资源战略价值的相对大小，最终采用双因素法对区带开展分类评价，为最终的决策提供建议。

**2. 预探区带资源战略价值参数**

预探（突破）区带用来反映资源价值的评价参数有探井成功率、资源储量序列指数、剩余油气规模指数、勘探战略价值等，其中与评价（增储）区带不同的是探井成功率和勘探战略价值。探井成功率反映的是目标的落实程度，勘探战略价值反映了区带的勘探战略意义。

将这四个参数都约束在 0～1 之间变化，可组合成勘探价值指数 $I_{\text{ep}}$，综合反映预探区带的资源战略价值的相对大小。

$$I_{\text{ep}} = \frac{\sqrt{R_{\text{r}}^2 + R_{\text{s}}^2 + R_{\text{ws}}^2 + R_{\text{ti}}^2}}{\sqrt{4}}$$

式中，$R_{\text{r}}$ 为油气资源量相对值；$R_{\text{s}}$ 为潜在资源量相对值；$R_{\text{ws}}$ 为探井成功率指数；$R_{\text{ti}}$ 为勘探战略价值指数。

1）探井成功率指数（$R_{\text{ws}}$）

探井成功率指数反映了相对地质认识和勘探技术水平的目标落实程度，可用该区带的探井成功率与对比评价的最大探井成功率的比值表示（$R_{ws}$），如该地区无探井可用临区值进行类比。

$$R_{ws} = \frac{区带探井成功率}{区带最大探井成功率}$$

2）勘探战略价值指数（$R_{ti}$）

战略是一组管理决策和行动，它决定了组织的长期绩效，就能源企业来说获得盈利、规避风险、建立资源阵地尤为重要，对于国有化的能源企业，其勘探更兼具着国家政治、经济任务，勘探战略表现在以下四个方面。

（1）油气工业如何不断从地下获得更多、成本更低的油气以满足社会需求，保持可持续发展。

（2）油气企业如何在竞争中壮大，获得更大利益。

（3）油气生产与下游、国家能源资源和经济发展间的关系。

（4）油气工业发展的历史及其战略的演变，在未来各阶段的战略对策及其变化。

考虑到以上四个方面的影响，建立勘探战略价值指数赋值表（表5-5）。

表 5-5　勘探战略价值指数（$R_{ti}$）赋值表

| 评价值赋值区间 | 油气资源战略价值 |
| --- | --- |
| [1,0.5) | 可带动该区油气勘探的新领域，有利于公司战略层面发展，满足能源、政治、经济层面需求 |
| [0.5,0) | 有利于该区油气的进一步勘探及评价，有利于公司稳定发展 |

## （三）区带结果分类

以区带为评价单元，采用双因素法进行"二维优选，一维排队"，抓住关键因素、找到短板，以风险和资源战略价值为评价因数，开展分类评价，为最终决策提供建议。

不同类型区带的风险及价值评价选取的参数不同，其双因素图件表达的含义也有所不同，可以通过不同的双因素图件来评价所有可供选用的目标，找到风险最小而收益最大的组合，或者在一定风险下取得最大回报的组合。对于作为勘探目标的勘探区带，应进行多方案组合管理，有利于降低勘探项目结果的不稳定性，协调储量增长和未来现金流的需求关系，评价不同选择的相互影响及其后果，并以此为依据编制计划，选择能够突出战略目标的项目，实现投资效益的最大化。

### 1. 评价（增储）区带优选结果分类

根据油气发现概率及资源战略价值的大小，将评价（增储）区带分为三类。

Ⅰ类评价（增储）区带：油气资源丰富，储量升级潜力大，成藏关键因素明确，现有工艺技术保障性好，有较好的勘探效益，是获取规模储量、提高经济效益的现实区带。

Ⅱ类评价（增储）区带：油气资源较丰富但存在一定地质或工程工艺问题，或成藏关键因素较为明确，是储量升级潜力较大的区带，需确保勘探工作量投入或进一步加大地质及工程工艺研究，确保储量任务的完成。

Ⅲ类评价（增储）区带：油气资源丰富但部分地质、工程问题有待深入研究，或者成藏关键因素较明确但油气资源规模较小，需进一步加强研究及攻关，适当增加工作量。

**2. 预探（突破）区带优选结果分类**

根据油气发现概率及资源战略价值的大小，将预探（突破）区带分为三类。

Ⅰ类预探（突破）区带：油气资源规模大，关键成藏因素较为清楚，或虽然存在部分地质或工程问题，但极具勘探战略价值，是力求突破的重点资源接替区带，应加大工作量的投入，力求突破。

Ⅱ类预探（突破）区带：油气资源规模较大或关键成藏因素较为清楚，需进一步加强研究及攻关，寻求突破。

Ⅲ类预探（突破）区带：关键成藏因素不清，地质问题有待深入研究，配套的工艺技术存在明显瓶颈需进一步完善，需加强地质研究及工程技术攻关。

# 第三节　海相碳酸岩油气勘探方向

基于中国海相碳酸盐岩油气成藏特点，海相碳酸盐岩油气勘探方向首先是在盆地尺度根据"源-盖"条件与匹配关系优选有利层系；其次是通过斜坡、枢纽发育过程的刻画优选有利区带。

# 一、塔里木盆地

塔里木盆地的克拉通"古隆起"围斜区相继获得油气新发现，这些地区均为具有优越"源-盖"动态配置关系的斜坡区。塔河地区奥陶系的剩余圈闭资源量约为 $5.6×10^8$ t 油当量，主要分布在塔河油田外围盐下地区东南部、于奇地区和跃参地区。塔河盐下地区奥陶系整体含油气，东气西油，是增储上产的现实地区。盐下地区发育有多组不同方向的断裂，断裂控储的特征较为明显，盐下西部地区奥陶系主要为油藏，向东受喜马拉雅期气侵影响逐渐变大，东部地区受喜马拉雅期气侵作用较为严重，以发育凝析气藏为主。盐下地区整体含油气、东气西油，是增储的现实地区。托甫台地区存在来自西南方向轻质油气的充注，跃参地区正位于油气充注的途径上，在上奥陶统泥岩、泥灰岩良好盖层和致密灰岩局部封挡条件下，有利于晚期轻质油气的聚集成藏，跃参地区具备发育奥陶系碳酸盐岩缝洞型油气藏的地质条件，具有良好的勘探前景，是增储上产的有利地区。2011～2014 年塔河新增探明石油地质储量 $2.32×10^8$ t。

塔中北坡、塔北南坡、中古隆起寒武系是近期重要的勘探领域。

**1. 塔中北坡、塔北南坡**

塔中北坡、塔北南坡毗邻"阿瓦提""满加尔"供烃区，处于塔中古隆起的斜坡部位。前期的地质研究表明：该区中-下奥陶统同样具有良好的上奥陶统泥页岩封盖条件，有利于油气藏的保存。顺西地区前期钻井普遍见油气显示，顺7井、顺西1井-顺西101井在鹰山组、良里塔格组已有重要油气发现。塔河南部塔深3井也获得突破，研究表明，油源为寒武-奥陶系海相烃源岩。据估算，顺托果勒低隆区石油资源量$8.44×10^{12}$ t、天然气$1.22×10^{12}$ m³，满西低隆带鹰山组资源量为$6×10^8 \sim 9×10^8$ t油当量。塔中北坡奥陶系内幕似层状岩溶储层发育，成藏条件好、勘探潜力大。中奥陶世末，受加里东中期 I 幕运动影响，塔中地区整体抬升，使中奥陶统一间房组遭受不同程度的剥蚀，普遍发育加里东中期 I 幕岩溶作用，其中卡塔克隆起区一间房组全部以及鹰山组顶部被剥蚀殆尽，而塔中北坡抬升幅度相对较低，一间房组顶部遭受剥蚀。顺南1井对一间房组—鹰山组顶部裸眼段$6528.24 \sim 6690$ m进行携砂酸压获得油气，折最高气产量为$3.87×10^4$ m³/d，产液3.04 m³/h（含油6%），表明塔中北坡发育加里东中期 I 幕储层。目前，已发现的油气成果主要集中在优质储层发育区，古隆2井、顺南1井、古城4井油气主要集中在一间房组与鹰山组顶部储层发育区，古隆1井、古城6井油气主要集中在鹰山组中下部白云岩储层发育区，早期裂缝多被亮晶方解石充填，晚期的构造缝和成岩缝有部分未充填，构成现今的有效储集空间。古隆3井早期构造破裂作用使灰岩碎裂化，发育微裂缝并聚集成藏，晚期古油藏被破坏或高度热演化变成固体沥青充填，才使储层物性变差。可见，单井油气显示总是与碳酸盐岩储层发育程度有良好的对应关系。

塔河深层领域存在鹰山组内幕缝洞体（塔深3井、艾丁11井）、蓬莱坝组内幕缝洞体（塔深2井）和寒武系（塔深1井）三个勘探层系。鹰山组、蓬莱坝组内幕是近期评价的重点层系，储层发育与盖层保存条件是勘探突破的关键。

古城墟隆起石油资源量$9.28×10^8$ t，天然气$3100×10^8$ m³，塔东古城地区鹰山组资源量为$6×10^8 \sim 8×10^8$ t油当量。该区主要存在两种类型的油气藏：一类是加里东期—早海西期形成的原生油气藏，如塔东2井的稠油，这类油气藏由于赋存部位埋深大、地温梯度高，大都经历了相态的转变，以残余油气藏的形式存在；另一类是以干酪根高温裂解气为烃源的、形成于晚海西期或喜马拉雅期的天然气藏，这类气藏以古隆1井、塔中162井、古城6井下奥陶统白云岩内幕天然气藏为代表。古城墟隆起远离车尔臣断裂，鼻隆和斜坡部位有利于油气的聚集和保存，应是最现实的勘探对象。根据中国石油天然气集团有限公司资料，鹰山组白云岩埋深小于7000 m，可勘探面积为8700 km²，天然气资源量可能会达到$1×10^{12}$ m³。顺南三维区已发现众多下奥陶统内幕"串珠"，是有利的勘探领域。

阿东地区为油气运移指向区，同时具有邻源、具却尔却克组黑色泥岩盖层的优越成藏条件（图5-5）。前期二维地震资料解释已发现断裂发育。阿东1井对中-下奥陶统上覆地质结构已有揭示，但并未钻揭中-下奥陶统，值得进一步部署勘探。

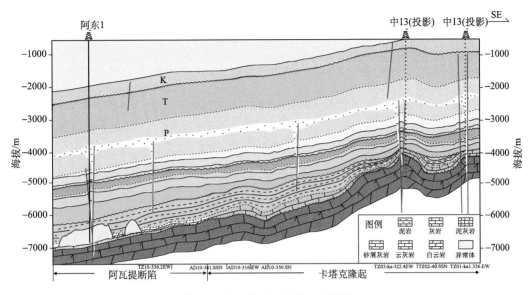

图 5-5　阿东地区地质结构剖面图

### 2. 寒武系盐下深层

塔里木中央隆起带中石化探区的巴探 5 井、玛北 1 井等重点钻井的油气成藏条件综合研究结果认为，中-下寒武统发育不同成因类型的白云岩储层，膏盐岩盖层条件好，中-下寒武统勘探领域供烃条件复杂，烃源岩发育模式及展布特征有待进一步明确。钻井的寒武-奥陶系油气显示统计表明：塔中成藏条件优于巴楚，巴楚东段优于西段。因此，卡塔克 1 区块是优选目标，是展开探索的有利地区，其构造背景有利、油气显示活跃、保存条件较好、埋深相对较浅。三维地震资料显示，该区块适合于探索攻关寒武系盐下储层预测方法技术。

### 3. 塔北深层

塔北深层主要指目前探明储量底界以下的层系，包括鹰山组下部、蓬莱坝组和寒武系三套勘探层系。勘探面积约 6860 km²。根据塔河深层领域地层沉积、储盖组合和成藏主控因素，明确了深层勘探的主要领域，即鹰山组中下部、蓬莱坝组、中-下寒武统。

在塔河油田深层发现了一批寒武系—奥陶系内幕背斜型圈闭，相继部署沙 88 井、塔深 1 井、艾丁 11 井、于奇 6 井和塔深 2 井，取得一些油气成果和地质认识，但均未获油气突破。2014 年在十区东发现了鹰山组内幕岩溶缝洞型圈闭，并部署了塔深 3 井，获工业油流。塔河外扩，揭示鹰山组下部、蓬莱坝组和寒武系的多口钻井见较好的油气显示，表明深层领域存在多期油气运移过程，存在进一步探索的地质条件。塔北深层具有良好的勘探前景，具体有以下特点。

（1）烃源条件好。下寒武统玉尔吐斯组烃源岩在塔河全区分布，寒武系其他层系和奥陶系也发育多套烃源岩。库南 1 井证实上寒武统发育多套烃源岩，尉犁 1 井证实寒武系—奥陶系发育多套烃源岩，塔河东部地区寒武系各层系的深水陆棚-盆地相均存在发育优质烃源岩的地质条件。

（2）储集条件非均质性强。目前钻井揭示的蓬莱坝组-寒武系以孔洞-裂缝型为主，连通性较差，非均质性强。

（3）盖层条件是关键。深层主要发育三种类型盖层：致密碳酸盐岩盖层（鹰山组下部-蓬莱坝组-上寒武统），为局部盖层（塔深 2 井）；泥岩（含膏）、泥质白云岩盖层（中寒武统阿瓦塔格组、吾松格尔组），为局部、区域（后者）盖层（中深 1 井）；玄武岩、泥岩盖层（蓬莱坝组下部），为局部盖层。

根据塔深 2 井的岩心观察、包裹体分析，蓬莱坝组至上寒武统见到一期干沥青、两期油包裹体和一期气包裹体。油包裹体一期发浅黄、黄、亮黄色荧光（荧光光谱波长 523.7～586.3 nm），二期发弱蓝白、蓝白色荧光（荧光光谱波长 489.3～512 nm）。表明塔深 2 井存在多期油气运移的过程，有进一步探索的基础。

根据目前研究进展，认为肖尔布拉克组、阿瓦塔格组台缘带和鹰山组中下部是有利的勘探层系。

鹰山组中下部发育以海西期缓流带岩溶作用和后期埋藏岩溶作用形成的孔洞-裂缝型为主的储层，与中-下奥陶储具有相似的多期成藏过程，油气藏类型相似，局部致密碳酸盐岩盖层发育区为油气相对富集区。

蓬莱坝组发育以后期埋藏岩溶作用尤其是热液作用形成的孔洞-裂缝为主的储层，与中-下奥陶统表层具有相似的多期成藏过程，油气藏类型相似，鹰山组底部致密碳酸盐岩盖层发育区为油气相对富集区。

中-下寒武统发育以同生岩溶作用和后期埋藏岩溶作用尤其是热液作用形成的孔洞-裂缝为主的储层。邻近寒武系—奥陶系优质烃源岩，以晚期轻质油气充注为主，推测为凝析气藏。与上覆的中寒武统泥质白云岩有效盖层构成良好的储盖组合。

# 二、四　川　盆　地

环开江-梁平陆棚台缘相带与成藏研究实现了从普光、元坝向通南巴和川东南等地区的勘探扩展。元坝地区是一个勘探目的层较多、由纵向多气藏组成的大型气田。元坝地区中浅层和元坝外围长兴组、吴家坪组礁滩相储层是"十二五"增储的主要目标。区内长兴组储层发育于台地边缘礁滩相带，总体具有整体含气、局部富集的特征，已获探明天然气地质储量 $4122 \times 10^8 \, m^3$，还有剩余资源有待探明，元坝气田资源规模将进一步扩大。勘探实践和综合研究均表明元坝地区中部断褶带具有多层系天然气高产富集的成藏特点，须四段、珍珠冲段有利相带和构造裂缝发育带的叠合部位是下步增储的有利目标。2011～2014 年新增探明天然气地质储量 $2539.97 \times 10^8 \, m^3$。

下组合是四川盆地重要的勘探方向，存在两个主要勘探领域：一是受川中、川北两大古隆起控制的震旦系、寒武系、奥陶系多级次不整合勘探领域；二是以安岳龙王庙组气田为代表的围绕北东向膏盐潟湖发育的高能滩相勘探领域。

不整合勘探领域受区域构造活动影响。桐湾运动控制了灯影组二段、四段岩溶储层的发育；郁南运动在中晚寒武世川中-川西形成了一定规模的不整合；都匀运动影响范围较广但时间较短，仅在川中、黔中、川北几个隆起部位形成了明显的不整合。广西运动影响范围广、强度大，与前几期运动一起控制了整个下组合不整合的发育程度。寒武系勘探领域更多受沉积及后期暴露溶蚀改造控制，但原始的沉积条件无疑更具有决定性作用。

寒武系滩相储层主要发育于川中与川东，围绕北东向膏盐潟湖展布。这一认识在众多钻井和野外剖面上得到了初步证实，但这一规律仍需要进一步勘探的证实。综合以上分析，提出四川盆地下组合勘探应坚持"坚持川中、加快川北、推进川东（南）"的勘探思路。

**1. 川中隆起周缘**

川中隆起周缘勘探层系包括震旦系灯影组、寒武系龙王庙组和筇竹寺组、奥陶系。

震旦系灯影组岩溶储层是四川盆地最广泛发育的储层，储层性能的优劣受原始沉积相带控制。川中地区由于古构造背景较高，是桐湾运动发育最为强烈的地区，震旦系储层厚度较大，超过 300 m。储集性能优越，储渗空间有孔隙、洞穴、喉道和裂缝。灯三段烃源岩为灯影组成藏提供了有效的烃源补充，厚度在 30 m 左右，是一套优质烃源岩，主要发育在威远-资阳以北地区，为北部地区震旦系勘探提供了很好的物质基础。

通过烃源灶迁移转化规律的分析不难看出，在侏罗纪末期到白垩纪早期这一川中地区油气转化高峰期，古隆起周缘发育一系列圈闭，这些圈闭均具备很好的天然气调整成藏条件，因此，鉴于古隆起高部位已经获得巨大突破，建议围绕古隆起周缘的早期圈闭和晚期调整形成的大型圈闭进行勘探。

寒武系龙王庙组储层主要为高能浅滩相的颗粒白云岩，其孔隙度平均可达 5%～8%，研究表明其形成受岩相古地理面貌控制，龙王庙组沉积期四川盆地整体为局限台地沉积体系。川东为北东向展布的膏盐岩潟湖沉积，在潟湖沉积的东西两侧均发育有高能浅滩沉积。据中国石油天然气集团有限公司的三维地震储层预测，仅川中安岳地区该套储层的展布面积就达 $5×10^4 km^2$ 以上。井研-犍为区块的金石 1 井也钻遇了优质的龙王庙组颗粒白云岩储层，充分说明了该套储层沿着古隆起东缘广泛分布。另外，相对震旦系气藏，寒武系龙王庙组气藏受岩性控制的作用更加明显，磨溪气田寒武系气藏不完全受构造形态控制已获得证实。资阳-东峰场和井研-犍为区块都具备发育龙王庙组岩性气藏的条件，值得加强储层预测工作，进一步钻井证实。

寒武系筇竹寺页岩气勘探应该是最为现实的目标。筇竹寺组页岩在勘探区块广泛分布，最新的资料表明该套烃源岩有效厚度可达 400 m，生气强度大于 $100×10^8 m^3/km^2$。前期勘探在金石 1 井寒武系进行页岩气测试获得 $2.78×10^8 m^3/d$ 的工业气流，威远气田已经初步建成页岩气产区，单井日产量稳定在 $2×10^8 m^3/d$ 左右。

综上所述，川中地区天然气勘探战略应该调整为以寒武系页岩勘探为主，兼探寒武系和震旦系高能滩或岩溶型储层的岩性气藏。

另外，古隆起周缘斜坡区的奥陶系值得探索。钻井已经证实该地区具有岩溶发育背景，且在奥陶系发现油气显示，值得重视。

### 2. 川北古隆起不整合岩溶型储层

川中-川北古隆起构造演化既有相似性，又存在差异性。控制川北古油藏调整及储层发育的主构造期为桐湾运动、郁南运动、都匀运动、广西运动和燕山运动。多期次的构造运动形成了不同范围的不整合地层，这些不整合地层在暴露剥蚀过程中容易形成岩溶改造型储层，成为后期油气勘探的重要目标。结合近期勘探进展，米仓山前缘三角带是重要的勘探目标区。

川北地区发育大规模古油藏，在晚印支期油藏已经部分转化为古气藏。这一时期，川北地区随着勉略洋的关闭和秦岭由北向南的强烈碰撞和逆冲推覆，接受了来自造山带的挤压-逆冲作用，由北部向南部逆冲隆升。在这种构造应力下，整个川北地区流体运移表现为从北向南运移的趋势，形成局部汇聚区。可能的油气聚集有利区沿米仓山前缘向盆地内展开。

20 世纪 70 年代曾在米仓山西段钻探强 1 井、会 1 井、曾 1 井，其中强 1 井震旦系产淡水 34~49.5 $m^3/d$，曾 1 井震旦系平均产淡水 22.2 $m^3/d$，会 1 井震旦系产淡水 0.66 $m^3/d$。天星 1 井在震旦系灯影组发现了大量的沥青。米仓山及南缘地区灯影组油气保存条件主要受控于喜马拉雅期以来的隆升剥蚀以及断裂切割。由于构造活动强度由北向南逐步递减，构造变形作用较强区域主要集中于米仓山隆起带以及南缘凹陷带北段的叠瓦冲断带，而南部的次级隆起带（通南巴构造带）以及稳定凹陷带构造活动较小，构造趋于稳定。综合来看，汉南-米仓古气藏在构造演化过程中，受到来自北部秦岭的挤压推覆，形成由北向南的流体运移趋势，在南缘凹陷带北段的叠瓦冲断带以及南部的次级隆起带形成有效聚集，并且受到下寒武统、下志留统泥岩以及上覆二叠系、三叠系膏盐多套盖层的有效封闭，是四川盆地震旦系油气成藏除乐山-龙女寺古隆起之外最为有利的勘探领域及目标。

### 3. 川东、川东南石龙洞组不整合领域

川东地区石龙洞组整体岩性较致密，但是局部存在优质储层，尤其是表层岩溶带孔洞发育十分丰富，连通性良好。川东地区位于中-下寒武统膏盐潟湖东缘，处于障壁高能部位，局部发育高能滩相，浅滩相颗粒灰岩及白云岩、角砾白云岩储层具有较好的孔渗性能。钻井资料证实，川东石龙洞组沉积末期发生区域性抬升，同生期、表生期（尤其是表期）大气淡水溶蚀作用在优质储层形成的过程中起到了至关重要的作用。除了溶蚀颗粒及早期胶结物，潮坪沉积环境下形成的针状、板状的蒸发易溶矿物也发生了一定程度的溶蚀，形成了孔隙型储层，并为后期扩溶形成优质储层提供了先决条件。

石柱复向斜中部的寒武系盐下是该领域最有利的勘探区带。中寒武统盐下具备下震旦统陡山沱组、下寒武统（生）-上震旦统灯影组（储）-下寒武统（盖）的震旦系—下寒武统成藏组合和下寒武统（生）-下寒武统石龙洞组（储）-中寒武统膏盐岩（盖）的寒武系成藏组合两套生储盖叠置。该区长期处于古隆起的斜坡地带，毗邻生烃拗陷，为油气运移的指向区。加里东期，恩施-咸丰-鹤峰一带上震旦统—下寒武统烃源岩达到生油高峰期，阶段生油强度为 $230×10^8$~$20×10^8$ $m^3/km^2$，液态烃沿着不整合面或孔隙向斜

坡地区运移聚集成藏。印支期之后早期聚集的古油藏和储层中的原油裂解气成为再生烃灶，侏罗纪末期川东地区的古油藏裂解供烃量仍有 $113×10^8 t$，具有持续供烃的有利条件。

四川盆地晚震旦世，台地东部鄂西渝东区为呈近南北向展布的以云岩、硅质云岩、含泥硅质云岩及灰岩沉积为主的台缘斜坡-浅水陆棚-台缘斜坡相，这一相区与台地主体之间发育一条带状台缘浅滩相带，在富藻段以藻黏结白云岩发育为特征，贫藻段以颗粒云岩发育为特征。

鄂西渝东区志留系和下寒武统泥岩以及中寒武统膏盐岩盖层广泛发育，源盖匹配好。其中志留系盖层主要为一套浅海陆棚相-滨浅海相的砂泥岩建造，盖层厚度巨大，一般在 $600～1200$ m。下寒武统泥质岩盖层主要为一套陆棚-深斜坡相沉积建造，盖层厚度大于 110 m。介于上述两套泥岩盖层之间，鄂西渝东区还发育连片分布的中寒武统膏盐岩盖层。石柱复向斜中寒武统膏盐岩封闭性动态评价结果显示，寒武系的膏岩在地史过程中以均塑性蠕变为特征，具有良好的保存条件。目前已发现、落实多个下组合为可供勘探的目标，石柱地区下组合已发现建南、茶园坪、盐井三个一类大型构造圈闭，圈闭落实可靠，合计圈闭资源量约 $2868×10^8 m^3$。

川东南地区构造褶皱幅度由东向西呈阶梯状降低，随着挤压应力能量的传递自东而西构造变形逐渐减弱。本区的东部桃子荡、新场等地区以变形最强烈的隔挡式高陡构造为特征；向西到工区中部的石龙峡-四面山构造，变形逐步减弱，以中陡构造为主；再向西到天堂坝、赤水地区，构造变形进一步减弱，以中陡—低缓构造为特征。

综合勘探成果来看，勘探目标应该集中在韩家店组及小河坝组三角洲砂岩发育区以及石牛栏组灰岩有利相带发育区。

另外，奥陶系宝塔组灰岩在勘探过程中具有很好的油气显示，并且与志留系烃源岩具有新生古储的关系。永川区块临区在志留系和奥陶系均有钻井获得高产工业气流，志留系底部埋深 3500 m 左右，是下组合志留系烃源系统奥陶系储层的有利勘探目标区。

### 4. 川西海相层系

川西海相层系是重点油气突破区带，位于四川盆地西部，西以龙门山为界，北至广元，东至龙泉山，南至邛崃，呈北东向展布，面积约 $50\,000$ km²。是中国石油化工集团有限公司最主要的天然气勘探开发基地之一。该区共有油气勘探区块三个，油气开采区块四个，探区总面积为 $10\,570.19$ km²。

近年来，针对川西海相雷口坡组部署实施的川科 1 井、新深 1 井、彭州 1 井先后测获 $86.8×10^4$ m³/d、$68×10^4$ m³/d、$114.9×10^4$ m³/d 高产工业气流，展示了川西拗陷雷口坡组良好的勘探前景。同时，中坝 $T_2l^3$ 气藏、磨溪 $T_2l^1$ 气藏的发现亦证实，雷口坡组除了风化壳储层之外，还发育台缘及台内浅滩。川西中-上三叠统雷口坡组—马鞍塘组埋藏相对较浅，是现今川西海相天然气勘探最具现实意义的目标层位，展示了四川盆地海相领域极大的天然气资源前景。

川西海相层系以"大型不整合面"为特征的海相成藏地质特征总体可以概括为"多源多期面状、网状供烃，白云化叠加溶蚀作用控储，构造地层复合作用控藏，隆起和斜坡富集"。分析认为，大构造背景下的优质岩溶储层分布是川西地区雷四段气藏成藏与富集的关键因素。

川西地区海相层系发育上震旦统（$Z_2dn$）、下寒武统（$\text{€}_1qp^1$）、中下泥盆统（$D_{1\sim2}$）、二叠系（$P_2l–P_3w$）和具有高转化率的中-下三叠统（$T_{1\sim2}$）等多套烃源岩，各套烃源岩有机质丰度较高，有机质类型主要为 $II_1$ 型。从中三叠世末开始，各套烃源岩相继达到生烃高峰，幕式供烃。龙门山一带飞仙关组—雷口坡组烃类包裹体分析结果表明，主要存在四期烃类充注，证实川西龙门山前烃源岩存在多期多源。金马地区所处的龙门山前构造带发育彭县断裂、白鹿场断裂等多条大断裂，有利于烃类运移成藏。

发育具一定规模的溶蚀性优质储层是雷口坡组四段气藏形成的基础。川西拗陷内，新场构造带实钻揭示，新深 1 井雷顶岩溶储层发育优于孝深 1 井，油气显示较孝深 1 井活跃。经测试，新深 1 井获 $68×10^4$ $m^3$/d 高产工业气流，孝深 1 井仅获 2000 $m^3$ 天然气，未能形成工业产能。龙门山构造带大圆包构造上的龙深 1 井尽管发育 $T_2l$ 及 $T_1j$ 藻砂屑滩，但储层受建设性成岩作用改造不大，导致没有形成一定规模的优质储层，也未能获得油气流。川西目前已发现的海相气藏（中坝雷三气藏、金马雷四气藏、新场雷四气藏）及含气构造（雾中山构造等）特征揭示，雷口坡组有一定规模的优质储层发育，厚度大。因此，分析认为，发育具一定规模的溶蚀性优质储层是雷口坡组四段气藏形成的基础。

现今构造隆起及斜坡带有利于油气的最终调整与富集。潼深 1 井处于文星-绵阳斜坡带，实钻揭示，雷口坡组四段储层发育，钻井过程中油气显示活跃，测井解释储层上部含气、下部含水。对上下储层进行一次性大规模酸压测试，产水 600 $m^3$/d，排液期间曾点火成功，焰高 1～2 m，不过仅持续 20 min。分析认为，一方面由于固井质量欠佳及含气含水层整段测试，大规模酸压可能沟通了下部水层；另一方面潼深 1 井所处构造位置相对较低，储层含气段主要集中在顶部，若分层测试，可能获得气流。而已获高产工业气流的川科 1 井、新深 1 井、彭州 1 井均处于现今大构造隆起带，因此认为，川西地区构造隆起带及斜坡区是雷四气藏的主控因素之一，构造隆起及斜坡带有利于油气的最终调整与富集。

## 5. 川西南

川西南五指山-美姑区块大地构造位置位于康滇地轴、贵州台拗、四川盆地结合部，主体位于贵州台拗及四川盆地。区块西侧约 30 km 处为安宁河（普雄河-四开-交际河）深大断裂，该断裂是康滇隆起与上扬子台拗的分界线，其西侧是西昌断陷区，发育晚白垩世—古近纪新生代盆地，东侧是中生代晚期以来的长期隆升区。

川西南五指山-美姑区块主要展布南北向、北东向两组构造线，东北部亦见弧形构造展布，构造以褶皱为主，断裂不甚发育。

区内无结晶基底构造出露，仅发育中-新元古代褶皱基底。其盖层主要由震旦系、古生界、中生界等地层组成。断裂与褶皱关系密切，二者往往相伴出现。褶皱的主要特征是背斜紧密，向斜开缓，断裂以南北向为主，多为高角度西倾的冲断层。

川西南地区从老到新共有六套烃源层：下寒武统筇竹寺组（$\text{€}_1q$）、上奥陶统临湘组和五峰组（$O_3l+O_3w$）、下志留统龙马溪组（$S_1l$）、下二叠统梁山组和阳新组（$P_1l+P_1y$）、上二叠统宣威组（$P_2x$）、上三叠统须家河组（$T_3x$）。其中，筇竹寺组、临湘-五峰组、龙马溪组、阳新组和须家河组烃源岩有机质丰度高、生烃潜力大，构成了该区的主要烃源岩层，梁山组、宣威组等在局部地区可作为补充烃源岩。

综合研究区烃源岩地化指标、沉积相分析和资源量计算结果，六套烃源岩总资源量达 $5.156×10^8$ t，资源丰度为 $6.04×10^4$ t/km²。龙马溪组烃源岩为研究区最好的烃源岩，资源丰度为 $2.49×10^4$ t/km²，生烃潜力最大；筇竹寺组烃源岩资源量次之，为 $1.22×10^8$ t；阳新组上段和阳新组下段烃源岩有机质丰度相差不大，但阳新组上段烃源岩厚度较大，其资源量大于阳新组下段，资源量分别为 $0.99×10^8$ t、$0.42×10^8$ t，资源丰度分别为 $1.15×10^4$ t/km²、$0.49×10^4$ t/km²；再次为须家河组烃源岩，资源量为 $0.25×10^8$ t；临湘-五峰组烃源岩虽然有机质丰度非常高，但厚度太薄，计算资源量很小，仅为 $0.15×10^8$ t，评价为该区主要烃源岩层中最差的烃源岩。

川西南地区储集层以碳酸盐岩类为主，仅有少量碎屑岩类和火山岩类。区内相对较好的储集层主要为灯影组、娄山关组、嘉陵江组碳酸盐岩层和峨眉山玄武岩。

综合研究认为川西南地区有四个油气成藏组合。

1）上部成藏组合

该组合为 $T_3x$-$P_2x$(生)-T(储)-J(盖)，特征为油气自生供给能力低，烃源岩高演化、低保存、低匹配成藏。该组合在川西拗陷普遍发育，但与川西地区在烃源岩、保存等条件上存在较大差异。

2） 中上部成藏组合

该组合以 $P_1y$(生)-$P_1y$-$P_2em$(储)-$P_2x$(盖)或向上外供进入嘉陵江组成藏形成 $P_1y$(生)-$T_1j$(储)-$T_1j$-$T_2j$(盖)为主，为高演化—过演化、中低保存、高匹配、自生自储成藏。该组合类型在邻区广泛发育，近邻研究区麻柳场嘉陵江组气田和研究区东部泸州隆起嘉陵江组气藏、北部周公 1 井玄武岩气藏很好地印证了该组合的优越性。

3）中下部成藏组合

该组合为 $O_3l$-$S_1l$(生)-$Є_3l$-$O_{1+2}$(储)-$O_3$-$S_1l$(盖)，过演化（早衰型？）、高保存、中匹配，同时也可外供（向上供烃），构成上生下储上盖成藏组合。目前受勘探程度限制，还未揭示该组合类型，有待进一步发现。

4）下部成藏组合

该组合为 $Є_1q$(生)-$Z_2$(储)-$Є_1q$(盖)，过演化（早衰型？）、高保存、高匹配，可外供（向上供烃），是上生下储上盖成藏组合。该组合已在邻区威远气田得到了证实。

**6. 桂中泥盆系礁滩相**

桂中拗陷现有登记勘查区块两个（河池-宜山、环江-柳州），总矿权面积 7908.954 km²。截至 2013 年底，累计完成二维地震 618 km、三维地震 122.08 km²。钻井 47 口，目前部署实施了德胜 1 井。油气显示有 50 处，其中沥青 23 处、油苗 8 处、气苗

15 处、古油藏 4 个，展示了良好的勘探潜力。近期评价认为该区泥盆系发育孤立丘台生物礁滩，其沉积发育具有早期垂向加积为主，晚期迁移加积复合的特征，保存条件较好。为近期勘探重点目标。

桂中拗陷主要发育下泥盆统塘丁组（四排组同期异相）和中泥盆统罗富组两套泥质烃源岩。其中塘丁组烃源岩总厚度为 155 m，单层最厚 70 m，有机碳含量为 3.25%～4.96%，平均值为 4.12%。罗富组烃源岩总厚度为 50 m，单层最厚 50 m，有机碳含量为 1.18%～2.37%，平均值 1.91%。德胜地区四周被盆地相烃源岩包围，紧邻生烃中心，中泥盆统生烃强度 $50×10^8$～$100×10^8$ $m^3/km^2$，具备形成大-中型油气田的条件。

桂中拗陷泥盆系发育连陆台地和孤立台地两种沉积模式，其边缘均广泛发育礁滩相沉积，南丹大厂龙头山 $D_{1～2}$ 层孔虫生物礁古油藏即形成于孤立台地，礁滩相储层厚度巨大。储层岩石类型包括层孔虫礁灰岩、亮晶砂屑灰岩、砾屑灰岩、生屑灰岩、结晶白云岩等。储集空间主要以晶间孔、晶间溶孔及溶孔为主，其他孔隙类型、微裂缝、缝合线孔隙和溶洞次之。总体为低孔低渗储层，小孔细喉孔隙类型，发育Ⅲ类储层。礁盖发育白云岩，储集物性最好。

近期结合野外地层露头剖面及钻井资料，开展了二、三维地震资料综合解释评价、地震相刻画及圈闭描述工作，在桂中拗陷河池一带发现了德胜孤立台地礁滩相。

构造和岩浆作用等研究表明，德胜地区现今处于构造相对稳定区，印支期和燕山-喜马拉雅期累计剥蚀厚度在 2000 m 以内。地表及三维地震解释认为礁滩主体部位断层不发育，礁滩与断层间有较好的泥岩侧向封堵，纵向上发育两套主要盖层，厚度大，埋深适中，具有较强的封盖能力。

德胜地区具有良好的成藏匹配条件。泥盆系沉积前的古地貌高控制了生物礁滩的发育。石炭系—下二叠统礁滩处于高部位，有利于油气充注。印支期挤压形成向斜。燕山-喜马拉雅期未遭受破坏，油气藏得以保存。

德胜圈闭发育史与油气成藏具有良好的匹配关系。泥盆纪晚期—石炭纪早期，德胜中泥盆世台缘礁滩岩性圈闭形成，为油气成藏聚集提供了场所。早二叠世，泥盆系烃源岩深埋，处于生油高峰期，此时，油气运移至德胜岩性圈闭形成油藏。至晚二叠世，烃源岩处于高成熟阶段，处于生气高峰，而前期油藏开始发生裂解。至早三叠世末，由于圈闭保存条件好，油藏演变为裂解气藏。中-晚三叠世烃源岩处于过成熟阶段，以生干气为主。该期直至喜马拉雅期，经历构造强烈形变，褶皱抬升和剥蚀，但圈闭所处构造区较为稳定，遭受影响较小，至今残留二叠系和三叠系层系，油气藏得以保存至今。

区内及邻区勘探实践表明，德胜地区生物礁气藏主要受孤立丘台生物礁相带及构造作用控制。相带是礁滩相储层及圈闭发育的基础，圈闭位于宜山凹陷西部六桥向斜，受北部河池-宜州断裂与南部福田-板坝断裂共同作用，形成了区内宽缓，形变较弱的向斜构造，断裂不发育，气藏未受到破坏，得以保存。

桂中拗陷河池-宜山区带烃源条件好，处于泥盆系礁滩发育带，评价为油气富集有利区，计算区带资源量 $2000×10^8$ $m^3$。区带内落实德胜岩性圈闭，构造稳定、储层厚度大、保存条件有利、成藏匹配性好，评价地质资源量 $497.31×10^8$ $m^3$。

# 三、中、下扬子地区

中、下扬子地区是指秦岭-大别-胶南造山带以南、江南-雪峰基底推覆隆起带以北、黄陵隆起带以东的广大地区，包括江汉盆地、句容-海安、南陵-无为等勘探区块。该区总体上地震勘探程度较低，发现了朱家墩气田和黄桥二氧化碳气田。

中、下扬子地区地下地质条件复杂，经历多期构造运动，为多次叠合的复合盆地。印支-早燕山期全区挤压，沉积盖层整体褶皱，晚燕山期构造反转，中、古生界构造发生叠加改造，具有"二次生烃、晚期成藏"的特点。

下扬子地区受华北、华南板块影响，经历了印支-早燕山挤压逆冲和晚燕山期的伸展裂解，形成了上组合、下组合两套含油气系统。上组合二叠系泥岩有机碳含量为0.8%～3.0%；二叠系、三叠系灰岩有机碳含量为0.1%～0.4%，资源量$5.3×10^8$ t。下组合下寒武统黑色泥岩有机碳含量为0.73%～4.31%，资源量$34.3×10^8$ t。江苏海相勘探领域为苏北现有勘探领域25 362 km$^2$范围内的下扬子海相中、古生界。

区域上龙潭组砂体分布稳定，显示活跃，勘探潜力大，句容地区钻井30口，仅有容2井、容3井及句北1井出油。

上古生界勘探领域的句容构造经历多期构造运动，构造复杂，与地表沟通性强，保存条件差，因此，寻找构造稳定、保存条件好的区域是下一步勘探主要方向。黄桥溪桥构造评价显示句容官庄、海安东、合肥南应是龙潭组、煤山组的重点勘探区块。

下古生界勘探领域的高家边组基本上连片分布，厚500～1500 m，现今保存较完整。巨厚的高家边组泥页岩等是重要的塑性层，是薄皮冲断的主要拆离面，其下覆的下古生界构造变形弱，发育一系列宽缓的海西期、加里东期古隆起，台地-斜坡带边缘发育礁滩相储层，是有利勘探地区。

下扬子区江苏探区的如皋-南通区块纵向上与海相中、古生界勘探领域叠置。勘探主要集中在苏北东部的阜宁、建湖、盐城、白驹、小海、海安及如皋地区。江苏油田已钻井中有多口井在古生界不同层系见丰富的油气显示。表明该区具备油气生成、聚集、保存的条件，目前该领域处于区带评价勘探阶段。台X8井、阜宁X1井分别在二叠系龙潭组及石炭系老坎组见到较好的油气显示，对进一步认识苏北地区海相中、古生界油气成藏过程及成藏条件意义重大。

# 四、鄂尔多斯盆地

鄂尔多斯盆地奥陶系已发现和探明了靖边和大牛地气田。大牛地气田位于伊陕斜坡东北部，面积2003.072 km$^2$，上古生界资源量$7587.13×10^8$ m$^3$，下古生界资源量$650×10^8$ m$^3$，合计$8237.13×10^8$ m$^3$。截至2015年底，大牛地气田探明地质储量$4545×10^8$ m$^3$。盆地西、南缘奥陶系是未来天然气勘探的重点领域。

西缘定北区块位于天环拗陷与陕北斜坡的结合部位，奥陶系在区块东北和西南方向厚度大。受盆地边缘构造活动的影响，构造呈东浅西深的特点，鼻隆构造发育，克里摩里组向东抬起超覆尖灭，具有形成构造-岩性天然气圈闭的有利条件。定北8井在马四段 4260～4162 m 获得无阻流量 820 m³/d，天 1 井、余探 1 井在克里摩里组发现高产气流。

定北区块东南部奥陶系风化壳主要为马四段，西北部由东向西依次出露马四段、克里摩里组、乌拉力克组和拉什仲组。纵向上，区块西北部自下而上发育三山子组、桌子山组、克里摩里组、乌拉力克组和拉什仲组，上覆太原组和山西组。

该区上古生界煤岩总厚度 3～7 m，个别达 10 m，向西厚度增大，上古生界暗色泥岩总厚达 130～160 m。有机质演化已达高成熟—过成熟阶段。

奥陶系暗色泥岩主要分布在乌拉力克组，以大量出现灰黑色泥页岩、灰泥岩为主要特征。泥页岩厚度分布呈现从东到西逐渐增大的趋势，任 1 井-任 3 井-银川以西为最发育地区，厚度达 125 m，是该组主力烃源岩发育区。$R^o$ 为 0.8%～1.2%，烃源岩处于成熟阶段。天环北地区烃源岩厚度在 100 m 以上，有机碳含量高，$R^o$ 大于 2.0%，烃源岩过成熟，具有良好的潜力。余探 1 井克里摩里组天然气甲烷碳同位素明显偏负，有别于中东部奥陶系风化壳和上古生界气藏的煤系来源气，表明下古生界海相烃源岩对洞穴体成藏有重要影响。

该区中奥陶世为华北地台西侧环陆镶边台地浅海—半深海环境，发育碳酸盐岩-碎屑岩沉积，加里东期遭受一定程度剥蚀，存在边缘浅滩相-斜坡相白云岩储层、侵蚀面-风化壳储层和地层尖灭型储层。加里东期，古隆起西侧祁连海域石灰岩发育区岩溶作用强烈，形成缝洞型储层，与下古生界海相烃源岩及上古生界煤系烃源岩配置关系良好，形成上生下储的缝洞体圈闭气藏。

中国石油天然气集团有限公司对克里摩里组孔洞型和裂缝型储层进行了预测，多口井获得了工业和高产气流，证实了克里摩里组成藏模式。

鄂尔多斯盆地南缘针对下古生界钻井 15 口并发现不同程度的天然气显示。黄深 1 井在马家沟组 3123～3242 m 井段发现三层气测异常显示；鄂铜 1 井在奥陶系 2505～2542 m 发现四层天然气显示；建 1 井在奥陶系马家沟组发现气测异常及电测显示；耀参 1 井在寒武系徐庄组、张夏组、三山子组、亮甲山组，奥陶系马家沟组、平凉组发现多层气显示，并于中奥陶统 1219～1252 m 测试初产天然气 242 m³/d；旬探 1 井在平凉组云岩层、马六段白云岩层、张夏组鲕粒白云岩层中都见到天然气显示。鄂南地区奥陶系平面上，北部风化壳出露马四段，向南依次出露马五-马六段、平凉组、背锅山组。区内下古生界油气成果比较丰富，勘探程度较低。

代参 1 井和镇探 1 井钻探发现风化壳为中-古元古界，上覆 C-P 层系。结合奥陶系地震反射特征推断镇-泾区块整体缺失奥陶系；彬长区块西北部奥陶系缺失，出露中-古元古界，向东南方向依次出露马五-马六段、平凉组、背锅山组；旬-宜区块奥陶系发育相对较全，中部出露马三-马四段，向北逐步出露马五-马六段，向南依次出露马五-马六段、平凉组、背锅山组。

鄂南地区发育上古生界和平凉组两套烃源岩。区内 C-P 暗色泥岩厚度为 10～20 m，煤层厚 2～5 m。平凉组烃源岩在本区较为发育，向南逐渐增厚，在鳞游-淳化一带平凉组厚 125 m，峰峰组厚 60 m。有机碳向南也有增大趋势，在鳞游-淳化一带，平凉组、峰峰组有机碳达 0.6%。$R^o$ 达到 1.5%，鳞游地区最高达 2.4%。同时，在区内发育大量古油藏，证实存在成烃过程。

鄂南地区在奥陶系沉积时期处于台缘斜坡相，主要发育云坪相岩溶型储层、台地边缘礁滩相储层以及埋藏白云岩型储层。云坪相岩溶型储层主要见于彬-长、旬-宜两区块内，为马家沟组局限台地的云坪、灰云坪沉积微相，主要岩性为厚层状粉—细晶白云岩，孔隙类型为晶间孔、晶间溶孔，为渗透回流白云岩化及表生期溶蚀作用的结果。礁滩相储层见于平凉组、背锅山组，永参 1 井可见平凉组生屑滩相的生屑灰岩、背锅山组发育边缘浅滩相的粒屑灰岩。

鄂南地区普遍发育 C-P 暗色泥岩，尽管和盆地主体相比厚度减薄，但仍具有良好的封盖能力。前期研究认为，作为局部盖层的本溪组铝土质泥岩主要发育在盆地中东部地区，近期在底店地区钻探的铜钻 1 井钻遇 20.4 m 铝土质泥岩，据此认为铝土质泥岩盖层在鄂南地区分布广泛。

奥陶系不同层位与上覆 C-P 接触，形成不同的生储盖组合：一套是马家沟组云坪相岩溶型储层与 C-P 生储盖组合，主要分布于彬-长区块、旬-宜区块北部；第二套是平凉组暗色页岩、平凉组—背锅山组台地边缘礁滩相的生物碎屑灰岩与 C-P 生储盖组合，主要分布在旬-宜区块南部。

鄂南地区奥陶系具有"双面供烃、两期成藏"的特点。三叠纪末期，该区位于构造高部位，盆地主体 C-P 形成的天然气向该区运移形成气藏。同时，南部平凉组形成的石油在该区形成古油藏。早白垩世末期，古油藏发生裂解形成气藏向该区运移，与来源于上古生界的气藏混合构成气藏的主体，具有混源气的特征。

# 参 考 文 献

陈践发, 张水昌, 孙省利, 等. 2006. 海相碳酸盐岩优质烃源岩发育的主要影响因素. 地质学报, 80(3): 467-472

何登发, 李德生, 童晓光, 等. 2008. 多期叠加盆地古隆起控油规律. 石油学报, 29(4): 475-488

何治亮, 魏修成, 钱一雄. 2011. 海相碳酸盐岩优质储层形成机理与分布预测. 石油与天然气地质, 32(04): 489-498

胡朝元. 1982. 生油区控制油气田分布——中国东部陆相盆地进行区域勘探的有效理论. 石油学报, 3(2): 9-13

黄志龙, 钟宁宁, 张四海. 2003. 碳酸盐岩与泥质烃源岩生气规律对比研究. 地球化学, 32(1): 29-34

贾承造. 2006. 中国叠合盆地形成演化与中下组合油气勘探潜力. 中国石油勘探, (1): 1-4

贾承造, 李本亮, 张兴阳, 等. 2007. 中国海相盆地的形成与演化. 中国科学, 12(3): 155-220

金之钧. 2005. 中国海相碳酸盐岩层系油气勘探特殊性问题. 地学前缘, 12(3): 15-22

金之钧. 2011. 中国海相碳酸盐岩层系油气形成与富集规律. 中国科学: 地球科学, 41(7): 910-926

金之钧. 2014. 从源井-盖控烃看塔里木台盆区油气分布规律. 石油与天然气地质, 35(6): 763-770

金之钧, 王清晨. 2007. 中国叠合盆地油气形成富集与分布预测. 北京: 科学出版社

金之钧, 云金表, 周波. 2009. 塔里木斜坡带类型特征及其与油气聚集的关系. 石油与天然气地质, 30(2): 127-135

康玉柱. 2014. 塔里木盆地沙参 2 井海相油气首次发现的历程与启迪. 石油与天然气地质, 35(6): 749-752

李双建, 周雁, 孙冬胜. 2013. 评价盖层有效性的岩石力学实验研究. 石油实验地质, 35(5): 574-586

李晓清, 汪泽成, 张兴为, 等. 2001. 四川盆地古隆起及其对天然气聚集的控制作用. 石油与天然气地质, 22(4): 347-351

刘全有, 金之钧, 高波, 等. 2010. 四川盆地二叠系不同类型烃源岩生烃热模拟实验. 天然气地球科学, 21(5): 699-704

刘全有, 金之钧, 王毅, 等. 2012. 鄂尔多斯盆地海相碳酸盐岩层系天然气成藏研究. 岩石学报, 28(3): 847-858

刘树根, 送金民, 赵异华, 等. 2014. 四川盆地龙王庙组优质储层形成与分布的主控因素. 成都理工大学学报(自然科学版), 41(6): 657-670

吕修祥, 杨海军, 白忠凯, 等. 2010. 塔里木盆地麦盖提斜坡东段油气勘探前景. 石油与天然气地质, 32(6): 521-526

吕修祥, 屈怡倩, 于红枫, 等. 2014. 碳酸盐岩盖层封闭性讨论井——以塔里木盆地塔中北斜坡奥陶系为例. 石油实验地质, 36(5): 532-538

马永生, 蔡勋育, 赵培荣, 等. 2010. 深层超深层碳酸盐岩优质储层发育机理和"三元控储"模式——以四川普光气田为例. 地质学报, 84(8): 1087-1094

童晓光, 牛嘉玉. 1989. 区域盖层在油气聚集中的作用. 石油勘探与开发, 16(4): 1-8

闫相宾, 刘超英, 蔡利学, 等. 2010. 含油气区带评价方法探讨. 石油与天然气地质, 31(6): 857-964

袁玉松, 孙冬胜, 周雁, 等. 2010. 四川盆地川东南地区"源-盖"匹配关系研究. 地质论评, 56(6): 831-838

翟光明. 2007. 中国油气勘探理论与实践. 北京: 石油工业出版社

翟晓先. 2011. 塔里木盆地塔河特大型油气田勘探实践与认识. 石油实验地质, 33(4): 477-480

翟晓先, 顾忆, 钱一雄, 等. 2007. 塔里木盆地塔深1井寒武系油气地球化学特征. 石油实验地质, 29(4): 229-333

张文佑, 谢鸣谦, 李永明. 1982. 论"定凹探边"与"定凹探隆". 地质科学, (4): 343-350

周新源, 吕修祥, 金之钧, 等. 2004. 塔里木盆地构造活动枢纽部位碳酸盐岩油气聚集. 西安石油大学学报, 19(4): 19-23

周兴熙. 1997. 源-盖共控论述要. 石油勘探与开发, 24(6): 4-7

周雁, 金之钧, 朱东亚, 等. 2012. 油气盖层研究现状与认识进展. 石油实验地质, 34(3): 234-246

Jin Z J, Yuan Y S, Liu Q Y, et al. 2013. Controls of Late Jurassic-Early Cretaceous tectonic event on source rocks and seals in marine sequences, South China. Science China: Earth Science, 56(2): 228-239

Jin Z J, Yuan Y S, Sun D S, et al. 2014. Models for dynamic evaluation of mudstone/shale cap rocks and their applications in the Lower Paleozoic sequences, Sichuan Basin, SW China. Marine and Petroleum Geology, 49: 121-128